新形态教材

高等职业教育
市政工程类专业教材

总主编 ◎ 杨转运

U0694422

2021-2-137

MUNICIPAL
ENGINEERING

市政工程计量与计价

主编 王　婧　刘大鹏　魏　静　副主编 张传秀　李　静　李志昂

参编 赵舒雯　赵宜永　张　波　主审 赵静敏

重庆大学出版社

内容提要

　　本书是一部兼具学材功能的新形态教材。全书以市政工程主要项目为模块,以工程量清单计价方式为主线,涉及各种市政工程项目。内容包括基础知识、清单编制及清单报价两个部分。为了方便使用者自学,基础知识部分以分部工程施工技术为载体,配以现场图片,重点讲解清单和定额所对应的工法,解决自学者看不懂清单和定额名称、不会选择恰当的定额和清单的难题。清单编制及清单报价部分,介绍分部工程所对应的清单项目,并直接列出该分部工程有可能涉及的清单项目,减少使用者二次翻阅规范造成的麻烦,直观明了。

　　本书可供高职市政工程技术、工程造价等专业作为教材使用,也可供土建行业从业人员自学使用。

图书在版编目(CIP)数据

市政工程计量与计价 / 王婧,刘大鹏,魏静主编
. -- 重庆 : 重庆大学出版社,2022.8
高等职业教育市政工程类专业教材
ISBN 978-7-5689-3427-5

Ⅰ.①市…　Ⅱ.①王…②刘…③魏…　Ⅲ.①市政工
程—工程造价—高等职业教育—教材　Ⅳ.①TU723.32

中国版本图书馆 CIP 数据核字(2022)第 127633 号

高等职业教育市政工程类专业教材
市政工程计量与计价
主　编:王　婧　刘大鹏　魏　静
副主编:张传秀　李　静　李志昂
主　审:赵静敏
策划编辑:范春青
责任编辑:范春青　　版式设计:范春青
责任校对:刘志刚　　责任印制:赵　晟
*
重庆大学出版社出版发行
出版人:饶帮华
社址:重庆市沙坪坝区大学城西路 21 号
邮编:401331
电话:(023)88617190　88617185(中小学)
传真:(023)88617186　88617166
网址:http://www.cqup.com.cn
邮箱:fxk@cqup.com.cn(营销中心)
全国新华书店经销
重庆华数印务有限公司印刷
*
开本:787mm×1092mm　1/16　印张:16.5　字数:372 千
2022 年 8 月第 1 版　　2022 年 8 月第 1 次印刷
印数:1—2 000
ISBN 978-7-5689-3427-5　定价:49.00 元

序 言

2022 年 5 月，国家颁布了《中华人民共和国职业教育法》，高等职业教育迎来了前所未有的发展机遇。2021 年 8 月，四川省住房和城乡建设厅协同重庆市住房和城乡建设委员会，支持整合川渝两地建设职教资源，打造西部建设职教高地，服务成渝地区双城经济圈建设，共同成立了川渝建设职教联盟。伴随市政行业发展的新业态、新模式，市政项目呈现出综合化、多样化、复杂化、智能化的趋势，相关就业岗位对于复合型技术技能人才的需求日益迫切。而传统专业人才培养，缺乏与时俱进的科学标准作指引，因此如何精准培养适应行业转型升级要求的"一人多岗、一岗多能"型人才，成为市政工程类专业发展面临的新挑战。2019 年，我们在制订高等职业学校市政工程技术专业教学标准的时候，重构了专业群模块化课程新体系，更加注重市政工程类专业"中、高、本"纵向贯通以及高职专业群内的横向融通，融合岗位标准、教学标准、竞赛标准以及职业技能证书标准，构建专业群建设标准链，融入课程思政与创新教育，重构"共享、并行、互选"的模块化课程体系。

在本套教材编审过程中，坚持工学结合、产教融合的模式，以能力为本位，以提高教材质量为核心，以市政工程技术专业内涵建设为重点，教材内容必须符合市政行业发展现状，从优质教材编写、线上资源开发、实训资源建设三个维度，为线上、线下育训并举供给内容丰富、动态更新的立体化教学资源。在教学资源平台基础上，集成、整合技术创新中心，促进校企资源的互补和进化，建立教学资源服务技术创新、技术研发反哺教学的可持续发展模式，搭建了服务学生成才、服务教师成长、服务技术攻关的"产学研用"资源共享平台。

本套教材坚持贯彻以素质为基础、以能力为本位、以实用为主导的指导思想，培养具备本专业必需的文化基础、专业理论知识和专业技能，能满足市政工程专业施工、监理、运行管理的技术技能型人才。依托最新版的国家教学标准，我们开发了《市政道路工程施工》《市政桥涵工程施工》《市政工程施工组织与管理》《市政工程计量与计价》等一系列专业核心课程的配套教材，按照国家精品在线开放课程建设要求，对教材配套了相应的在线课程资源；充分体现了市政工程行业的"四新"技术在教材课程中的应用，反映了国内外最新技术和研究成果，突出了高等职业教育的特点。

二十大报告指出，"创新是第一动力""深入实施科教兴国战略、人才强国战略、创新驱动发展战略"，本套教材从以下几个方面体现创新意识：

一是，市政工程技术专业优质教材建设三元主体合作机制创新。针对市政专业优质教材的建设，率先将出版社纳入教材建设主体，提出了教材建设过程中高职院校、企业、出版社三元主体。三个主体利用各自的优势（院校的教材编写和使用、企业的教材建设目标和资源、出版社的教材编写规范性和应用推广），在战略、资源、项目、团队、出版层面的合作，实现教材建设目标统一、建设和使用过程协同、优势资源循环升级的良好效果。

二是，市政工程技术专业优质教材建设理念创新。在教材建设中引入生态概念，提出并实践了"资源互补、循环升级"的优质教材建设理念，用于指导市政工程类专业优质教材的建设。三个主体具有各自的优势和互补的资源，在教材内容、教材建设与使用过程、教材建设目标等三个方面实现与教师能力、教法改革统筹推进的目的，打造优质教材开发和优化升级的生态环境。

三是，市政工程技术专业优质教材建设模式创新。以课程教学为中心，以标准规范为起点，打造了教材、教法、教师三者在"桑基鱼塘"式循环过程中教材提质升级的良性生态，形成了"三教"统筹推进的优质教材建设模式。通过教师团队编写市政工程类技术标准、职业标准、教学标准，参与顶岗实习和技术服务，高度融合行业产业，提升教师教材编写能力和市政行业适应性。高职院校教师能力的发展，有利于教材内容与岗位能力培养目标的有效融合，将标准规范和企业资源融为课堂教学的优质资源，又启发了教师教学方法和教学资源升级的革新，强化了教师开发和采用适应于不同学生和教法的教材的能力，课程教材可以引导教师采用适合的教法实施教学。实践能力提升后的教师通过课程教学和教学竞赛，促进了专业教材内容和形式的进一步升级和更新。

本套教材的编写工作在川渝建设职教联盟的指导和支持下，在全国范围内邀请了多年从事市政工程类专业教学、研究、设计、施工的专家担任主编和主审，同时吸收工程一线具有丰富实践经验的工程技术人员及优秀中青年教师参加编写。系列教材的出版凝聚了全国各高职高专院校市政工程类专业同行的心血，也是他们多年来教研成果的总结凝练。

值此套教材出版之际，向全体编审人员致以崇高的敬意，对大力支持这套教材出版的重庆大学出版社表示衷心的感谢，向在编写、审稿、出版过程中给予关心和支持的专家致以诚挚的谢意。

加强教材质量建设，是一个永恒的主题，也是一个与时俱进、不断完善的过程，因此恳请各位用书单位及时反馈教材使用信息，提出宝贵意见；也希望全体编审人员能够及时总结教学改革的新经验，不断吸收市政工程行业的"四新"技术，为本套教材的长远建设、完善提高做好充分准备。

《高等职业学校市政工程技术专业教学标准》编制组组长
"高等职业教育市政工程类专业系列教材"总主编
杨辉元

前　言

　　随着我国城市化进程加速,市政基础建设项目越来越多,需要大量的市政工程技术人员,尤其是市政造价技术人员。我国于 2019 年对造价工程师考试进行改革,新增一级造价工程师交通专业(涵盖市政工程)。社会需求就是教学改革的目标。市政工程造价作为工程造价的一个方向,吸引着众多的学生学习,以拓宽就业的机会,学生和从业者都需要一本学习市政工程计价的指导书。

　　这是一部兼具学材功能的教材。全书以市政工程主要项目为模块,以工程量清单计价方式为主线,内容涉及各种市政工程项目。内容包括基础知识、清单编制及清单报价两部分。为了方便使用者自学,基础知识部分以分部工程施工技术为载体,配以现场图片,重点讲解清单和定额所对应的工法,解决自学者看不懂清单和定额名称、不会选择恰当的定额和清单的难题。清单编制及清单报价部分,介绍分部工程所对应的清单项目,直接列出该分部工程可能涉及的清单项目,减少使用者二次翻阅规范造成的麻烦,直观明了。清单报价这部分内容是教学难点,本书选择具有代表性的例题,配有编者团队制作的微课讲解,同时紧密契合江苏省1+X 工程造价数字化应用职业技能等级证书标准,在书内融入知识点,在习题中体现对应题型,在教材中体现1+X 数字化工作手册。此外,本书配套的教学资源、素材多样丰富,网络在线资源除了传统的多媒体课件外,还配有大量的教学视频、现场录像、现场图片、实际工程案例分析等,便于"做中学"。

　　本书由江苏建筑职业技术学院王婧、刘大鹏、魏静、李静、李志昂,常州工程职业技术学院张传秀、赵舒雯,江苏大彭咨询有限责任公司总经理赵宜永,广联达科技股份有限公司数字高校江苏区域经理张波组成的团队编写。其中,第 1 章由王婧、刘大鹏、魏静编写,第 2、3 章由王婧、刘大鹏编写,第 4 章由王婧、刘大鹏、赵宜永编写,第 5 章由张传秀、赵舒雯、王婧、刘大鹏编写,第 6、7 章由王婧、李静、刘大鹏、张波编写。本书课程思政部分由李志昂、王婧、刘大鹏编写。本书由徐州工程学院赵静敏教授负责主审。

　　由于市政工程技术不断更新,加之编者水平有限,教材难免有不妥之处,望广大读者批评指正。

编　者

2022 年 4 月

目 录

模块 1　市政工程清单计价概述

学习目标

(1)熟悉工程量清单计价基本知识；

(2)熟悉市政工程计价的方法。

学习单元 1.1　工程量清单计价基本知识

1.1.1　工程量清单的概念

工程量清单是指载明建设工程分部分项工程项目、措施项目、其他项目、规费项目、税金项目等的名称和相应数量的明细清单。工程量清单由具有编制能力的招标人或受其委托具有相应资质的工程造价咨询人，依据《建设工程工程量清单计价规范》(GB 50500—2013)，国家或省级、行业建设主管部门颁发的计价依据和办法，招投标文件的有关要求，设计文件，与建设工程项目有关的标准、规范、技术资料，招标文件及补充通知、答疑纪要，施工现场情况、工程特点及常规施工方案相关资料进行编制，并采用工程量清单方式招标。工程量清单作为招标文件必需的组成部分，其准确性和完整性由招标人负责。

工程量清单由分部分项工程量清单、措施项目清单、其他项目清单、规费项目清单、税金项目清单组成。

1.1.2　工程量清单的作用

工程量清单是工程量清单计价的基础，其作用主要表现在：

①工程量清单是编制工程预算或招标人编制招标控制价的依据；

②工程量清单是供投标者报价的依据；

③工程量清单是确定和调整合同价款的依据；

④工程量清单是计算工程量以及支付工程款的依据；

⑤工程量清单是办理工程结算和工程索赔的依据。

1.1.3　工程量清单相关术语

1）项目编码

项目编码应采用 12 位阿拉伯数字表示。1—9 位应按规范附录的规定设置，10—12 位应根据拟建工程的工程量清单项目的名称设置，同一招标工程的项目编码不得有重复。

项目编码分为五级。一、二、三、四级为全国统一编码；第五级编码由工程量清单编制人区分具体工程的清单项目特征而分别编码。

2）项目特征

项目特征是指对构成工程实体的分部分项工程量清单项目和非实体的措施清单项目，反映其自身价值的特征而进行的描述。其目的是更加准确地规范工程量清单计价中对分部分项工程量清单项目、措施项目的特征描述，便于准确地组建综合单价。

工程量清单项目特征描述的重要意义在于：
①用于区分计价规范中同一清单条目下各个具体的清单项目；
②工程量清单项目综合单价准确确定的前提；
③履行合同义务、减少造价争议的基础。

3）综合单价

综合单价是指完成一个规定计量单位的分部分项工程量清单项目或措施清单项目所需的人工费、材料和工程设备费、施工机具使用费、企业管理费和利润，以及一定范围内的风险费用。

4）措施项目

措施项目是指为完成工程项目施工，发生于该工程施工准备和施工过程中的技术、生活、安全、环境保护等方面的非工程实体项目。措施项目清单中的安全文明施工费应按照国家或省级、行业建设主管部门的规定计价，不得作为竞争费用。

5）暂列金额

暂列金额是指招标人在工程量清单中暂定并包括在合同价款中的一笔款项，用于施工合同签订时尚未确定或者不可预见的所需材料、工程设备、服务的采购，施工中可能发生的工程变更、合同约定调整因素出现时的工程款调整以及发生的索赔、现场签证确认等的费用。暂列金额包括在合同价之内但不直接属于承包人，而是由发包人暂定并掌握使用的一笔款项。

6）暂估价

暂估价指招标人在工程量清单中提供的用于支付必然发生但暂时不能确定价格的材料单价以及专业工程的金额。

7）计日工

计日工指在施工过程中完成发包人提出的施工图纸以外的零星项目或工作，按合同中约定的综合单价计价。它包括两个含义：一是计日工的单价由投标人通过投标报价确定；二是计日工的数量按发包人发出的计日工指令的数量确定。

8）现场签证

现场签证指发包人现场代表与承包人现场代表就施工过程中涉及的责任事件所做的签认证明。

9）招标控制价

招标控制价指招标人根据国家或省级、行业建设主管部门颁发的有关计价依据和办法，按设计施工图纸计算的对招标工程限定的最高工程造价。其作用是招标人对招标工程的最高限价，其实质是通常所称的"标底"。《建设工程工程量清单计价规范》（GB 50500—2013）为避免与《中华人民共和国招标投标法》关于标底必须保密的规定相违背，统一定义为"招标控制价"。

10）总承包服务费

总承包服务费指总承包人为配合协调发包人进行的工程分包，对自行采购的设备、材料等进行管理并提供相关服务，以及施工现场管理、竣工资料汇总整理等服务所需的费用。

学习单元 1.2 市政工程计价的依据

1.2.1 计价依据的内容

市政工程计价的主要依据如下：

①工程定额、指标等指导性计价依据；

②建筑市场人材机信息价格；

③企业的经验性依据，如企业消耗量定额等；

④设计图纸、施工组织设计等。

各省的"计价依据"是根据国家和省有关规定，结合本省的生产水平和发展因素确定的一系列规定的组合。

江苏省市政
计价依据

以江苏省为例,目前采用的市政工程计价依据如下:

①《建设工程工程量清单计价规范》(GB 50500—2013)(以下简称《计价规范》);

②《市政工程工程量计算规范》(GB 50857—2013)(以下简称《计量规范》);

③《江苏省市政工程计价定额》(2014)(以下简称《市政定额》);

④《江苏省建设工程费用定额》(2014)(以下简称《费用定额》)。

1.2.2　计量计价规范

1)编制思想和原则

市政工程计量与计价的规范主要是上述的《计量规范》《计价规范》。其编制的指导思想与原则:按照"政府宏观调控、企业自主报价、市场形成价格、社会全面监督"的改革目标制定的。

①"政府宏观调控"体现在:一是制订有关工程发承包价格的竞争规则,引导市场计价行为;二是加强对市场不规范和违法计价行为的监督管理。具体地讲,工程建设的各方主体必须遵守统一的建设工程计价规则、方法。全部使用国有资金投资或国有资金投资为主的建设工程必须采用工程量清单计价。工程量清单计价采用综合单价法,工程量清单实行五个统一,即统一项目编码、统一项目名称、统一项目特征、统一计价单位、统一工程量计算规则。规费和税金不得参与竞争。

②"企业自主报价"体现在:企业自行制订工程施工方法、施工措施;企业根据自身的施工技术、管理水平和掌握的工程造价资料自主确定人工、材料、施工机械台班消耗量,根据采集的价格信息,自主确定人工、材料、施工机械台班的单价;企业根据自身状况和市场竞争激烈程度并结合拟建工程实际情况,自主确定各项管理费、利润等。

③"市场形成价格"体现在:由于《计价规范》不规定人工、材料、机械的消耗量,为企业报价提供了自主空间,投标企业可结合自身的生产效率、消耗水平和管理能力与储备的报价资料,按照《计价规范》规定的原则和方法投标报价。工程造价的最终确定,由承发包双方在市场竞争中按价值规律通过合同确定。

④"社会全面监督"体现在:工程建设各方的计价活动都是在有关部门的监督下进行的,如绝大多数合同价是通过招投标的形式确定的,在工程招投标过程中,招投标管理机构、公证处、项目主管部门等都对中标单位的公示、合同的鉴证等方面进行监督。

2)主要内容

(1)《计价规范》的主要内容

《计价规范》包括正文和工程计价表格两大部分,两者具有同等效力。

正文共 15 章,包括总则、术语、一般规定、工程量清单编制、招标控制价、投标报价、合同价款约定、工程计量、合同价款调整、合同价款期中支付、竣工结算与支付、合同解除的价款结

算与支付、合同价款争议的解决、工程造价鉴定、工程计价资料与档案。

工程计价表格:《建设工程工程量清单计价规范》附录 A、B、C、D、E、F、G、H、J、K、L)。

(2)《计量规范》的主要内容

《计量规范》包括正文和附录两大部分,两者具有同等效力。

正文共 4 章,包括总则、术语、工程计量、工程量清单编制等内容。

附录包括附录 A 土石方工程、附录 B 道路工程、附录 C 桥涵工程、附录 D 隧道工程、附录 E 管网工程、附录 F 水处理工程、附录 G 生活垃圾处理工程、附录 H 路灯工程、附录 J 钢筋工程、附录 K 拆除工程、附录 L 措施项目。

3)主要特点

(1)强制性

主要表现:一是由建设主管部门按照强制性国家标准的要求批准颁布,规定全部使用国有资金或国有资金投资为主的大中型建设工程应按计价规范规定执行;二是明确工程量清单是招标文件组成部分,并规定了招标人在编制工程量清单时必须遵守的规则,做到“五统一”。

(2)实用性

附录中工程量清单项目及计算规则的项目名称,表现的是工程实体项目,项目名称明确清晰,工程量计算规则简洁明了,尤其是所列的项目特征和工程内容,易于编制工程量清单时确定具体项目名称和投标报价。

(3)竞争性

一是《计价规范》中的措施项目,在工程量清单中只列“措施项目”一栏,具体采取什么措施,如模板、脚手架、临时设施、施工排水等详细内容,由招标人根据企业的施工组织设计,视具体情况报价,因为这些项目在各个企业间各有不同,是企业竞争项目,是留给企业竞争的空间;二是《计价规范》中的人工、材料和施工机械没有具体的消耗量,投标企业可以根据企业定额和市场价格信息,也可以参照建设行政主管部门发布的社会平均消耗量定额进行报价,《计价规范》将报价权交给了企业。

(4)通用性

采用工程量清单计价将与国际惯例接轨,符合工程量计算方法标准化、工程量计算规则统一化、工程造价确定市场化的要求。

1.2.3 江苏省市政工程计价定额

1)基本特点

(1)实现确定量、参考价的计算模式

该定额的编制按“控制量、指导价、竞争费”的改革精神,实现了确定量、参考价的原则,即定额消耗量相对固定,而价格随行就市或根据发布的动态市场价格信息,通过统一的工程量计算规则,计算出工程数量,应用预算定额软件计算市政工程造价。

(2)定额子目设置更符合实际

为适应工程量清单报价和新技术发展的需要,更好地与国际惯例接轨,将原市政定额混凝土构件子目中的混凝土和模板进行分离,混凝土按浇捣体积以"m³"为单位计量,模板按其与混凝土的接触面积以"m²"为单位计量,套用相应定额子目。

(3)与建筑、安装定额类似项目的统一

市政定额与建筑定额和安装定额之间采用统一的名称术语和计量单位,在相同子目的消耗量上,既结合专业的特点,又做到了基本的统一,避免了相同工作内容由于套用不同定额而引发的不必要的争议。另外,根据目前江苏省材料价格信息发布的实际情况,对市政定额中涉及各类材料的计量单位与本省价格发布体系中相关材料进行了统一,以适应市政工程投标报价和工程预结(决)算的需要。

2)定额内容

《市政定额》一共8册,分别是通用项目、道路工程、桥涵工程、隧道工程、给水工程、排水工程、燃气与集中供热工程、路灯工程。每一册又分许多章节。比如通用项目册包含土石方工程、打拔工具桩工程、围堰工程、支撑工程、拆除工程、脚手架及其他工程、护坡挡土墙工程、地下连续墙工程,土石方工程这一章又包含人工挖土方、人工挖沟槽基坑土方、挖掘机挖土等定额节。

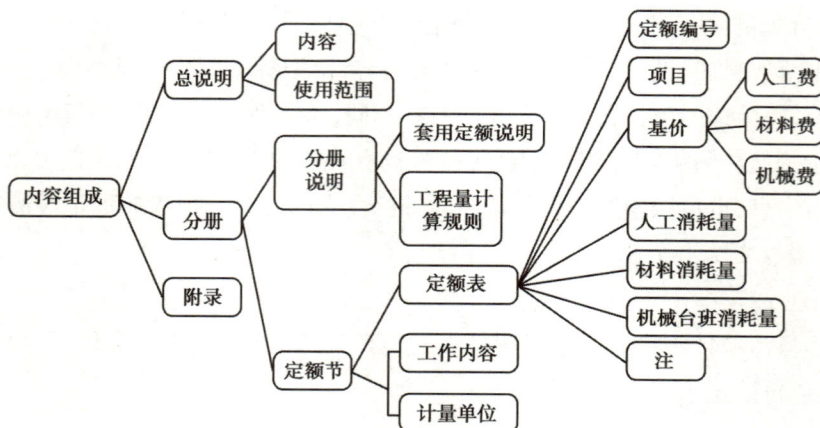

图 1.1 《市政定额》内容组成

基本内容包含总说明、分册、附录。总说明主要介绍定额的内容、使用范围、作用、编制依据、人工材料机械消耗量取定标准等。定额节包含工作内容、计量单位和定额表,表格中有定额编号、项目、基价、人工消耗量、材料消耗量、机械台班消耗量(图 1.1)。

3）总说明

《市政定额》总说明共分13条,现逐条加以解释和说明。

①本定额是完成规定计量单位分项工程所需的人工、材料、施工机械台班的消耗量标准,是编制市政工程概算、招标工程控制价、工程预算及竣工结算的依据。本定额计价单位为元,默认尺寸单位为毫米(mm)。

②本定额适用于城镇管辖范围内的新建、扩建及大中修市政工程,不适用于市政工程的小修保养。

③本定额是按照正常的施工条件,目前多数企业的施工机械装备程度,合理的施工工期、施工工艺、劳动组织编制的,反映了社会平均消耗水平。

④本定额是依据国家有关现行产品标准、设计规范和施工验收规范、质量评定标准、安全技术操作规程编制的,并适当参考了行业、地方标准,以及有代表性的工程设计、施工资料和其他资料。

⑤关于人工工日消耗量:本定额人工不分工种、技术等级,均以综合工日表示,内容包括基本用工、超运距用工、人工幅度差和辅助用工。

⑥关于材料消耗量:

第一,本定额中的材料消耗包括主要材料、辅助材料,凡能计量的材料、成品、半成品均按品种、规格逐一列出用量并计入了相应的损耗,其损耗的内容和范围包括从工地仓库、现场集中堆放地点或现场加工地点至操作或安装地点的现场运输损耗、施工操作损耗、施工现场堆放损耗。

第二,混凝土、沥青混凝土、砌筑砂浆、抹灰砂浆及各种胶泥等均按半成品消耗量以体积(m³)表示。定额中混凝土的养护,除另有说明外,均按自然养护考虑。混凝土消耗量按现场拌和考虑,采用预拌(商品)混凝土的按下列办法计算:

对厂站工程:泵送混凝土的,定额人工数量扣30%,定额混凝土搅拌机械数量全扣,定额水平运输机械数量扣50%,垂直运输机械全扣;非泵送混凝土的,定额人工数量扣15%,混凝土搅拌机械全扣。

对其他市政工程:泵送混凝土的,人工扣40%,混凝土搅拌机械数量全扣,定额水平运输机械数量扣50%,垂直运输机械全扣;非泵送混凝土的,人工扣20%,混凝土搅拌机械全扣。

第三,本定额中的周转性材料已按规定的材料周转次数摊销计入定额内。

第四,组合钢模板、复合木模板等的回库维修费已计入其预算价格内。

第五,用量少、价值小的材料合并为其他材料费,以占材料费(其中不包括未计价材料和其他材料费本身)的百分数表示。

⑦关于施工机械台班消耗量:

第一,本定额的施工机械台班用量包括了机械幅度差内容。

第二,本定额未包括随工人班组配备并依班组产量计算的单位价值2 000元以下的小型施工机械或工具使用费,价值2 000元以下的小型施工机械或工具使用费列入市政费用定额企业管理费中的生产工具用具使用费项下。

第三,定额中均已包括材料、成品、半成品从工地仓库、现场集中堆放地点或现场加工地点至操作安装地点的水平和垂直运输所需要的人工和机械消耗量。如场地限制造成二次搬运的,应参照有关材料运输的定额项目计算二次搬运费。

⑧本定额的人工单价按74元计算。材料预算价格按2013年南京地区标准。机械台班价格在2007年机械台班定额的基础上按新的人工费标准和材料预算价格调整了机上人工费及燃料动力费。根据调整后的机械台班价格测算出新的特、大型机械场外运输费及组装、拆卸费。

⑨本定额施工用水、电是按现场有水、电考虑的。如现场无水、电时,施工企业外接水的费用及自备发电机发电的费用应另计措施费。施工用水、电应由建设单位在现场自装水表、电表交施工单位保管使用,施工单位按表计量。工程结算时施工单位按预算价格支付建设方水电费。如无条件安计量水、电,则由建设方与施工方自行商定水费、电费结算办法。

⑩本定额的工作内容中已说明了主要的施工工序,次要工序虽未说明,均已考虑在定额内。

⑪本定额与江苏省其他工程预算定额的关系,凡本定额包含的项目,应按本定额项目执行。本定额缺项部分,可按其他定额工、料、机消耗量计算直接费,按市政定额标准取费。

⑫本定额中用"( )"表示的消耗量,均未计入基价。

⑬本定额中注有"×××以内"或"×××以下"者均包括×××本身,"×××以外"或"×××以上"者则不包括×××本身。

1.2.4 江苏省建设工程费用定额

1)适用范围

江苏省建设工程费用定额适用于在江苏省行政区域内新建、扩建和改建的建筑与装饰、安装、市政、仿古建筑及园林绿化、房屋修缮、城市轨道交通工程等,与江苏省现行的建筑与装饰、安装、市政、仿古建筑及园林绿化、房屋修缮、城市轨道交通工程计价表(定额)配套使用。原有关规定与本定额不一致的,按照本定额规定执行。

2)主要内容

费用定额内容是由分部分项工程费、措施项目费、其他项目费、规费和税金组成。其中,安全文明施工措施费、规费和税金为不可竞争费,应按规定标准计取。

费率选择应实事求是

费率选择以及工程类别和级别的判定，无论甲方还是乙方工程技术人员必须依据实事求是态度来判定。实事求是是马克思主义的根本观点，是中国共产党人认识世界、改造世界的根本要求，是我们党的基本思想方法、工作方法。回顾百年党史，坚持实事求是，党和人民事业就能够不断取得胜利；反之，背离了实事求是，党和人民事业就会遭遇挫折。

对于当代大学生而言，道理上承认实事求是固然重要，但更重要的是能否在实际行动中也坚持实事求是。坚持实事求是，就是我们想问题、办事情，都必须从不断变化的客观实际出发，做好实践调研，既不能超越现实、超越阶段而急于求成，又不能落后于实际、无视变化着的客观事实而因循守旧、固步自封。大学生应当坚持实事求是来立身做事，不能夸大其词、好高骛远、眼高手低，要说老实话、办老实事、做老实人，能够不断学习、修正错误、归纳总结，勇于变革、勇于创新，永不僵化，在不断解决新问题的实践中开创各项工作新局面。

毛泽东思想中的精华之一——实事求是

学习单元 1.3　市政工程计价的方法

1.3.1　建设工程费用组成的划分

按照《建筑安装工程费用项目组成》（建标〔2013〕44 号），建筑安装工程费用项目组成有两种划分方法：按费用构成要素组成划分（图 1.2）和按工程造价形成顺序划分（图 1.3）。

1.3.2　建设工程费用组成的内容

建设工程费用由分部分项工程费、措施项目费、其他项目费、规费和税金组成。

1）分部分项工程费

分部分项工程费是指各专业工程的分部分项工程应予列支的各项费用，由人工费、材料费、施工机具使用费、企业管理费和利润构成。

（1）人工费

人工费是指按工资总额构成规定，支付给从事建筑安装工程施工的生产工人和附属生产单位工人的各项费用。内容包括计时工资或计件工资、奖金、津贴补贴、加班加点工资、特殊情况下支付的工资。

人工费 ───── 1.计时工资或计件工资
　　　　　　 2.奖金
　　　　　　 3.津贴、补贴 ───────────── 1.分部分项工程费
　　　　　　 4.加班加点工资
　　　　　　 5.特殊情况下支付的工资

材料费 ───── 1.材料原价
　　　　　　 2.运杂费
　　　　　　 3.运输损耗费
　　　　　　 4.采购及保管费 ─── ①折旧费
　　　　　　　　　　　　　　　　 ②大修理费
　　　　　　　　　　　　　　　　 ③经常修理费
施工机具使用费 ─ 1.施工机械使用费 ── ④安拆费及场外运费
　　　　　　　　　　　　　　　　 ⑤人工费
　　　　　　　　　　　　　　　　 ⑥燃料动力费
　　　　　　 2.仪器仪表使用费 ─── ⑦税费

　　　　　　 1.管理人员工资
　　　　　　 2.办公费
　　　　　　 3.差旅交通费
　　　　　　 4.固定资产使用费 ──────────── 2.措施项目
建　　　　　 5.工具用具使用费
筑　　　　　 6.劳动保险和职工福利费
安　企业管理费 7.劳动保护费
装　　　　　 8.检验试验费
工　　　　　 9.工会经费
程　　　　　 10.职工教育经费
费　　　　　 11.财产保险费
　　　　　　 12.财务费
　　　　　　 13.税金
　　　　　　 14.其他 ──────────────── 3.其他项目

利润 ──────────────

　　　　　　 1.社会保险费 ─── ①养老保险费
规费 ───── 2.住房公积金 ─── ②失业保险费
　　　　　　 3.工程排污费 ─── ③医疗保险费
　　　　　　　　　　　　　　 ④生育保险费
　　　　　　　　　　　　　　 ⑤工伤保险费

　　　　　　 1.营业税
税金 ───── 2.城市维护建设税
　　　　　　 3.教育费附加
　　　　　　 4.地方教育附加

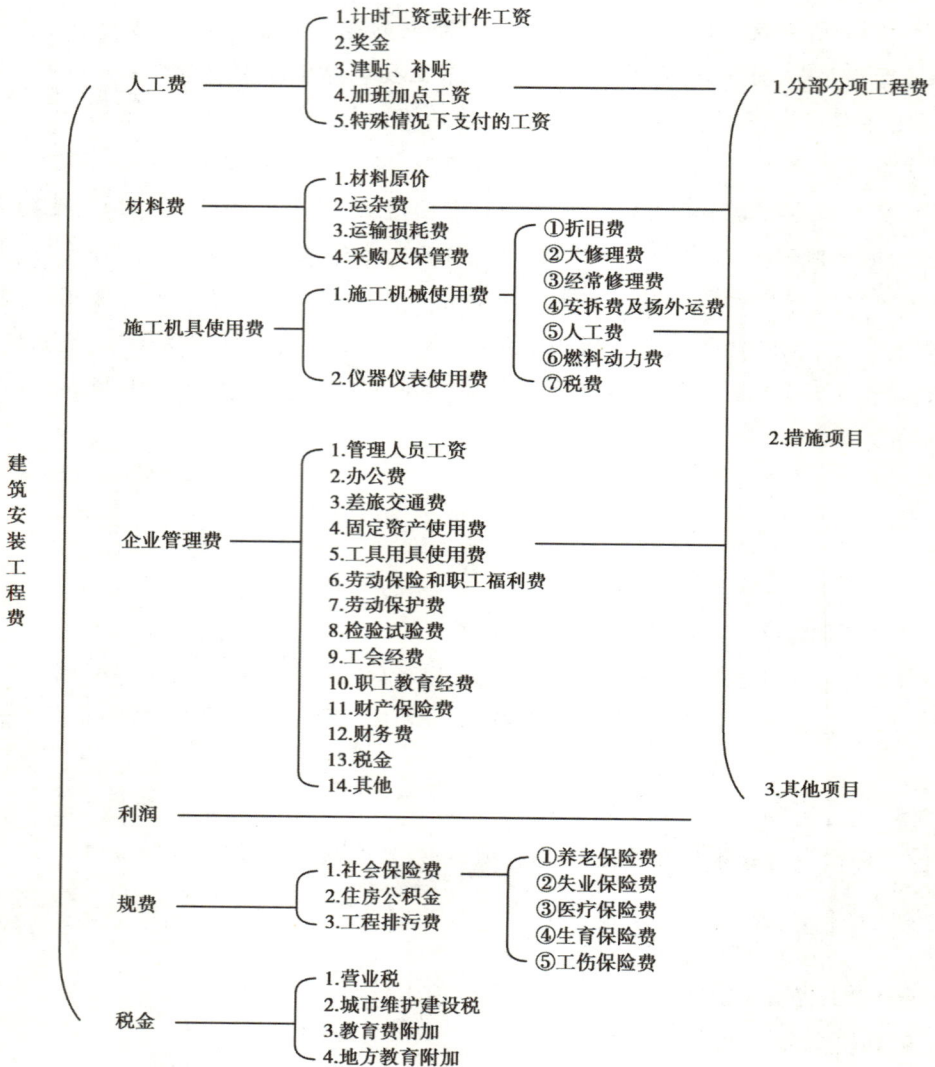

图1.2　建筑安装工程费用组成(按费用构成要素划分)

建
筑
安
装
工
程
费

├─ 分部分项工程费
│   ├─ 1.房屋建筑与装饰工程
│   │   ①土石方工程
│   │   ②桩基工程
│   │   …
│   ├─ 2.仿古建筑工程
│   ├─ 3.通用安装工程
│   ├─ 4.市政工程
│   ├─ 5.园林绿化工程
│   ├─ 6.矿山工程
│   ├─ 7.构筑物工程
│   ├─ 8.城市轨道交通工程
│   └─ 9.爆破工程
│   …
│
├─ 措施项目费
│   ├─ 1.安全文明施工费
│   ├─ 2.夜间施工增加费
│   ├─ 3.二次搬运费
│   ├─ 4.冬雨季施工增加费
│   ├─ 5.已完工程及设备保护费
│   ├─ 6.工程定位复测费
│   ├─ 7.特殊地区施工增加费
│   ├─ 8.大型机械进出场及安拆费
│   └─ 9.脚手架工程费
│   …
│
├─ 其他项目费
│   ├─ 1.暂列金额
│   ├─ 2.计日工
│   └─ 3.总承包服务费
│   …
│
├─ 规费
│   ├─ 1.社会保险费 ──┬─ ①养老保险费
│   │   ├─ ②失业保险费
│   │   ├─ ③医疗保险费
│   │   ├─ ④生育保险费
│   │   └─ ⑤工伤保险费
│   ├─ 2.住房公积金
│   └─ 3.工程排污费
│
└─ 税金
    ├─ 1.营业税
    ├─ 2.城市维护建设税
    ├─ 3.教育费附加
    └─ 4.地方教育附加

1.人工费
2.材料费
3.施工机具使用费
4.企业管理费
5.利润

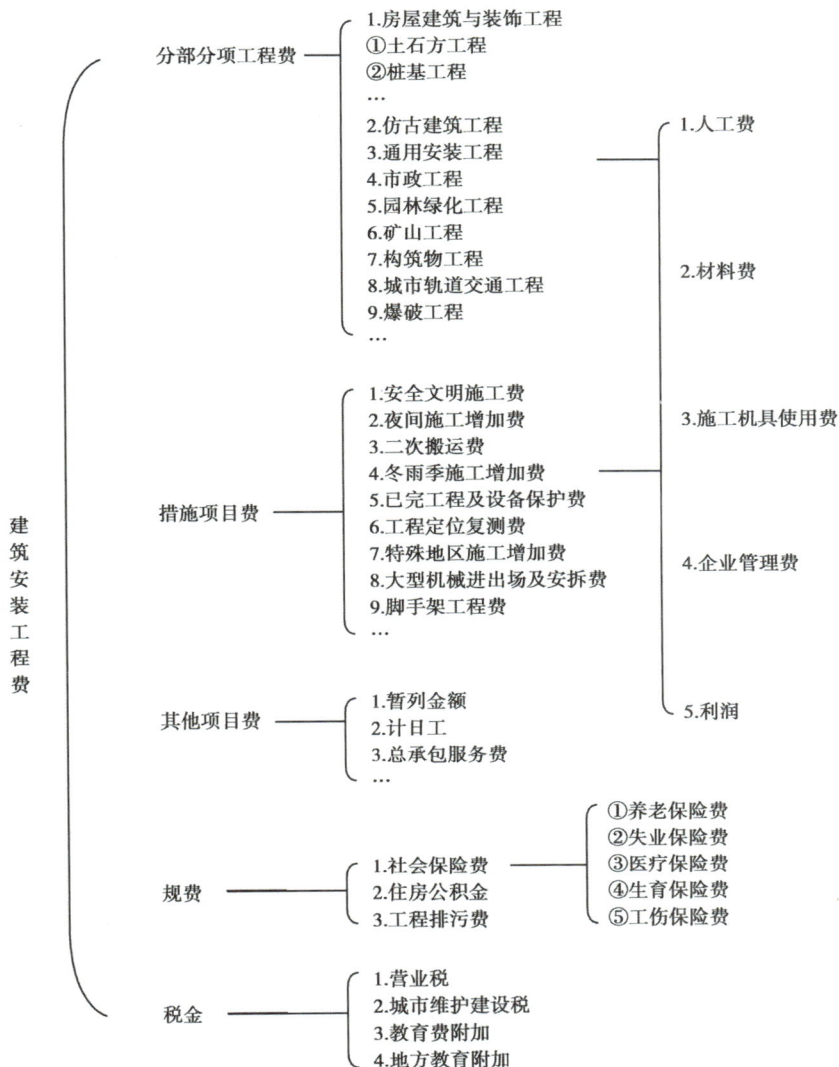

图1.3 建筑安装工程费用组成(按造价形成划分)

（2）材料费

材料费是指施工过程中耗费的原材料、辅助材料、构配件、零件、半成品或成品、工程设备的费用。内容包括材料原价、运杂费、运输损耗费、采购及保管费。

工程设备是指房屋建筑及其配套的构成或计划构成永久工程一部分的机电设备、金属结构设备、仪器装置等建筑设备,包括附属工程中电气、采暖、通风空调、给排水、通信及建筑智能等为房屋功能服务的设备,不包括工艺设备。具体划分标准见《建设工程计价设备材料划分标准》(GB/T 50531—2009)。明确由建设单位提供的建筑设备,其设备费用不作为计取税金的基数。

（3）施工机具使用费

施工机具使用费是指施工作业所发生的施工机械、仪器仪表使用费或其租赁费。其内容包含以下两方面：

①施工机械使用费：以施工机械台班耗用量乘以施工机械台班单价表示。施工机械台班单价应由下列7项费用组成：折旧费、大修理费、经常修理费、安拆费及场外运费、人工费、燃料动力费、税费。

②仪器仪表使用费：工程施工所需使用的仪器仪表的摊销及维修费用。

（4）企业管理费

企业管理费是指施工企业组织施工生产和经营管理所需的费用。内容包括管理人员工资、办公费、差旅交通费、固定资产使用费、工具用具使用费、劳动保险和职工福利费、劳动保护费、工会经费、职工教育经费、财产保险费、财务费、税金、意外伤害保险费、工程定位复测费、检验试验费、非建设单位所为四小时以内的临时停水停电费用、企业技术研发费、其他。

（5）利润

利润是指施工企业完成所承包工程获得的盈利。

2）措施项目费

措施项目费是指为完成建设工程施工，发生于该工程施工前和施工过程中的技术、生活、安全、环境保护等方面的费用。

根据现行工程量清单计算规范，措施项目费分为单价措施项目与总价措施项目。

（1）单价措施项目

单价措施项目是指在现行工程量清单计算规范中有对应工程量计算规则，按人工费、材料费、施工机具使用费、管理费和利润形式组成综合单价的措施项目。单价措施项目根据专业不同，包括的项目不同。市政工程的单价措施项目包括脚手架工程，混凝土模板及支架，围堰，便道及便桥，洞内临时设施，大型机械设备进出场及安拆，施工排水、降水，地下交叉管线处理、监测、监控。

（2）总价措施项目

总价措施项目是指在现行工程量清单计算规范中无工程量计算规则，以总价（或计算基础×费率）计算的措施项目。其中，各专业都可能发生的通用的总价措施项目如下：

①安全文明施工：为满足施工安全、文明、绿色施工以及环境保护、职工健康生活所需要的各项费用。本项为不可竞争费用。

②夜间施工：规范、规程要求正常作业而发生的夜班补助，夜间施工降效，夜间照明设施的安拆、摊销、照明用电以及夜间施工现场交通标志、安全标牌、警示灯安拆等费用。

③二次搬运：由于施工场地限制而发生的材料、成品、半成品等一次运输不能到达堆放地点，必须进行的二次或多次搬运费用。

④冬雨期施工：在冬雨期施工期间所增加的费用，包括冬期作业、临时取暖、建筑物门窗洞口封闭及防雨措施、排水、工效降低、防冻等费用，不包括设计要求混凝土内添加防冻剂的费用。

⑤地上、地下设施、建筑物的临时保护设施：在工程施工过程中，对已建成的地上、地下设施和建筑物进行的遮盖、封闭、隔离等必要保护措施。在园林绿化工程中，还包括对已有植物的保护。

⑥已完工程及设备保护费：对已完工程及设备采取的覆盖、包裹、封闭、隔离等必要保护措施所发生的费用。

⑦临时设施费：施工企业为进行工程施工所必需的生活和生产用的临时建筑物、构筑物和其他临时设施的搭设、使用、拆除等费用。

⑧赶工措施费：施工合同工期比所在省现行工期定额提前，施工企业为缩短工期所发生的费用。如施工过程中，发包人要求实际工期比合同工期提前时，由发承包双方另行约定。

⑨工程按质论价：施工合同约定质量标准超过国家规定，施工企业完成工程质量达到经有权部门鉴定或评定为优质工程所必须增加的施工成本费。

⑩特殊条件下施工增加费：地下不明障碍物、铁路、航空、航运等交通干扰而发生的施工降效费用。

总价措施项目中，除通用措施项目外，市政工程还有一些特有的措施项目，如行车、行人干扰：由于施工受行车、行人的干扰导致的人工、机械降效以及为了行车、行人安全而现场增设的维护交通与疏导人员费用。

3）其他项目费

①暂列金额：建设单位在工程量清单中暂定并包括在工程合同价款中的一笔款项，用于施工合同签订时尚未确定或者不可预见的所需材料、工程设备、服务的采购，施工中可能发生的工程变更、合同约定调整因素出现时的工程价款调整以及发生的索赔、现场签证确认等的费用。由建设单位根据工程特点，按有关计价规定估算；施工过程中由建设单位掌握使用，扣除合同价款调整后如有余额，归建设单位。

②暂估价：建设单位在工程量清单中提供的用于支付必然发生但暂时不能确定价格的材料的单价以及专业工程的金额，包括材料暂估价和专业工程暂估价。材料暂估价在清单综合单价中考虑，不计入暂估价汇总。

③计日工：是指在施工过程中，施工企业完成建设单位提出的施工图纸以外的零星项目或工作所需的费用。

④总承包服务费：是指总承包人为配合、协调建设单位进行的专业工程发包，对建设单位自行采购的材料、工程设备等进行保管以及施工现场管理、竣工资料汇总整理等服务所需的费用。总包服务范围由建设单位在招标文件中明示，并且发承包双方在施工合同中约定。

4）规费

规费是指相关权力部门规定必须缴纳的费用。

①工程排污费：包括废气、污水、固体及危险废物和噪声排污费等内容。

②社会保险费：企业应为职工缴纳的养老保险、医疗保险、失业保险、工伤保险和生育保险等5项社会保障方面的费用。为确保施工企业各类从业人员社会保障权益落到实处，省、市有关部门可根据实际情况制定管理办法。

③住房公积金：企业应为职工缴纳的住房公积金。

5）税金

目前按照《江苏省住房城乡建设厅关于调整建设工程计价增值税税率的通知》（苏建函价〔2019〕178号）计取。

《江苏省住房城乡建设厅关于调整建设工程计价增值税税率的通知》（苏建函价〔2019〕178号）

1.3.3 工程费用类别划分及取费

随着城市化进程的加快，现代市政工程日益复杂，不同的市政工程，其工程造价的确定都各有特性。因此，为合理确定工程造价，也便于进行同类工程的指标分析与比较，有必要将市政工程按照不同的项目划分为不同的类别。

施工取费定额"工程类别划分"把各专业工程类别划分为一类、二类、三类共3种类别，企业管理费费率按照对应的专业工程类别计取。

1）市政工程费用类别划分表

市政工程按照专业定额分册的编制情况，结合工程实际，可划分为道路工程、桥梁工程、排水工程、水工构筑物（设计能力）、防洪堤挡土墙、给水工程、燃气与集中供热工程、大型土石方工程等。市政工程类别划分详见表1.1。

表1.1 市政工程类别划分表

序号	项目		单位	一类工程	二类工程	三类工程
一	道路工程	结构层厚度	cm	≥65	≥55	<55
		路幅宽度	m	≥60	≥40	<40
二	桥梁工程	单跨长度	m	≥40	≥20	<20
		桥梁总长	m	≥200	≥100	<100
三	排水工程	雨水管道直径	mm	≥1 500	≥1 000	<1 000
		污水管道直径	mm	≥1 000	≥600	<600

续表

序号	项目		单位	一类工程	二类工程	三类工程
四	水工构筑物（设计能力）	泵站（地下部分）	万 t/日	≥20	≥10	<10
		污水处理厂（池类）	万 t/日	≥10	≥5	<5
		自来水厂（池类）	万 t/日	≥20	≥10	<10
五	防洪堤挡土墙	实浇（砌）体积	m³	≥3 500	≥2 500	<2 500
		高度	m	≥4	≥3	<3
六	给水工程	主管直径	mm	≥1 000	≥800	<800
七	燃气与集中供热工程	主管直径	mm	≥500	≥300	<300
八	大型土石方工程	挖或填土（石）方容量	m³	≥5 000		

2）市政工程类别划分的原则

①定量与定性相结合原则：针对不同的项目，采用定量与定性相结合并以定量为主划分为三类。

②单因素确定原则：某专业工程有多种条件时，只要符合其中一个条件即可。

③就高原则：多个专业工程一同分包时，按专业工程最高类别确定。

3）市政工程的类别划分说明

①工程类别划分是根据不同的标段内的单位工程的施工难易程度等，结合市政工程实际情况划分确定的。

②工程类别划分以标段内的单位工程为准，一个单项工程中如有几个不同类别的单位工程组成，其工程类别分别确定。

③单位工程的类别划分按主体工程确定，附属工程按主体工程类别取定。

④通用项目的类别划分按主体工程确定。

⑤凡工程类别标准中，道路工程、防洪堤挡土墙、桥梁工程有两个指标控制的必须同时满足两个指标确定工程类别。

⑥道路路幅宽度为包含绿岛及人行道宽度，即总宽度；结构层厚度指设计标准横断面厚度。

⑦道路改造工程按改造后的道路路幅宽度标准确定工程类别。

⑧桥梁的总长度是指两个桥台结构最外边线之间的长度。

⑨排水管道工程按主干管的管径确定工程类别。主干管是指标段内单位工程中长度最

长的干管。

⑩箱涵、方涵套用桥梁工程三类标准。

⑪市政隧道工程套用桥梁工程二类标准。

⑫10 000 m² 以上广场为道路二类,以下为道路三类。

⑬土石方工程量包含弹软土地基处理、坑槽内实体结构以上路基部位(不包括道路结构层部分)的多合土、砂、碎石回填工程量。大型土石方应按标段内的单位工程进行划分。

⑭表1.1 中未包括的市政工程,其工程类别由当地工程造价管理机构根据实际情况予以核定,并报上级工程造价管理机构备案。

4)市政工程施工取费费率

(1)企业管理费、利润取费标准及规定

企业管理费、利润计算基础按规定执行。包工不包料、点工的管理费和利润包含在工资单价中。企业管理费、利润费率标准见表1.2。

表1.2 市政工程企业管理费、利润费率标准

序号	项目名称	计算基础	管理费费率(%)			利润率 (%)
			一类工程	二类工程	三类工程	
一	通用项目、道路、排水工程	人工费+除税施工机具使用费	26	23	20	10
二	桥梁、水工构筑物	人工费+除税施工机具使用费	35	32	29	10
三	给水、燃气与集中供热	人工费	45	41	37	13
四	路灯及交通设施工程	人工费	43			13
五	大型土石方工程	人工费+除税施工机具使用费	7			4

(2)措施项目取费标准及规定

①单价措施项目以清单工程量乘以综合单价计算。综合单价按照各专业计价定额中的规定,依据设计图纸和经建设方认可的施工方案进行组价。

②总价措施项目中部分以费率计算的措施项目费率标准见表1.3 和表1.4,其计算基础为:分部分项工程费+单价措施项目费−除税工程设备费;其他总价措施项目,按项计取,综合单价按实际或可能发生的费用进行计算。

(3)其他项目取费标准及规定

①暂列金额、暂估价按发包人给定的标准计取。

②计日工:由发承包双方在合同中约定。

③总承包服务费:应根据招标文件列出的内容和向总承包人提出的要求,参照下列标准计算:

a.建设单位仅要求对分包的专业工程进行总承包管理和协调时,按分包的专业工程估算

造价的1%计算；

b. 建设单位要求对分包的专业工程进行总承包管理和协调，并同时要求提供配合服务时，根据招标文件中列出的配合服务内容和提出的要求，按分包的专业工程估算造价的2%～3%计算。

c. 暂列金额、暂估价、总承包服务费中均不包括增值税可抵扣进项税额。

表1.3　市政工程措施项目费费率标准

项目	计算基础	市政工程费率（%）
现场安全文明施工措施费	分部分项工程费+单价措施项目费−除税工程设备费	—
夜间施工增加费		0.05～0.15
冬雨期施工增加费		0.1～0.3
已完工程及设备保护		0～0.02
临时设施费		1.1～2.2
赶工措施费		0.5～2.2
按质论价费		0.9～2.7

表1.4　安全文明施工措施费费率标准

序号	工程名称		计算基础	基本费率（%）	省级标化增加费（%）
一	市政工程	通用项目、道路、排水工程	分部分项工程费+单价措施项目费−除税工程设备费	1.5	0.4
		桥涵、隧道、水工构筑物		2.2	0.5
		给水、燃气与集中供热		1.2	0.3
		路灯及交通设施工程		1.2	0.3
二	大型土石方工程			1.5	—

1.3.4　规费取费标准及有关规定

①工程排污费：按工程所在地环境保护等部门规定的标准缴纳，按实计取列入。

②社会保险费及住房公积金按表1.5标准计取。

表 1.5　社会保险费及公积金取费标准

序号	工程类别		计算基础	社会保险费率（%）	公积金费率（%）
四	市政工程	通用项目、道路、排水工程	分部分项工程费＋措施项目费＋其他项目费－除税工程设备费	2.0	0.34
		桥涵、隧道、水工构筑物		2.7	0.47
		给水、燃气与集中供热、路灯及交通设施工程		2.1	0.37
九	大型土石方工程			1.3	0.24

注:1. 社会保险费包括养老保险费、失业保险费、医疗保险费、工伤保险费、生育保险费。

　　2. 点工和包工不包料的社会保险费和公积金已经包含在人工工资单价中。

　　3. 大型土石方工程适用各专业中达到大型土石方标准的单位工程。

　　4. 社会保险费费率和公积金费率将随着社保部门要求和建设工程实际缴纳费率的提高,适时调整。

学习单元 1.4　工程费用计算程序

1)一般计税法

①根据江苏省住房和城乡建设部办公厅《关于做好建筑业营改增建设工程计价依据调整准备工作的通知》(建办标〔2016〕4 号)规定的计价依据调整要求,"营改增"后,采用一般计税方法的建设工程费用组成中的分部分项工程费、措施项目费、其他项目费、规费中均不包含增值税可抵扣进项税额。

②企业管理费组成内容中增加第(19)条附加税:国家税法规定的应计入建筑安装工程造价内的城市建设维护税、教育费附加及地方教育附加。

③甲供材料和甲供设备费用应在计取现场保管费后,在税前扣除。

④税金定义及包含内容调整为:税金是指根据建筑服务销售价格,按规定税率计算的增值税销项税额。

包工包料工程,可按一般计税法计税,详见表 1.6。

表1.6　工程量清单法计算程序(包工包料)

序号	费用名称		计算公式
一	分部分项工程费		清单工程量×除税综合单价
	其中	1. 人工费	人工消耗量×人工单价
		2. 材料费	材料消耗量×除税材料单价
		3. 施工机具使用费	机械消耗量×除税机械单价
		4. 管理费	(1+3)×费率或1×费率
		5. 利润	(1+3)×费率或1×费率
二	措施项目费		
	其中	单价措施项目费	清单工程量×除税综合单价
		总价措施项目费	(分部分项工程费+单价措施项目费-除税工程设备费)×费率 或以项计费
三	其他项目费		
四	规费		
	其中	1. 工程排污费	
		2. 社会保险费	(一+二+三-除税工程设备费)×费率
		3. 住房公积金	
五	税金		[一+二+三+四-(除税甲供材料费+除税甲供设备费)/1.01]× 费率
六	工程造价		一+二+三+四-(除税甲供材料费+除税甲供设备费)/1.01+五

2)简易计税法

①"营改增"后,采用简易计税方式的建设工程费用组成中,分部分项工程费、措施项目费、其他项目费的组成,均与《江苏省建设工程费用定额》(2014年版)原规定一致,包含增值税可抵扣进项税额。

②甲供材料和甲供设备费用应在计取现场保管费后,在税前扣除。

③税金定义及包含内容调整为:税金包含增值税应纳税额、城市建设维护税、教育费附加及地方教育附加。

包工不包料工程(清包工工程),可按简易计税法计税。原计费程序不变,详见表1.7。

表1.7 工程量清单法计算程序(包工不包料)

序号	费用名称		计算公式
一	分部分项工程费		清单工程量×综合单价
	其中	1.人工费	人工消耗量×人工单价
		2.材料费	材料消耗量×材料单价
		3.施工机具使用费	机械消耗量×机械单价
		4.管理费	(1+3)×费率或1×费率
		5.利润	(1+3)×费率或1×费率
二	措施项目费		
	其中	单价措施项目费	清单工程量×综合单价
		总价措施项目费	(分部分项工程费+单价措施项目费-工程设备费)×费率 或以项计费
三	其他项目费		
四	规费		
	其中	1.工程排污费	
		2.社会保险费	(一+二+三-工程设备费)×费率
		3.住房公积金	
五	税金		[一+二+三+四-(甲供材料费+甲供设备费)/1.01]×费率
六	工程造价		一+二+三+四-(甲供材料费+甲供设备费)/1.01+五

技能训练

一、选择题

1.江苏省目前采用的清单计价规范是(　　)。

A.《建设工程工程量清单计价规范》(GB 50500—2013)

B.《江苏省建设工程费用定额》

C.《江苏省市政工程计价定额》

D.施工图纸

2.根据"营改增"之后的费用定额调整文件规定,道路三类工程的管理费费率为(　　)%。

A.26　　　　　　　　B.23　　　　　　　　C.20　　　　　　　　D.19

3.在一个建设项目中,具有独立的设计文件,竣工后可以独立发挥生产能力或工程效益的项目被称为(　　)。

A.分部工程　　　　　B.分项工程　　　　　C.单项工程　　　　　D.单位工程

4.下列不属于不可竞争费的是(　　　)。

A.生产工人工资性补贴　　　　　　　　B.规费

C.社会保障费　　　　　　　　　　　　D.生产工人辅助工资

5.建设工程项目组成的最小单位是(　　　)。

A.施工机械使用费　　　　　　　　　　B.措施费

C.企业管理费　　　　　　　　　　　　D.规费

6.我国现行《建筑安装工程费用项目组成》中,支付给生产工人的住房公积金应计入(　　　)。

A.生产工人工资性补贴　　　　　　　　B.规费

C.社会保障费　　　　　　　　　　　　D.生产工人辅助工资

7.从工程费用计算角度分析,工程造价计价的顺序是(　　　)。

A.分部分项工程单价—单位工程造价—单项工程造价—建设项目总造价

B.分部分项工程单价—单项工程造价—单位工程造价—建设项目总造价

C.单项工程造价—分部分项工程单价—单位工程造价—建设项目总造价

D.建设项目总造价—单项工程造价—单位工程造价—分部分项工程单价

8.下列说法中,不属于工程造价的特点的是(　　　)。

A.大额性　　　　　B.固定性　　　　　C.层次性　　　　　D.兼容性

9.施工企业组织生产和经营管理所需的费用应计入(　　　)。

A.人工费　　　　　B.机械费　　　　　C.企业管理费　　　　　D.利润

10.以下不属于其他项目费的是(　　　)。

A.暂列金额　　　　　B.暂估价　　　　　C.安全文明施工费　　　　　D.计日工

11.工程造价的(　　　)特点首先表现在它具有两种含义,其次表现在其构成因素的广泛性和复杂性。

A.差异性　　　　　B.动态性　　　　　C.层次性　　　　　D.兼容性

12.分部分项工程费的综合单价包括(　　　)。

A.人工费、材料费

B.人工费、材料费、机械费、管理费、利润

C.人工费、材料费、机械费

D.人工费、材料费、机械费、管理费、利润、规费、税金

13.从投资者角度讲,工程造价是指(　　　)。

A.交易活动中所形成的价格

B.建设成本价利润所形成的价格

C.建设一项工程预期开支或实际开支的全部固定资产投资费用

D. 经过招标由双方共同认可的价格

二、问答题

1. 工程量清单计价与预算定额计价的区别有哪些?

2. 工程量清单计价与预算定额计价的联系是什么?

3. 以江苏省为例,目前市政工程计价依据有哪些?

模块2　市政通用项目工程计量计价

学习目标

（1）熟悉市政通用项目工程清单和定额；

（2）掌握市政通用项目工程清单工程量计算、清单编制方法。

　　通用建设项目是市政工程预算定额各专业册中带共性的项目，属于《江苏省市政工程计价定额》第一册。该册共八章，包括土石方工程、打拔工具桩、围堰工程、支撑工程、拆除工程、脚手架及其他工程、护坡挡土墙及防洪工程、临时工程及地基加固。

学习单元2.1　土石方工程

2.1.1　土石方工程基础知识

1）土壤及岩石的分类

　　①土方工程中土方类别根据"土壤及岩石（普氏）分类表"划分为一、二、三、四类，具体划分范围详见土壤（普氏）分类表。

　　除上述四种土壤外，有些省（市）定额还考虑了下列几种土壤：淤泥、流砂。

　　②岩石根据"土壤及岩石（普氏）分类表"划分为松石、次坚石、普坚石与特坚石，具体划分范围详见"土壤及岩石（普氏）分类表"。

　　③土石方开挖时，遇同一工程中发生土石方类别不同时，除定额另有规定外，应按类别不同分别进行工程量计算。

2）土石方工程知识

　　①土方工程按施工方法分人工土方与机械土方。

　　a. 人工土方是采用镐、锄、铲或小型机具施工的土方工程，适用于土方量小、运输距离近或不宜采用机械施工的土方工程。

　　b. 机械土方主要采用挖掘机、推土机、装载机、压路机、自卸汽车等，定额有单种机械施工,也有多种机械配合施工的机械土方子目。机械的选型应根据现场施工条件、土质、土方量大小、机械性能和企业机械装备情况综合确定。

②干、湿土的划分首先以地质勘探资料为准,含水率大于25%为湿土;或以地下常水位为准,常水位以下为湿土,常水位以上为干土。采用井点降水施工方法,则土方均按干土考虑。

③土方体积按其密实程度分为天然密实体积(自然方)、夯实后体积(实方)、虚方体积、松填体积。定额的土、石方体积均以天然密实体积(自然方)计算,回填土按碾压后的体积(实方)计算。土方体积换算见表2.1。

表2.1 土方体积换算表

虚方体积	天然密实体积	夯实后体积	松填体积
1.00	0.77	0.67	0.83
1.30	1.00	0.87	1.08
1.50	1.15	1.00	1.25
1.20	0.92	0.80	1.00

【例2.1】某土方工程,按施工图计算得挖方工程量15 000 m³,填方工程量为3 000 m³(需夯实回填),求弃土外运的工程量。

【解】外运土方应按自然方计算,填土工程量3 000 m³为夯实后工程量,应转换成自然方,查表得夯实后体积:自然方体积=1:1.15,则填土所需自然方工程量为:3 000×1.15=3 450(m³),故土方外运工程量为:15 000-3 450=11 550(m³)。

2.1.2 土石方工程清单编制

1)土方工程清单工程量计算

土方工程工程量清单项目设置、项目特征描述的内容、计量单位及工程量计算规则按照表2.2规定执行。

土石方工程清单编制

表2.2 土方工程(编号040101)

项目编码	项目名称	项目特征	计量单位	工程量计算规则	工作内容
040101001	挖一般土方	1.土壤类别 2.挖土深度	m³	按设计图示尺寸以体积计算	1.排地表水 2.土方开挖 3.围护(挡土板)及拆除 4.基底钎探 5.场内运输
040101002	挖沟槽土方			按设计图示尺寸以基础垫层底面积乘以挖土深度计算	
040101003	挖基坑土方				

续表

项目编码	项目名称	项目特征	计量单位	工程量计算规则	工作内容
040101004	按挖土方	1. 土壤类别 2. 平洞、斜洞(坡度) 3. 运距	m³	按设计图示断面乘以长度以体积计算	1. 排地表水 2. 土方开挖 3. 场内运输
040101005	挖淤泥、流砂	1. 挖掘深度 2. 运距		按设计图示位置、界限以体积计算	1. 开挖 2. 运输

①沟槽、基坑、一般土方的划分为:底宽≤7m且底长>3倍底宽为沟槽,底长≤3倍底宽且底面积≤150 m² 为基坑。超出上述范围则为一般土方。

②土壤的分类应按照表2.3(《计量规范》表 A.1-1)确定。

表2.3　土壤分类表

土壤分类	土壤名称	开挖方法
一、二类土	粉土、砂土(粉砂、细砂、中砂、粗砂、砾砂)、粉质黏土、弱中盐渍土、软土(淤泥质土、泥炭、泥炭质土)、软塑红黏土、冲填土	用锹,少许用镐、条锄开挖。机械能全部直接铲挖满载者
三类土	黏土、碎石土(圆砾、角砾)、混合土、可塑红黏土、硬塑红黏土、强盐渍土、素填土、压实填土	主要用镐、条锄,少许用锹开挖。机械需部分刨松方能铲挖满载者或可直接铲挖但不能满载者
四类土	碎石土(卵石、碎石、漂石、块石)、坚硬红黏土、超盐渍土、杂填土	全部用镐、条锄挖掘,少许用撬棍挖掘。机械需普遍刨松方能铲挖满载者

注:本表土的名称及其含义按现行国家标准《岩土工程勘察规范》(GB 50021—2001,2009 年局部修订版)定义。

③如土壤类别不能准确划分时,招标人可注明为"综合",由投标人根据地质勘查报告决定报价。

④土方体积应按照挖掘前的天然密实体积(历史上自然形成的状态,未经开挖施工过的土石方体积)计算。

⑤挖沟槽、基坑土方中的挖土深度,一般指原地面标高至槽、坑底的平均高度。

⑥挖沟槽、基坑、一般土方因放坡和工作面增加的工程量,是否并入各土方工程量中,按各省、自治区、直辖市或行业建设主管部门的规定实施。如并入各土方工程量中,编制工程量清单时,可按表2.4(《计量规范》表 A.1-2)、表2.5(《计量规范》表 A.1-3)规定计算;办理工程结算时,按经发包人认可的施工组织设计规定计算。

表2.4　放坡系数表

土类别	放坡起点（m）	人工挖土	机械挖土		
			在沟槽、坑内作业	在沟槽侧、坑边上作业	顺沟槽方向坑上作业
一、二类土	1.20	1∶0.50	1∶0.33	1∶0.75	1∶0.50
三类土	1.50	1∶0.33	1∶0.25	1∶0.67	1∶0.33
四类土	2.00	1∶0.25	1∶0.10	1∶0.33	1∶0.25

注：①沟槽、基坑中土类别不同时，分别按其放坡起点、放坡系数，依不同土类别厚度加权平均计算。

②计算放坡时，在交接处的重复工程量不予扣除，原槽、坑做基础垫层时，放坡自垫层上表面开始计算。

③本表按《全国统一市政工程预算定额》（GYD-301—1999）整理，并增加机械挖土顺沟槽方向坑上作业的放坡系数。

表2.5　管沟施工每侧所需工作面宽度计算表

单位:mm

管道结构宽	混凝土管道基础90°	混凝土管道基础>90°	金属管道	构筑物	
				无防潮层	有防潮层
500以内	400	400	300	400	600
1 000以内	500	500	400		
2 500以内	600	500	400		
2 500以上	700	600	500		

注：①管道结构宽：有管座按管道基础外缘，无管座按管道外径计算；构筑物按基础外缘计算。

②本表按《全国统一市政工程预算定额》（GYD-301—1999）整理，并增加管道结构宽2 500 mm以上的工作面宽度值。

⑦挖沟槽、基坑、一般土方和暗挖土方清单项目中的工作内容中仅包括了土方场内平衡所需的运输费用，如需土方外运时，按040103002"余方弃置"项目编码列项。

⑧挖方出现淤泥、流砂时，如设计未明确，在编制工程量清单时，其工程数量可为暂估值。结算时，应根据实际情况，由发包人与承包人双方现场签证确认工程量。

⑨挖淤泥、流砂的运距可以不描述，但应注明由投标人根据施工现场实际情况自行考虑决定报价。

2）石方工程清单工程量计算

石方工程工程量清单项目设置、项目特征描述的内容、计量单位及工程量计算规则按照表2.6（《计量规范》表A.2）规定执行。

①沟槽、基坑、一般石方的划分为：底宽≤7 m且底长>3倍底宽为沟槽，底长≤3倍底宽且底面积≤150 m²为基坑。超出上述范围则为一般石方。

②岩石的分类应按照表2.7（《计量规范》表A.2-1）确定。

表2.6　石方工程(编号:040102)

项目编码	项目名称	项目特征	计量单位	工程量计算规则	工作内容
040102001	挖一般石方	1.岩石类别 2.开凿深度	m³	按设计图示尺寸以体积计算	1.排地表水 2.石方开凿 3.修整底、边 4.场内运输
040102002	挖沟槽石方			按设计图示尺寸以基础垫层底面积乘以挖石深度计算	
040102003	挖基坑石方				

表2.7　岩石分类表

岩石分类		代表性岩石	开挖方法
极软岩		1.全风化的各种岩石 2.各种半成岩	部分用手凿工具、部分用爆破法开挖
软质岩	软岩	1.强风化的坚硬岩或较硬岩 2.中等风化—强风化的较软岩 3.未风化—微风化的页岩、泥岩、泥质砂岩等	用风镐和爆破法开挖
	较软岩	1.中等风化—强风化的坚硬岩或较硬岩 2.未风化—微风化的凝灰岩、千枚岩、泥灰岩、砂质泥岩等	
硬质岩	较硬岩	1.微风化的坚硬岩 2.未风化—微风化的大理岩、板岩、石灰岩、白云岩、钙质砂岩等	用爆破法开挖
	坚硬岩	未风化—微风化的花岗岩、闪长岩、辉绿岩、玄武岩、安山岩、片麻岩、石英岩、石英砂岩、硅质砾岩、硅质石灰岩等	

注:本表依据现行国家标准《工程岩体分级标准》(GB/T 50218—2014)和《岩土工程勘察规范》(GB 50021—2001,2009年局部修订版)整理。

③岩石体积应按照挖掘前的天然密实体积计算。

④挖沟槽、基坑、一般石方因放坡和工作面增加的工程量,是否并入各石方工程量中,按各省、自治区、直辖市或行业建设主管部门的规定实施。如并入各石方工程量中,编制工程量清单时,其所需增加的工程数量可为暂估值,在清单项目中予以注明;办理工程结算时,按经发包人认可的施工组织设计规定计算。

⑤挖沟槽、基坑、一般石方清单项目中的工作内容中仅包括了石方场内平衡所需的运输费用,如需石方外运时,按040103002"余方弃置"项目编码列项。

⑥石方爆破按现行国家标准《爆破工程工程量计算规范》(GB 50862—2013)相关项目编码列项。

3) 土石方运输

回填方及土石方运输工程量清单项目设置、项目特征描述的内容、计量单位及工程量计算规则按照表2.8(《计量规范》表A.3)规定执行。

表2.8　回填方及土石方运输(编号:040103)

项目编码	项目名称	项目特征	计量单位	工程量计算规则	工作内容
040103001	回填方	1. 密实度要求 2. 填方材料品种 3. 填方粒径要求 4. 填方来源、运距	m³	1. 按挖方清单项目工程量加原地面线至设计要求标高间的体积,减基础、构筑物等埋入体积计算 2. 按设计图示尺寸以体积计算	1. 运输 2. 回填 3. 压实
040103002	余方弃置	1. 废弃料品种 2. 运距		按挖方清单项目工程量减利用回填方体积(正数)计算	余方点装料运输至弃置点

①填方材料品种为土时,可以不描述。

②填方粒径,在无特殊要求情况下,项目特征可以不描述。

③对于沟、槽、坑开挖后再进行回填方的清单项目,其工程量计算规则按第①条确定;场地填方等按第②条确定。其中,对工程量计算规则1,当原地面线高于设计要求标高时,则其体积为负值。

④回填方总工程量中若包括场内平衡和缺方内运两部分时,应分别编码列项。

⑤余方弃置和回填方的运距可以不描述,但应注明由投标人根据施工现场实际情况自行考虑决定报价。

⑥回填方如需缺方内运,且填方材料品种为土方时,是否在综合单价中计入购买土方的费用,由投标人根据工程实际情况自行考虑决定报价。

2.1.3　土石方工程清单报价(依据《市政定额》)

1) 报价工程量计算

开挖、回填土方工程量按设计图纸计算以体积m³计,土方开挖体积已算成天然密实体积(自然方),回填土体积已算成碾压夯实后的体积(实方)。干湿土方工程量分别计算。

计算土方运输时,体积按天然密实体积(自然方)计算,应采用土方体积换算表折算。

市政专业管道工程土方一般属于沟槽土方范围,管道构造物及桥梁墩台部分土方一般属于基坑土方,而道路、广场土方则大多归类为一般土方(平均填挖高度小于30 cm的除外),具体计算公式分别如下:

(1)沟槽土方

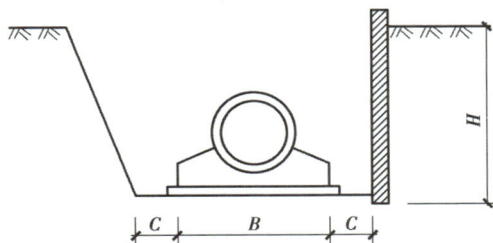

图 2.1 有管座管道　　　图 2.2 无管座管道

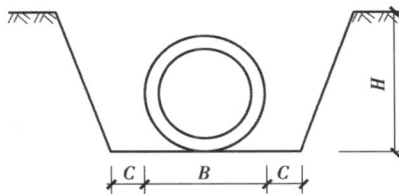

a. 开挖沟槽土方计算公式:

$$V=(B+2C+KH)\times H\times L\times(1+2.5\%)$$

式中 B——管道结构宽,有管座的按基础外边缘计算(不包括各类垫层)(图2.1),无管座的按管道外径计算(图2.2)。如设挡土板则每侧增加0.1 m。

C——工作面宽。设计无明确时,按表2.9取用。

$B+2C$——沟槽底宽。UPVC管道有支撑时,沟槽底宽按表2.10取用。

K——放坡系数。各类土开挖深度超过表中放坡起点深度时,按表2.11取用。如遇同一断面有不同类别土质时,按各类土所占全深的百分比加权平均。

H——沟槽平均深度。当道路工程与排水管道同时施工时,道路土方按常规计算,管道土方沟槽平均深度按以下方法计取:填方路段从自然地面标高至沟槽底标高,挖方路段从设计路基标高至沟槽底标高。

L——沟槽长度。按管道同一管径两端井室中心线间距计算。

2.5%——考虑管道作业坑或沿线各种井室所增加的土石方,按沟槽全部土石方量的2.5%计算。

表 2.9 管沟底部每侧工作面宽度

单位:mm

管道结构宽	混凝土管基础90°	混凝土管基础>90°	金属管道	塑料管道
≤500	400	400	300	300 (无支撑)
≤1 000	500	500	400	
≤2 500	600	500	400	

表 2.10　塑料管道有支撑沟槽开挖宽度　　　　　　　单位:mm

管径深度	DN150	DN225	DN300	DN400	DN500	DN500	DN800	DN1000
≤3 m	800	900	1 000	1 100	1 200	1 300	1 500	1 700
≤4 m	—	1 100	1 200	1 300	1 400	1 500	1 700	1 900
>4 m	—	—	—	1 400	1 500	1 600	1 800	2 000

表 2.11　挖土放坡系数表

土壤类别	放坡起点深度超过(m)	人工开挖	机械开挖		
			在槽坑底作业	在槽坑边作业	沿沟槽方向作业
一、二类土	1.2	1∶0.5	1∶0.33	1∶0.75	1∶0.50
三类土	1.5	1∶0.33	1∶0.25	1∶0.50	1∶0.33
四类土	2.0	1∶0.25	1∶0.10	1∶0.33	1∶0.25

b.干、湿土分别计算工程量。由于挖运湿土时要考虑施工降效影响,定额计价需乘以 1.18 的湿土系数,干、湿土在完成挖运工作时执行不同的基价,因此需要分别计算干湿土工程量。设计图纸所示干湿土划分一般是以地下水位线为界,其下为湿土,其上为干土。计算时先按沟槽全部开挖方量,再根据湿土高度计算湿土方量,干土方量即为全部开挖方量与湿土方量之差。

$$V_{全} = (B+2C+KH) \times H \times L$$
$$V_{湿} = (B+2C+KH_{湿}) \times H_{湿} \times L$$
$$V_{干} = V_{全} - V_{湿}$$

c.机械挖槽坑时人工辅助开挖工程量,按实际开挖土方工程量计算。

【例2.2】某排水工程沟槽开挖,采用机械开挖(沿沟槽方向),人工清底。土壤类别为三类,原地面平均标高 4.5 m,设计槽坑底平均标高为 2.3 m,开挖深度 2.2 m,设计槽坑底宽(含工作面)为 1.8 m,沟槽全长 2 km,机械挖土挖至基底标高以上 20 cm 处,其余为人工开挖。试分别计算该工程机械及人工土方数量。

【解】该工程土方开挖深度为 2.2 m,土壤类别为三类,需放坡,查定额得放坡系数为 0.25。

土石方总量:$V_{总} = (1.8+0.25 \times 2.2) \times 2.2 \times 2\ 000 \times 1.025 = 10\ 598.5(m^3)$

其中:人工辅助开挖量:$V_{人工} = (1.8+0.25 \times 0.2) \times 0.2 \times 2\ 000 \times 1.025 = 758.5(m^3)$

机械土方量:$V_{机械} = 10\ 598.5 - 758.5 = 9\ 840(m^3)$

（2）基坑土方（图 2.3）

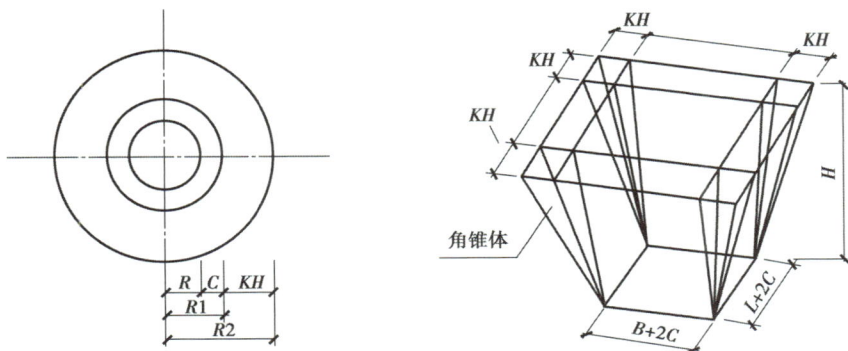

图 2.3　基坑土方

工程量可按设计图示开挖尺寸以体积计算,计算公式如下:

$$V_{矩形}=(B+2C+KH)\times(L+2C+KH)\times H\times K^2H^3/3$$

$$V_{圆形}=\frac{1}{3}H\big[(R+C)^2+(R+C)(R+C+KH)+(R+C+KH)^2\big]$$

$$V_{通用}=\frac{1}{6}H(S_{上}+S_{下}+4S_{中})$$

式中　V——挖基坑土方体积。

B、L——基坑结构宽度与结构长度,即构筑物基础外缘的长与宽,如设挡土板时,挡土板侧增加 10 cm。

R——基坑底结构圆半径。

C——工作面宽度。构筑物底部设有防潮层时,每侧工作面宽度取 600 mm,不设防潮层时,每侧工作面宽度取 600 mm。

H——自然地面标高(或设计地面标高)至构筑物基坑底部标高。

K——放坡系数,同表 2.7。

$S_{下}$——基坑底面积,按构筑物设计尺寸每侧加工作面宽度计算。

$S_{上}$——基坑顶面积,每边尺寸较坑底增加 $2KH$。

$S_{中}$——基坑中截面面积,计算方法同基坑顶面积,深度按基坑全深一半计取。

（3）道路土方

在编制预算阶段,道路土石计算数据来源于逐桩横断面施工图及与其对应的土石方数量表。道路逐桩横断面施工图表示每个设计桩号处的路基填挖高度以及该桩号断面的填方、挖方。计算道路土方工程量时填、挖方体积需分别计算,当道路工程与给排水等工程结合施工时,应注意土方工程量计算时的重复或漏算。

计算道路土石方数量常采用平均断面计算法,计算公式如下:

$$V=\sum(S_1+S_2)/2\times L$$

式中 S_1、S_2——相邻两桩号横断面填、挖面积；

$(S_1+S_2)/2$——相邻两桩号间平均断面面积；

L——道路相邻两桩号间长度，即两桩号之差。

【例2.3】某新建道路工程全长280m，路宽7m，土壤类别为三类，填方要求密实度达到95%。请用平均断面法计算表2.12所列土方工程，并分别算出挖土和填土体积。

表2.12 土方工程量计算表

桩号	距离（m）	挖土			填土		
		横断面积（m²）	平均断面积（m²）	体积（m³）	横断面积（m²）	平均断面积（m²）	体积（m³）
K0+000		2.75			2.46		
	35						
K0+035		2.13			2.69		
	11						
K0+046					9.36		
	32						
K0+078					8.43		
	65						
K0+143		1.24			4.42		
	72						
K0+215		5.25					
	65						
K0+280		2.35			2.68		
合　计							

【解】(1)计算相邻两桩号间平均断面：$A_{平均}=(A_1+A_2)/2$。

(2)计算相邻两桩号间体积：$V=A_{平均}L$。

(3)计算过程及结果见表2.13。

(4)广场等大面积场地平整或平基土方：平整场地工程量按构筑物结构外边缘各增加2 m计算面积，以m²计；平基土方挖填土方工程量一般采用方格网法计算。

方格网法计算过程：根据地形起伏变化大小情况，按如下方法进行：

①选择适当方格尺寸，有5 m×5 m、10 m×10 m、20 m×20 m、100 m×100 m等。方格越小，计算精确度越高；反之，方格越大，精确度越小。

表2.13　土方工程量计算表

桩号	距离 （m）	挖土			填土		
		横断面积 （m²）	平均断面积 （m²）	体积 （m³）	横断面积 （m²）	平均断面积 （m²）	体积 （m³）
K0+000		2.75			2.46		
	35		2.44	85.400		2.575	90.125
K0+035		2.13			2.69		
	11		1.065	11.715		6.025	66.275
K0+046					9.36		
	32		0.000	0.000		8.895	284.64
K0+078					8.43		
	65		0.620	40.300		6.425	417.625
K0+143		1.24			4.42		
	72		3.245	233.640		2.210	159.12
K0+215		5.25					
	65		3.800	247.000		1.34	87.100
K0+280		2.35			2.68		
合　计				618.06			1 104.89

②方格编号,标注方格四个角点的自然地坪标高。设计路基标高并计算施工高度。施工标高为设计路基标高与自然地面标高的差值,填方为"＋",挖方为"－",如图2.4所示。

③计算两个角点之间的零点。在一个方格网内同时有填方或挖方时,要先算出方格网边的零点位置,并标注于方格网上。当两个角点中一个"＋"一个"－"值时,两点连线之间必有零点,它是填方区与挖方区的分界线。

④判断方格挖方与填方区(即确定零线),如图2.5所示。

图2.4　角点标高标注

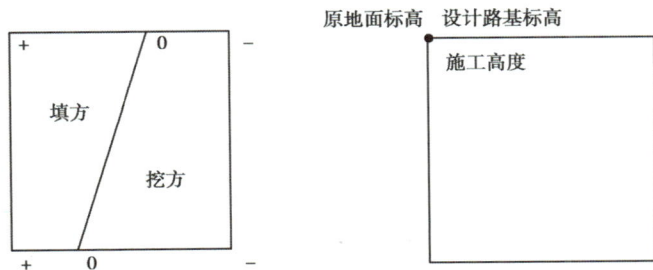

图2.5　挖、填方区域示意图

⑤分别计算各方格填挖工程量。填挖工程量按各计算图形底面积乘以各交点平均施工高程计算得出,即

$$V = \sum h_i/n \times S$$

式中　n——填方或挖方区域多边体的角点个数;

　　　h_i——填方或挖方区域多边体各角点的施工高度;

　　　S——填方或挖方区域多边体的面积。

【例2.4】计算某工程挖填土方工程量。方格网20 m×20 m,如图2.6所示。

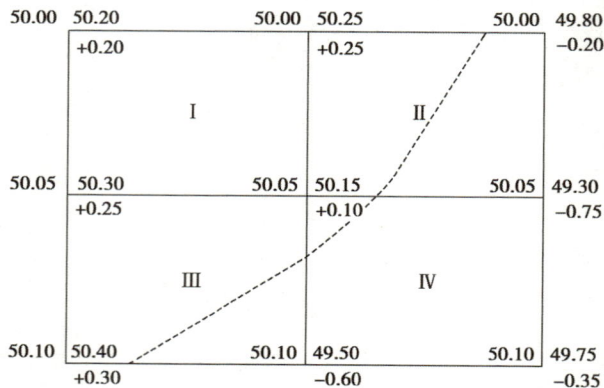

图2.6　方格网法图例

【解】(1) I 方格

$$V_{I填} = 0.2+0.25+0.25+0.1/4 \times 20^2 = 80(\text{m}^3)$$

(2) II 方格

$$V_{II挖} = 0.2+0.75/4 \times 1/2 \times 20 \times (17.65+8.89) = 63.03(\text{m}^3)$$

$$V_{II填} = 0.1+0.25/4 \times 1/2 \times 20 \times (2.35+11.11) = 11.78(\text{m}^3)$$

(3) III 方格

$$V_{III挖} = 0.6/3 \times 1/2 \times 13.33 \times 17.14 = 22.85(\text{m}^3)$$

$$V_{III填} = 0.25+0.12+0.3/5 \times (20^2-1/2 \times 2.35 \times 17.14) = 37.15(\text{m}^3)$$

(4) IV 方格工程量请同学们试着自行计算。

2)《市政定额》的应用

《市政定额》第一册通用项目第一章土石方工程有 28 节 465 个子目。

①干、湿土的划分首先以地质勘察资料为准,含水率不低于25%为湿土;或以地下常水位为准,常水位以上为干土,以下为湿土。挖湿土时,人工定额子目和机械定额子目乘以系数1.18,干、湿土工程量分别计算。采用井点降水的土方应按干土计算。

②人工夯实土堤、机械夯实土堤,执行本章人工填土夯实平地、机械填土夯实平地子目。挖土机在垫板上作业,人工和机械乘以系数1.25,搭拆垫板的费用另行计算。

③推土机推土或铲运机铲土的平均土层厚度小于 30 cm 时,其推土机台班乘以系数 1.25,铲运机台班乘以系数 1.17。

④在支撑下挖土,按实挖体积,人工定额子目乘以系数 1.43,机械定额子目乘以系数 1.20。先开挖后支撑的不属于支撑下挖土。

⑤挖密实的钢碴,按挖四类土,人工定额子目乘以系数 2.50,机械定额子目乘以系数 1.50。0.2 m³ 抓斗挖土机挖土、淤泥、流砂,按 0.5 m³ 抓铲挖掘机挖土、淤泥、流砂定额消耗量乘以系数 2.50 计算。

⑥本定额不包括现场障碍物清理,障碍物清理费用另行计算。弃土、石方的场地占用费按当地规定处理。本章定额中为满足环保要求而配备了洒水汽车在施工现场降尘,若实际施工中未采用洒水汽车降尘的,应扣除洒水汽车和水的费用。

⑦挖泥船挖泥子目是按挖泥船在正常工作时考虑的,由于风浪、雨雾、潮汐、水位、流速及行船避让、木排流放、冰凌以及水下芦苇、树根、水下障碍物等不可避免的外界原因,影响挖泥船正常工作时,按表 2.14 二次系数调整定额。

表 2.14　挖泥船挖泥子目二次系数表

平均每台班影响时间（h）	≤1.3	≤1.8	≤2.4	≤2.9	≤3.4
二次系数	1.00	1.12	1.27	1.44	1.64

3）清单实例

某道路修筑桩号为 0+050—0+550,路面宽度为 10 m,路肩各宽 0.5 m,土质为三类土,填方要求密实度达到 93%（10 t 震动压路机碾压）,道路挖土 3 980 m³,填方 2 080 m³。施工采用 1 m³ 反铲挖掘机挖三类土（不装车）;土方平衡挖、填土方场内运输 50 m（75 kW 推土机推土）,不考虑机械进退场;余方弃置拟用人工装土,自卸汽车（8 t）运输 3 km;路床碾压按路面宽度每边加 30 cm。根据上述情况,进行道路土方工程工程量清单分部分项计价,完成表 2.15 至表 2.18。（人、材、机价格及费率标准依据《市政定额》,不调整。）

表 2.15　工程量计算表

序号	子目名称	计算公式	单位	数量	备注
1	挖一般土方（三类土）	题中给定	m³	3 980	清单工程量
	1 m³ 反铲挖掘机Ⅲ类土（不装车）	题中给定	m³	3 980	计价定额工程量
	土方场内运输 60 m（一、二类土）	题中给定	m³	3 980	计价定额工程量
2	填方（密实度 93%）	题中给定	m³	2 080	
3	余方弃置	3 980−2 080×1.15	m³	1 588	清单工程量
	余方弃置	3 980−2 080×1.15	m³	1 588	计价定额工程量

表 2.16　工程量清单综合单价分析表

项目编码	040101001001	项目名称	挖一般土方	计量单位	m³	清单工程量	3 980
清单综合单价组成明细							
定额编号	名称		单位	计价定额工程量	基价		合价
1-222	1 m³ 反铲挖掘机挖三类土（不装车）		1 000 m³	3.98	6 356.58		25 299.19
1-77	75 kW 推土机推土 50 m		1 000 m³	3.98	6 246.25		24 860.08
计价表合价汇总（元）							50 159.27
清单项目综合单价（元）							12.60

表 2.17　工程量清单综合单价分析表

项目编码	040103001001	项目名称	回填方	计量单位	m³	清单工程量	2 080
清单综合单价组成明细							
定额编号	名称		单位	计价定额工程量	基价		合价
1-376	振动压路机填土碾压		1 000 m³	2.08	4 581.48		9 529.48
计价表合价汇总（元）							9 529.48
清单项目综合单价（元）							4.58

表 2.18　工程量清单综合单价分析表

项目编码	040103002001	项目名称	余方弃置	计量单位	m³	清单工程量	1 588
清单综合单价组成明细							
定额编号	名称		单位	计价定额工程量	基价		合价
1-1	人工挖一、二类土		100 m³	15.88	1 485.35		23 587.36
1-279	自卸汽车（8 t 以内）运土 3 km		1 000 m³	1.588	14 032.78		22 284.05
计价表合价汇总（元）							45 871.41
清单项目综合单价（元）							28.89

学习单元2.2 打拔工具桩

2.2.1 打拔工具桩基础知识

工具桩属临时性桩工程,通常用于市政工程中的沟槽、基坑或围堰等工程中,采取打桩形式进行支撑围护和加固。

1)按工具桩材质分类

(1)木质工具桩

这类桩用原木制作,按断面有圆木桩与木板桩,如图2.7和图2.8所示。圆木桩一般采用疏打形式,即桩与桩之间有一定距离;木板桩一般采用密打形式,即桩与桩之间不留空隙。

(2)钢制工具桩

这类桩用槽钢或工字钢制作,通常为密打形式,如图2.9和图2.10所示。

图2.7 圆木桩

图2.8 木板桩

图2.9 槽钢工具桩

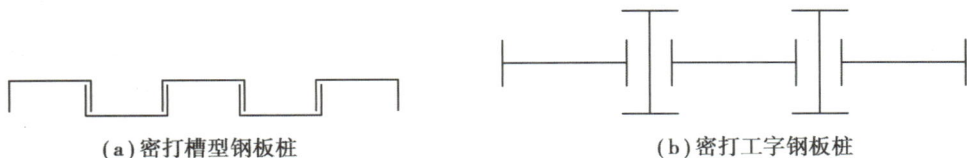

(a)密打槽型钢板桩　　　　　**(b)密打工字钢板桩**

图2.10 钢板桩

2)按打桩设备分类

(1)简易打拔桩机

简易打桩机一般由桩架、吊锤和卷扬机组成。简易拔桩机一般由人字杠杆和卷扬机组成。因此,简易打拔桩机也称卷扬机打拔,如图2.11所示。

（2）柴油打桩机

柴油打桩机一般由专用柴油打桩架和柴油内燃式桩锤组成,如图2.12所示。

图2.11　简易打拔桩机　　　　　图2.12　柴油打桩机

3)按打拔桩土质类别分类

打拔桩土质类别见表2.19。

表2.19　打拔桩土质类别划分表

土壤级别	鉴别方法									说明
	砂夹层情况			土壤物理、力学性质						
	砂层连续厚度（m）	砂粒种类	砂层中卵石含量（%）	孔隙比	天然含水量（%）	压缩系数	静力触探值	动力触探值	每10 m纯平均沉桩时间（min）	
甲级土				>0.8	>30	>0.03	<30	<7	15以内	桩经机械作用易沉入的土
乙级土	<2	粉细砂		0.6~0.8	25~30	0.02~0.03	30~60	7~15	25以内	土壤中夹有较薄的细砂层,桩经机械作用易沉入的土
丙级土	>2	中粗砂	>15	<0.6		<0.02	>60	>15	25以外	土壤中夹有较厚的粗砂层,桩经机械作用较难沉入的土

4)按打拔工具桩的施工环境(水上、陆)分类

按打拔工具桩的施工环境分类情况见表2.20。

表 2.20 水上、陆上打拔工具桩划分表

项目名称	说明
水上作业	距岸线>1.5 m,水深>2 m
陆上作业	距岸线≤1.5 m 水深≤1 m
水、陆作业各占 50%	1 m<水深≤2 m

注:①岸线指施工期间最高水位时,水面与河岸的相交线。

②水深指施工期间最高水位时的水深度。

③水上打拔工具桩是按两艘驳船捆扎成船台作业。

打拔桩、工具桩清单编制

2.2.2 打拔工具桩清单编制

圆木桩、预制钢筋混凝土板桩,按照表 2.21(《计量规范》表 C.2)中的规定执行。在工程施工过程中应用比较广泛的钢板桩,清单计算规范中缺项,招标人可自行补充清单。

表 2.21 基坑与边坡支护(编码:040302)

项目编码	项目名称	项目特征	计量单位	工程量计算规则	工作内容
040302001	圆木桩	1.地层情况 2.桩长 3.材质 4.尾径 5.桩倾斜度	1. m 2.根	1.以米计量,按设计图示尺寸以桩长(包括桩尖)计算 2.以根计量,按设计图示数量计算	1.工作平台搭拆 2.桩机移位 3.桩制作、运输、就位 4.桩靴安装 5.沉桩
040302001	预制钢筋混凝土板桩	1.地层情况 2.送桩深度、桩长 3.桩截面 4.混凝土强度等级	1. m³ 2.根	1.以立方米计量,按设计图示桩长(包括桩尖)乘以桩的断面积计算 2.以根计量,按设计图示数量计算	1.工作平台搭拆 2.桩就位 3.桩机移位 4.沉桩 5.接桩 6.送桩

圆木桩体积以"m³"或"根"计,钢板桩工程量以"t"计,预制钢筋混凝土板桩以"m³"或"根"计。

2.2.3 打拔工具桩清单报价

1)打拔工具桩计价工程量计算

①水深为 1~2 m,其工程量按水、陆工程量各 50% 计算。

②圆木桩体积以 m³ 计,按设计桩长和圆木桩小头直径查"木材材积速算表"。

③钢板桩工程量以 t 计,按设计桩长×钢板桩理论质量(t/m)钢板桩根数。

④竖、拆打拔桩架次数按施工组织设计规定计算。如无施工组织设计规定时,按打桩的进行方向:双排桩每 100 m、单排桩每 200 m 计算一次,不足一次的按一次计算。

2)打拔工具桩定额应用

《市政定额》本章内容分为 10 节 60 个子目。

①本章定额适用于市政各专业册的打、拔工具桩。

②定额中所指的水上作业,是以距岸线 1.5 m 以外或者水深在 2 m 以上的打拔桩。距岸线 1.5 m 以内时,水深在 1 m 以内者,按陆上作业考虑;水深在 1 m 以上 2 m 以内者,其工程量按水、陆各 50% 计算。

③水上卷扬机、柴油打桩机打拔工具桩按两艘驳船捆扎成船台作业,驳船捆扎和拆除费用按《第三册 桥涵工程》相应定额执行。

④打拔工具桩均以直桩为准,如遇打斜桩(包括俯打、仰打),按相应定额人工、机械乘以系数 1.35。

⑤导桩及导桩夹木的制作、安装、拆除已包括在相应定额中。

⑥圆木桩按疏打计算;钢板桩按密打计算;如钢板桩需要疏打时,按相应定额人工乘以系数 1.05。

⑦打拔桩架 90° 调面及超运距移动已综合考虑。

⑧竖、拆 0.6 t 柴油打桩机架费用另行计算。

⑨钢板桩和木桩的防腐费用等已包括在其他材料费用中。钢板桩的使用费标准 6.80 元/(t·天)。各市可根据钢材市场价格行情定期调整钢板桩的使用费标准。水上卷扬机、水上柴油打桩机打拔工具桩项目如发生水上短驳,短驳费用另行计算。

学习单元 2.3 围堰工程

2.3.1 围堰工程基础知识

为了确保主体工程及附属工程在施工过程中不受水流的侵袭,通常采用一种临时性的挡

水措施,即围堰工程。根据河湖水深、流速、河床的地质条件,施工技术水平与就地取材质情况确定堰体材料,形成不同类型的围堰。堰体施工一般是由岸边向河心填筑,在河心合龙。也可以在施工条件允许下,在湖中心同时填筑,加快施工速度。

1)土草围堰

（1）筑土围堰

当流速缓慢、水深不大于2 m、冲刷作用很小且其底为不渗水土质时,采用筑土围堰,一般就地取土筑堰。

（2）草袋(编织袋)围堰

当流速在2 m/s以内,水深不大于3.5 m时,采用草袋或编织袋就地取土装土筑堰,装土量一般袋容积1/3～1/2,缝合后上下内外相互错缝堆码整齐。

2)土石围堰

土石围堰构造与土草围堰基本相同,一般在迎水面填筑黏土防渗,背水面抛填块石,较土草围堰更加稳定,如图2.13所示。

图2.13　土石围堰

3)桩体围堰

堰宽可达2～3 m,堰高可达6 m。按桩材质不同,桩体围堰可分为圆木桩围堰、钢桩围堰、钢板桩围堰。

（1）圆木桩围堰

一般为双排桩。施打圆木桩两排,内以一层竹篱片挡土,就地取土,填土筑堰,适用水深3～5 m。

（2）钢桩围堰

一般为双排桩,如图2.14所示。施打槽钢桩两排,内以一层竹篱片挡土,就地取土,填土筑堰,适用于水深可达6 m。

（3）钢板桩围堰

一般为双排桩,如图2.15所示。施打钢板桩两排,就地取土,填土筑堰,适用于水流较深,流速较大,当土质多为砂类土,刚硬性黏土、碎卵石类土以及风化岩等。

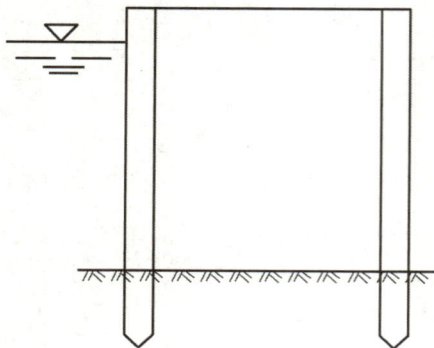

图 2.14　双排钢桩围堰

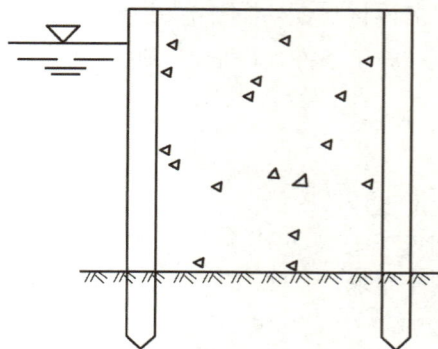

图 2.15　双排钢板围堰

4)竹笼围堰

用竹笼装填块石,一般为双层竹笼围堰,即两排竹笼,竹笼之间填以黏土或砂土,如图 2.16 所示。竹笼围堰适用于底层为岩石、流速较大、水深达 1.5 ~ 7 m 且当地盛产竹子的围堰工程。

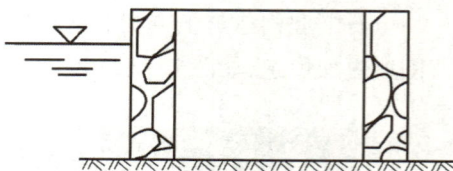

图 2.16　双层竹笼围堰

5)筑岛填心

筑岛填心是指建造一座临时性的土岛。首先在需施工的主体或附属工程周围围堰,再在围堰中心填土、砂或砂砾石形成一座水中土岛。

2.3.2　围堰工程清单编制

围堰工程量清单项目设置、项目特征描述的内容、计量单位及工程量计算规则,应按表 2.22(《计量规范》表 L.3)的规定执行。

围堰工程清单编制

表 2.22　围堰(编码:041103)

项目编码	项目名称	项目特征	计量单位	工程量计算规则	工作内容
041103001	围堰	1.围堰类型 2.围堰顶宽及底宽 3.围堰高度 4.填心材料	1. m³ 2. m	1.以立方米计量,按设计图示围堰体积计算 2.以米计量,按设计图示围堰中心线长度计算	1.清理基底 2.打、拔工具桩 3.堆筑、填心、夯实 4.拆除清理 5.材料场内外运输

项目编码	项目名称	项目特征	计量单位	工程量计算规则	工作内容
041103002	筑岛	1. 筑岛类型 2. 筑岛高度 3. 填心材料	m³	按设计图示筑岛体积计算	1. 清理基底 2. 堆筑、填心、夯实 3. 拆除清理

2.3.3　围堰工程清单报价

1)围堰工程计价工程量计算

土草围堰、土石混合围堰,工程量以 m³ 计,即围堰施工断面面积×围堰中心线长度。

各类桩体围堰(圆木桩围堰、钢桩围堰、钢板桩围堰、双层竹笼围堰)工程量以 m 计,即围堰中心线长度。

围堰高度按施工期间的最高水位加 0.5 m 计算。

围堰施工断面尺寸按施工方案确定,堰内坡脚至堰内基坑边缘距离根据河床土质及基坑深度而定,但不得小于 1 m,如图 2.17 所示。

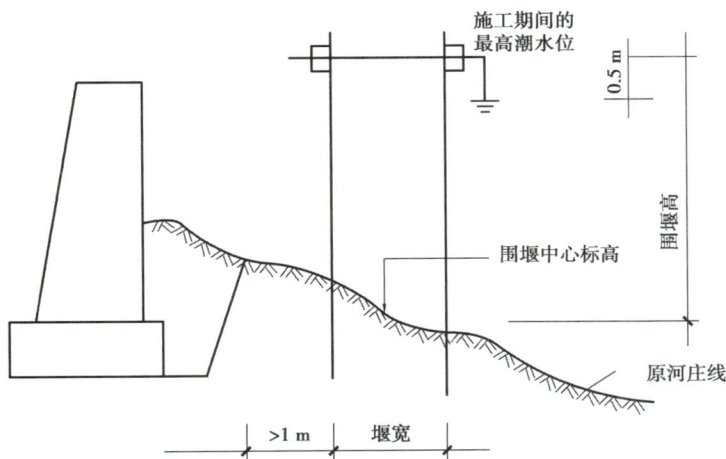

图 2.17　围堰断面示意图

2)围堰工程定额应用

①本章围堰定额未包括施工期内发生潮汛冲刷后所需的养护工料。潮汛养护工料可根据各地规定计算。如遇特大潮汛发生人力所不能抗拒的损失,应根据实际情况另行处理。

② 围堰工程 50 m 范围以内取土、砂、砂砾,均不计土方和砂、砂砾的材料价格。取 50 m 范围以外的土方、砂、砂砾,应计算土方和砂、砂砾材料的挖、运或外购费用,但应扣除定额中

土方现场挖运的人工:55.5 工日/100 m³ 黏土。定额括号中所列黏土数量为取自然土方数量,结算中可按取土的实际情况调整。

③本章围堰定额中的各种木桩、钢桩均按本册第 2 章水上打拔工具桩的相应定额执行,数量按实计算。定额括号中所列打拔工具桩数量仅供参考。

④草袋围堰若使用麻袋、尼龙袋装土围筑,应按麻袋、尼龙袋的规格、单价换算,但人工、机械和其他材料消耗量应按定额规定执行。

⑤围堰施工中若未使用驳船,而是搭设了栈桥,则应扣除定额中驳船费用而套用相应的脚手架子目。

⑥定额围堰尺寸的取定:土草围堰的堰顶宽为 1~2 m,堰高 4 m 以内;土石混合围堰的堰顶宽为 2 m,堰高 6 m 以内;圆木桩围堰的堰顶宽为 2~2.5 m,堰高 5 m 以内;钢桩围堰的堰顶宽为 2.5~3 m,堰高 6 m 以内;钢板桩围堰的堰顶宽为 2.5~3m,堰高 6 m 以内;竹笼围堰竹笼间黏土填心的宽度为 2~2.5 m,堰高 5 m 以内;木笼围堰的堰顶宽度为 2.4 m,堰高 4 m以内。

⑦筑岛填心子目是指在围堰围成的区域内填土、砂或砂砾石。

⑧双层竹笼围堰竹笼间黏土填心的宽度超过 2.5 m,则超出部分可套筑岛填心子目。

⑨施工围堰的尺寸按有关设计施工规范确定。堰内坡脚至堰内基坑边缘距离根据河床土质及基坑深度而定,但不得小于 1 m。

学习单元 2.4　支撑工程

2.4.1　支撑工程基础知识

支撑是防止挖沟槽或基坑是土方坍塌的一种临时性挡土措施,一般由挡板、撑板与加固撑杆组成,如图 2.18 所示。挡板撑板的材质通常用木、钢、竹,撑杆通常用钢、木。

图 2.18　沟槽土方支撑

根据挡土板疏密与排列方式,支撑可分为横板竖撑(密或疏)、竖板横撑(密或疏)和井字简易等,如图 2.19 和图 2.20 所示。

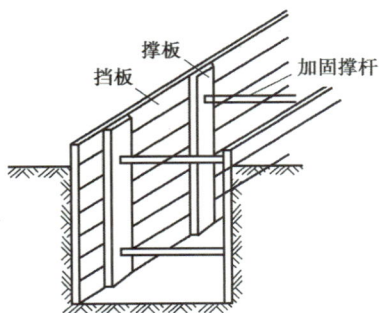

图 2.19　横板支撑(密撑)　　　　图 2.20　竖板支撑(疏撑)

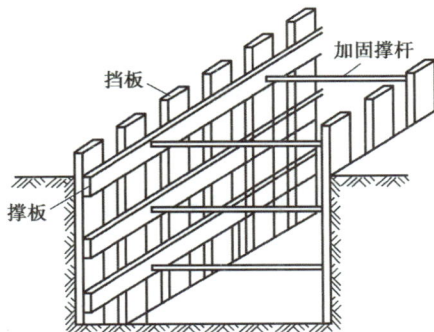

2.4.2　支撑工程清单编制

在表 2.21(《计量规范》表 C.2)基坑与边坡支护中,罗列了锚杆(索)、土钉、喷射混凝土等项目的清单项目设置、项目特征描述的内容、计量单位及工程量计算规则。本节所介绍的支撑是指挡土板支撑,在市政工程计算规范中没有列出,清单编制时可参考建筑工程清单规范或用补充清单的方式编制。

2.4.3　支撑工程清单报价

1)支撑工程计价工程量计算

支撑工程量均按挡土板实际支撑面积计算。

2)支撑工程定额应用

①本章定额适用于沟槽、基坑、工作坑及检查井的支撑。

② 挡土板间距不同时不作调整。

③除槽钢挡土板外,本章定额均按横板、竖撑计算,如采用竖板、横撑时,其人工工日乘以系数 1.20。

④定额中挡土板支撑按槽坑两侧同时支撑挡土板考虑,支撑面积为两侧挡土板面积之和,支撑宽度在 4.1 m 以内。如槽坑宽度超过 4.1 m,其两侧均按一侧支挡土板考虑。按槽坑一侧支撑挡土板面积计算时,工日数乘以系数 1.33,除挡土板外,其他材料乘以系数 2.0。

⑤放坡开挖不得再计算挡土板,如遇上层放坡、下层支撑则按实际支撑面积计算。

⑥钢桩挡土板中的槽钢桩按设计(以 t 为单位)按打、拔工具桩定额执行。

⑦如采用井字支撑时,按疏撑乘以系数 0.61。

支撑工程清单
编制

学习单元 2.5　脚手架及其他工程

2.5.1　脚手架及其他工程基础知识

1)脚手架

脚手架是为了保证各施工过程顺利进行而搭设的工作平台。按搭设的位置分为外脚手架、里脚手架;按材料不同分为木脚手架、竹脚手架、钢管脚手架;按构造形式分为立杆式脚手架、桥式脚手架、门式脚手架、悬吊式脚手架、挂式脚手架、挑式脚手架、爬式脚手架。

2)小型构件及熟料场内运输

混凝土小型构件是指单体体积在 0.04 m³ 以内,质量在 100 kg 以内,现场预制的各类小型构件。由于现场拌制的水泥混凝土、沥青混凝土、水泥砂浆等熟料,现场加工的成型钢筋骨架以及现场预制的小型构件是在施工现场加工而成的半成品,其原材料单价中未包含这些半成品的运输费用,故需另计小型构件及熟料的场内运输费用。

3)井点降水

井点降水是通过置于地层含水层内的滤管(井),用抽水设备将地下水抽出,使地下水位降落到沟槽或基坑底以下,并在沟槽或基坑基础稳定前不断的抽水,形成局部地下水位的降低,以达到人工降低地下水位的目的。井点降水方法常用的有轻型井点(图 2.21)、喷射井点、大口径井点等。井点系统包括管路系统与抽水系统两大部分。

图 2.21　轻型井点降水

(1)轻型井点法降水

轻型井点法适用的含水层为人工填土、黏性土、粉质黏土和砂土。适用的降水深度为单级井点 3~6 m,多级井点 6~12 m(多级井点的采用应满足场地条件)。

轻型井点平面布置,根据工程降水平面的大小与深度,土质的类型,地下水位的高低与流向,可以设单排、双排、环形等布置方式。

轻型井点通常配备的机具设备有成孔设备(如长螺旋钻机)、洗井设备(如空气压缩机)、降水设备(主要有井点管、连接管、集水总管、抽水机组合排水管等),如图 2.22 所示。

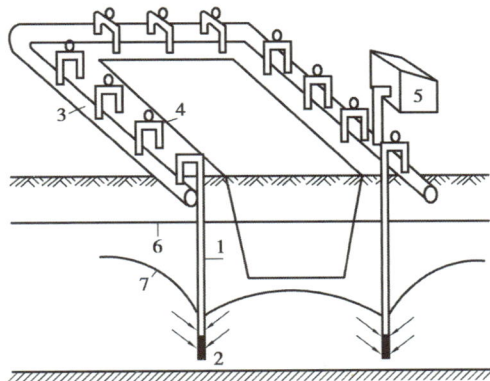

图 2.22　轻型井点法示意图

1—井点管;2—滤管;3—总管;4—弯联管;5—水泵管;6—原有地下水位线;7—降低后地下水位线

(2)喷射井点降水

喷射井点降水适用的含水层为黏性土、粉质黏土、砂土。适用的降水深度为 6~20 m。若降水深度超过 6 m,采用轻型井点降水措施,则需要用多级井点。这样不仅增加土方开挖工程量,延长工期,还增加设备数量,施工成本也会随之增加。因此,一般在降水深度超过 6 m 时,往往采用喷射井点降水方法。

喷射井点平面布置:根据工程降水平面的大小、降水深度要求及地下水位高低与流向,可设为单排、双排、环形等布置形式。

喷射井点通常配备的机具设备有成孔设备、降水设备(主要有井点管、喷射器、高压水泵、进水总管、排水总管、循环水箱等),如图 2.23 所示。

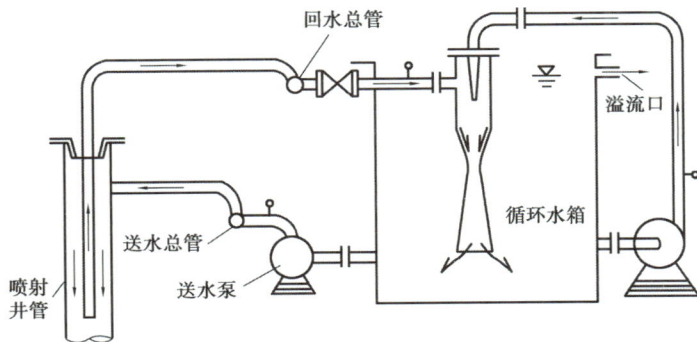

图 2.23　喷射井点示意图

（3）大口径井点降水

大口径井点降水适用的含水层为砂土、碎石土层,在土的渗透系数大、地下水量大的土层中采用,一般采用降深大于 5 m 的情况,降水深度可达 14 m。

大口径井点平面布置:根据工程降水范围的大小、降水深度要求、地下水位高低、流量与流向,确定大口径井点布置为单排、双排或环形。

大口径井点配备的机具设备有:成井、洗井、抽水、排水等设备。

2.5.2　脚手架及其他工程清单编制

1)脚手架清单编制

脚手架工程工程量清单项目设置、项目特征描述的内容、计量单位及工程量计算规则,应按《计量规范》表 L.1 的规定执行,见表 2.23。

①墙面脚手架按墙面水平边线长度乘以墙面砌筑高度计算。

②柱面脚手架按柱结构外围周长乘以柱砌筑高度计算。

③仓面脚手架按仓面水平面积计算。

④沉井脚手架按井壁中心线周长乘以井高计算。以上脚手架按"m²"计。

⑤井字架按设计图示数量以"座"计算。

表 2.23　脚手架工程(编码:041101)

项目编码	项目名称	项目特征	计量单位	工程量计算规则	工作内容
041101001	墙面脚手架	墙高	m³	按墙面水平边线长度乘以墙面砌筑高度计算	1.清理场地 2.搭设、拆除脚手架、安全网 3.材料场内外运输
041101002	柱面脚手架	1.柱高 2.柱结构外围周长		按柱结构外围周长乘以柱砌筑高度计算	
041101003	仓面脚手架	1.搭设方式 2.搭设高度		按仓面水平面积计算	
041101004	沉井脚手架	沉井高度		按井壁中心线周长乘以井高计算	
041101005	井字架	井深	座	按设计图示数量计算	1.清理场地 2.搭、拆井字架 3.材料场内外运输

2)降水排水工程清单编制

施工降水、排水工程量清单项目设置、项目特征描述的内容、计量单位及工程量计算规则,应按《计量规范》表 L.7 的规定执行,见表 2.24。

降排水工程清单编制

表 2.24　施工排水、降水（编码：041107）

项目编码	项目名称	项目特征	计量单位	工程量计算规则	工作内容
041107001	成井	1. 成井方式 2. 地层情况 3. 成井直径 4. 井（滤）管类型、直径	m	按设计图示尺寸以钻孔深度计算	1. 准备钻孔机械、埋设护筒、钻机就位；泥浆制作、固壁；成孔、出渣、清孔等 2. 对接上、下井管（滤管），焊接，安放，下滤料，洗井，连接试抽等
041107002	排水、降水	1. 机械规格型号 2. 降排水管规格	昼夜	按排、降水日历天数计算	1. 管道安装、拆除、场内搬运等 2. 抽水、值班、降水设备维修等

注：相应专项设计不具备时，可按暂估量计算。

2.5.3　脚手架及其他工程清单报价

①本章脚手架定额中，竹、钢管脚手架已包括斜道及拐弯平台的搭设。砌筑物高度超过 1.2 m，可计算脚手架搭拆费用。通常，对无筋或单层布筋的基础和垫层不计算仓面脚手费。

②混凝土小型构件是指单件体积在 0.04 m³ 以内、质量在 100 kg 以内的各类小型构件。小型构件、半成品运输是指预制、加工场地取料中心至施工现场堆放使用中心距离超出 150 m 的运输。

③井点降水项目适用于地下水位较高的粉砂土、砂质粉土、黏质粉土或淤泥质夹薄层砂性土的地层。其他降水方法如集水井排水等，江苏省各地级市可自行补充。

④井点降水：轻型井点、喷射井点、深井井点的选用由施工组织设计确定。一般情况下，降水深度 6 m 以内选用轻型井点，6 m 以上 30 m 以内选用相应的喷射井点，特殊情况下可选用深井井点。井点使用时间按施工组织设计确定。喷射井点定额包括两根观察孔制作，喷射井管包括了内管和外管。井点材料使用摊销量中已包括井点拆除时的材料损耗量。井点间距根据地质和降水要求由施工组织设计确定，一般轻型井点管间距为 1.2 m，喷射井点管间距为 2.5 m，深井井点管间距根据地质情况选定。

⑤井点降水成孔过程中产生的泥水处理及挖沟排水工作应另行计算。遇有可用天然水源，不计水费。

⑥井点降水必须保证连续供电，在电源无保证的情况下，使用备用电源的费用另计。

学习单元 2.6 护坡、挡土墙及防洪工程

2.6.1 护坡、挡土墙基础知识

1）护坡

护坡是指为防止边坡冲刷或风化,在坡面上做适当的铺砌和种植的统称。一般情况下护坡不承受侧向土压力,仅为抗风化及抗冲刷的坡面提供坡面保护。图 2.24—图 2.26 所示为不同类型护坡实景图。

图 2.24 现浇混凝土护坡   图 2.25 浆砌块石护坡   图 2.26 块石骨架护坡

2）挡土墙

挡土墙是指为了防止路基填土或山坡岩土失稳塌滑,或为了收缩坡脚,减少土石方和占地数量而修建的支挡结构物,承受墙背侧向土压力。在挡土墙横断面中,与被支承土体直接接触的部位称为墙背;与墙背相对的临空的部位称为墙面。图 2.27 和图 2.28 为不同类型挡土墙实景图。

图 2.27 钢筋混凝土扶壁式挡土墙   图 2.28 浆砌块石挡土墙

根据结构特点不同,挡土墙分为重力式、薄壁式、锚固式、加筋土式等,如图 2.29 所示。

①重力式挡土墙靠自身重力平衡土体,一般形式很简单。其施工方便、圬工量大,对基础要求也比较高。重力式挡土墙包括衡重式和半重力式。重力式挡土墙大多采用片(块)石浆

砌或干砌而成。干砌挡土墙的整体性较差,仅适用于地震烈度较低、不受水流冲击、地质条件良好的地段。一般干砌挡土墙的墙高不大于 6 m。

②薄壁式挡土墙是用钢筋混凝土就地浇筑或与之拼装而成,所承受的侧向土压力主要依靠底板上的土重来平衡,如悬臂式、扶壁式、板柱式等。

③锚定式挡土墙属于轻型挡土墙,是由钢筋混凝土墙板与锚固件连接而成,依靠埋设在稳定岩石土层内锚固件的抗拔力支撑从墙板传来的侧压力,如锚杆式、锚定板式等。

④加筋挡土墙是一种由竖直面板、水平拉筋和内部填土三部分组成的加筋体,它通过拉筋与填土之间的摩擦阻力拉住面板,稳定土体形成一种复合结构,再依靠自重抵抗墙厚侧向土压力。

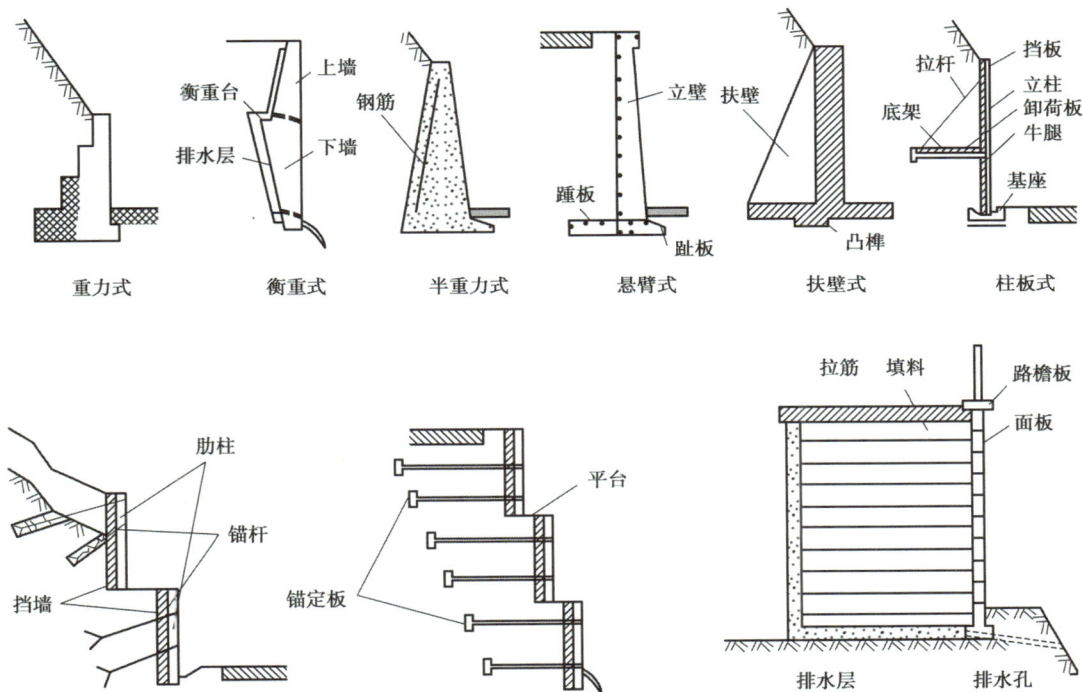

图 2.29　不同结构形式的挡土墙

2.6.2　护坡、挡土墙清单编制

混凝土垫层、基础、挡土墙工程量清单项目设置、项目特征描述的内容、计量单位及工程量计算规则,应按表 2.25(《计量规范》表 C.3)的规定执行。

预制混凝土挡土墙墙身工程量清单项目设置、项目特征描述的内容、计量单位及工程量计算规则,应按表 2.26(《计量规范》表 C.4)的规定执行。

非混凝土类垫层、护坡、砌筑挡土墙工程量清单项目设置、项目特征描述的内容、计量单位及工程量计算规则,应按表 2.27(《计量规范》表 C.5)的规定执行。

表 2.25　现浇混凝土构件（编码：040303）

项目编码	项目名称	项目特征	计量单位	工程量计算规则	工作内容
040303001	混凝土垫层	混凝土强度等级			1. 模板制作、安装、拆除 2. 混凝土拌和、运输、浇筑 3. 养护
040303002	混凝土基础	1. 混凝土强度等级 2. 嵌料（毛石）比例			
⋮	⋮	⋮			⋮
040303015	混凝土挡墙墙身	1. 混凝土强度等级 2. 泄水孔材料品种、规格 3. 滤水层要求 4. 沉降缝要求	m³	按设计图示尺寸以体积计算	1. 模板制作、安装、拆除 2. 混凝土拌和、运输、浇筑 3. 养护 4. 抹灰 5. 泄水孔制作、安装 6. 滤水层铺筑 7. 沉降缝
040303015	混凝土挡墙压顶	1. 混凝土强度等级 2. 沉降缝要求			
⋮	⋮	⋮	⋮	⋮	⋮

表 2.26　预制混凝土构件（编码：040304）

项目编码	项目名称	项目特征	计量单位	工程量计算规则	工作内容
⋮	⋮	⋮	⋮	⋮	
040304004	预制混凝土挡土墙墙身	1. 图集、图纸名称 2. 构件代号、名称 3. 结构形式 4. 混凝土强度等级 5. 泄水孔材料种类、规格 6. 滤水层要求 7. 砂浆强度等级	m³	按设计图示尺寸以体积计算	1. 模板制作、安装、拆除 2. 混凝土拌和、运输、浇筑 3. 养护 4. 构件安装 5. 接头灌缝 6. 泄水孔制作、安装 7. 滤水层铺设 8. 砂浆制作 9. 运输
⋮	⋮	⋮	⋮	⋮	⋮

表 2.27   砌筑（编码:040305）

项目编码	项目名称	项目特征	计量单位	工程量计算规则	工作内容
040305001	垫层	1. 材料品种、规格 2. 厚度	m^3	按设计图示尺寸以体积计算	垫层铺筑
040305002	干砌块料	1. 部位 2. 材料品种、规格 3. 泄水孔材料品种、规格 4. 滤水层要求 5. 沉降缝要求			1. 砌筑 2. 砌体勾缝 3. 砌体抹面 4. 泄水孔制作、安装 5. 滤层铺设 6. 沉降缝
040305003	浆砌块料	1. 部位 2. 材料品种、规格 3. 砂浆强度等级			
040305004	砖砌体	4. 泄水孔材料品种、规格 5. 滤水层要求 6. 沉降缝要求			
040305005	护坡	1. 材料品种 2. 结构形式 3. 厚度 4. 砂浆强度等级	m^2	按设计图示尺寸以面积计算	1. 修整边坡 2. 砌筑 3. 砌体勾缝 4. 砌体抹面

注:1. 干砌块料、浆砌块料和砖砌体应根据工程部位不同,分别设置清单编码。

2. 本节清单项目中"垫层"指碎石、块石等非混凝土类垫层。

2.6.3   护坡、挡土墙清单报价

①本报价适用于市政工程的护坡、挡土墙及防洪工程。

②挡土墙、防洪墙工程需搭脚手架的,执行脚手架定额。

③块石如需冲洗时（利用旧料）,每立方米块石增加:用工 0.24 工日,用水 0.5 m^3。

④闸门场外运输,按土建定额相应定额子目执行。

⑤本章中的防洪墙适用于防洪墙高度在 6 m 以内的垫层、基础、墙体、压顶等工程项目。

护坡、挡土墙
清单编制

学习单元 2.7   临时工程及地基加固

2.7.1   地基加固基础知识

在软土地层修筑地下构筑物时,采用地基加固、围护等工艺控制地表沉降,提高土体承载力,降低土体渗透系数,以保证结构强度及施工安全。监测是地下构筑物建造时,反映施工对周围建筑群影响程度的测试手段。

地基加固常采用的方法是在软弱地基中部分土体掺入水泥、水泥砂浆以及石灰等物,形成加固体,与未加固体部分形成复合地基,以提高地基承载力和减小沉降。

1)高压喷射注浆法

高压喷射注浆法的原理是将带有特殊喷嘴的注浆管,通过钻孔注入要处理土层的预定深度,然后将水泥浆液以高压冲切土体,在喷射浆液的同时以一定速度旋转、提升,形成水泥圆柱体;若喷嘴提升而不旋转,则形成墙状固结体。高压喷射注浆法可以提高地基承载力、减少沉降、防止砂土液化、管涌和基坑隆起。

高压喷射注浆法可分为双重管旋喷和三重管旋喷两种。双重管旋喷是在注浆管端部侧面有一个同轴双重喷嘴,从内喷嘴喷出 20 MPa 左右的水泥浆液,从外喷嘴喷出 0.7 MPa 的压缩空气,在喷射的同时旋转和提升浆管,在土体中形成旋喷桩。三重管旋喷使用的是一种三重注浆管,这种注浆管由三根同轴的不同直径的钢管组成,内管输送压力为 20 MPa 左右的水流,中管输送压力为 0.7 MPa 左右的气流,外管输送压力为 25 MPa 的水泥浆液,高压水、气同轴喷射切割土体,使土体和水泥浆液充分拌和,边喷射边旋转并提升注浆管,以形成较大直径的旋喷桩。

适用范围:地基加固和防渗,或作为稳定基坑和沟槽边坡的支挡结构。

2)搅拌桩

搅拌桩的原理是利用水泥、石灰或其他材料作为固化剂的主剂,通过特别的深层搅拌机械,在地基深处就地将软土和固化剂强制搅拌,形成坚硬的拌和柱体,与原地层共同形成复合地基。图 2.30 所示为水泥土搅拌桩搭接示意图。

适用范围:淤泥、淤泥质土、粉土和含水量较高且地基承载力标准值不大于 120 kPa 的黏性土地基。水泥搅拌桩互相搭接形成搅拌桩墙,既可以用于增加地基承载力和作为基坑开挖的侧向支护,也可以作为抗渗漏止水帷幕。

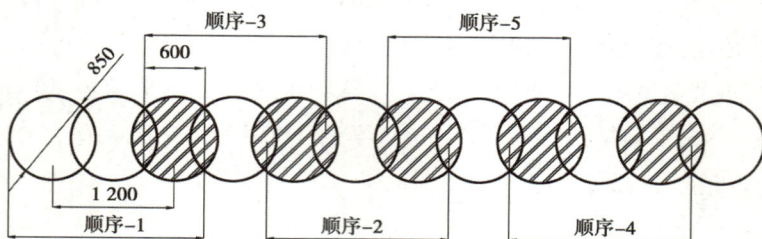

图 2.30　水泥土搅拌桩搭接

思政小贴士

从桩基础谈人生理想

上海中心大厦是亚洲第一高楼,采用深达 86 m 的桩基础,体现了我国较高的建造水平。这座让世界震惊的超级摩天大楼施工,展示了中国劳动人民不怕困难、勇克技术难关的信念,以及精益求精、追求卓越的精神。工人们攻坚克难、勇于突破的精神,激励我们要培养奋斗精神,勇于开拓,顽强拼搏;施工中用到的先进建筑技术激励我们要丰富学识,增长见识,练就过硬本领,更好为国争光、为民造福。

通过案例学习,我们的民族自尊心、自信心和自豪感油然而生。万丈高楼平地起,我们要以社会主义建设者和接班人的使命担当,为祖国建设添砖加瓦,构筑起人生理想的大厦。

上海中心大厦建造简介

地基加固清单编制

2.7.2　地基加固、围护及监测清单编制

地基加固处理,在清单编制时可参考《计量规范》表 B.1(表 2.28)路基处理中相应清单项目设置、清单项目特征描述的内容、计量单位及工程量计算规则执行。

表 2.28　路基处理(编码:040201,GB 50857—2013 中表 B.1)

项目编码	项目名称	项目特征	计量单位	工程量计算规则	工作内容
040201001	预压地基	1.排水竖井种类、断面尺寸、排列方式、间距、深度 2.预压方法 3.预压荷载、时间 4.砂垫层厚度	m²	按设计图示尺寸以加固面积计算	1.设置排水竖井、盲沟、滤水管 2.铺设砂垫层、密封膜 3.堆载、卸载或抽气设备安拆、抽真空 4.材料运输
040201002	强夯地基	1.夯击能量 2.夯击遍数 3.地耐力要求 4.夯填材料种类			1.铺设夯填材料 2.强夯 3.夯填材料运输
040201003	振冲密实(不填料)	1.地层情况 2.振密深度 3.孔距 4.振冲器功率			1.振冲加密 2.泥浆运输

续表

项目编码	项目名称	项目特征	计量单位	工程量计算规则	工作内容
040201004	掺石灰	含灰量	m³	按设计图示尺寸以体积计算	1. 掺石灰 2. 夯实
040201005	掺干土	1. 密实度 2. 掺土率			1. 掺干土 2. 夯实
040201006	掺石	1. 材料品种、规格 2. 掺石率			1. 掺石 2. 夯实
040201007	抛石挤淤	材料品种、规格			1. 抛石挤淤 2. 填塞垫平、压实
040201008	袋装砂井	1. 直径 2. 填充料品种 3. 深度	m	按设计图示尺寸以长度计算	1. 制作砂袋 2. 定位沉管 3. 下砂袋 4. 拔管
040201009	塑料排水板	材料品种、规格			1. 安装排水板 2. 沉管插板 3. 拔管
040201010	振冲桩（填料）	1. 地层情况 2. 空桩长度、桩长 3. 桩径 4. 填充材料种类	1. m 2. m³	1. 以米计量，按设计图示尺寸以桩长计算 2. 以立方米计量，按设计桩截面乘以桩长以体积计算	1. 振冲成孔、填料、振实 2. 材料运输 3. 泥浆运输
040201011	砂石桩	1. 地层情况 2. 空桩长度、桩长 3. 桩径 4. 成孔方法 5. 材料种类、级配		1. 以米计量，按设计图示尺寸以桩长（包括桩尖）计算 2. 以立方米计量，按设计桩截面乘以桩长（包括桩尖）以体积计算	1. 成孔 2. 填充、振实 3. 材料运输
040201012	水泥粉煤灰碎石桩	1. 地层情况 2. 空桩长度、桩长 3. 桩径 4. 成孔方法 5. 混合料强度等级	m	按设计图示尺寸以桩长（包括桩尖）计算	1. 成孔 2. 混合料制作、灌注、养护 3. 材料运输

续表

项目编码	项目名称	项目特征	计量单位	工程量计算规则	工作内容
040201013	深层水泥搅拌桩	1. 地层情况 2. 空桩长度、桩长 3. 桩截面尺寸 4. 水泥砂浆等级、掺量	m	按设计图示尺寸以桩长计算	1. 预搅下钻、水泥浆制作、喷浆搅拌提升成桩 2. 材料运输
040201014	粉喷桩	1. 地层情况 2. 空桩长度、桩长 3. 桩径 4. 粉体种类、掺量 5. 水泥强度等级、石灰粉要求			1. 预搅下钻、喷粉搅拌提升成桩 2. 材料运输
040201015	高压水泥旋喷桩	1. 地层情况 2. 空桩长度、桩长 3. 桩截面 4. 旋喷类型、方法 5. 水泥强度等级、掺量		按设计图示尺寸以桩长（包括桩尖）计算	1. 成孔 2. 水泥浆制作、高压旋喷注浆 3. 材料运输
040201016	石灰桩	1. 地层情况 2. 空桩长度、桩长 3. 桩径 4. 成孔方法 5. 掺合料种类、配合比			1. 成孔 2. 混合料制作、运输、夯填
040201017	灰土（土）挤密桩	1. 地层情况 2. 空桩长度、桩长 3. 桩径 4. 成孔方法 5. 灰土级配		按设计图示尺寸以桩长（包括桩尖）计算	1. 成孔 2. 灰土拌和、运输、填充、夯实
040201018	桩锤冲扩桩	1. 地层情况 2. 空桩长度、桩长 3. 桩径 4. 成孔方法 5. 桩体材料种类、配合比		按设计图示尺寸以桩长计算	1. 安拔套管 2. 冲孔、填料、夯实 3. 桩体材料制作、运输
040201019	地基注浆	1. 地层情况 2. 成孔深度、间距 3. 浆液种类及配合比 4. 注浆方法 5. 水泥强度等级、用量	1. m 2. m³	1. 以米计量，按设计图示尺寸以深度计算 2. 以立方米计量，按设计图示尺寸以加固体积计算	1. 成孔 2. 注浆导管制作、安装 3. 浆液制作、压浆 4. 材料运输

续表

项目编码	项目名称	项目特征	计量单位	工程量计算规则	工作内容
040201020	褥垫层	1. 厚度 2. 材料品种、规格及比例	1. m² 2. m³	1. 以平方米计量,按设计图示尺寸以铺设面积计算 2. 以立方米计量,按设计图示尺寸以铺设体积计算	1. 材料拌和、运输 2. 铺设 3. 压实
040201021	土工合成材料	1. 材料品种、规格 2. 搭接方式	m²	按设计图示尺寸以面积计算	1. 基层整平 2. 铺设 3. 固定
040201022	排水沟、截水沟	1. 断面尺寸 2. 基础、垫层:材料品种、厚度 3. 砌体材料 4. 砂浆强度等级 5. 伸缩缝填塞 6. 盖板材质、规格	m	按设计图示以长度计算	1. 模板制作、安装、拆除 2. 基础、垫层铺筑 3. 混凝土拌和、运输、浇筑 4. 侧墙浇捣或砌筑 5. 勾缝、抹面 6. 盖板安装
040201023	盲沟	1. 材料品种、规格 2. 截面尺寸			铺筑

地层情况按《计量规范》表 A.1-1 土壤分类表(见表 2.3)和表 A.2-1 岩石分类表(见表 2.7)规定,并根据《岩土工程勘察报告》,按单位工程各地质层所占比例进行描述。对无法准确描述的地层情况,可注明由投标人根据岩石工程勘察报告自行决定报价。

项目特征中的桩长应包括桩尖,空桩长度=孔深-桩长,孔深为自然地面至设计桩底的深度。

2.7.3 临时工程及地基加固清单报价

1)地基加固计价工程量计算

①钻孔按设计图规定的深度以"m"计算。布孔按设计图或批准的施工组织设计。

②分层注浆工程量按设计图注明的体积计算,压密注浆工程量计算按以下规定:

a.设计图明确加固土体体积的,应按设计图注明的体积计算。

b.设计图纸上以布点形式图示土体加固范围的,按两孔间距的一半作为扩散半径以布点边线各加扩散半径,形成计算平面计算注浆体积。

c.设计图上注浆点在钻孔灌注桩之间,按两注浆孔距的一半作为每孔的扩散半径,以此圆柱体体积计算注浆体积。

d.高压旋喷桩钻孔按原地面至设计桩底底面的距离以"延长米"计算,喷浆按设计加固桩截面面积×设计桩长以"立方米"计算。

e.深层水泥搅拌桩工程量按设计截面面积×桩长以"立方米"计算。对于桩长在设计没有作明确说明的情况下,按以下规定计算:

(a)围护桩按设计桩长计算。

(b)承重桩按设计桩长增加0.5 m计算。

(c)空搅部分按原地面至设计桩顶面的高度减去另加长度计算。

2)临时工程及地基加固定额应用

①本章各子目根据全省情况综合考虑,使用时不得调整。

②泥结碎石子目主要用于场外施工便道。

③搭拆便桥定额分非机动车道和机动车道,适用于跨河道的临时便桥,套用装配式钢桥定额,应根据批准的施工组织设计执行。

技能训练

一、选择题

1.余土外运可列清单编码为(　　　)。

A.040102001001　　B.040103001001　　C.040103002001　　D.040101001001

2.护坡的工作内容是(　　　)。(多选题)

A.修整边坡　　　　B.砌筑　　　　C.砌体勾缝　　　　D.砌体抹面

3.某沟槽挖坎石890 m³,可列清单项编码为(　　　)。

A.040102001001　　B.040102002001　　C.040101002001　　D.040101001001

4.余方弃置组价应考虑(　　　)。(多选题)

A.废弃料品种　　　B.回填　　　　C.压实　　　　D.运距

5.回填方的项目特征包括(　　　)。(多选题)

A.密实度要求　　　B.填方材料品种　　C.填方粒径要求　　D.填方来源运距

6.围堰清单工程量计量规则正确的是(　　　)。

A.按设计图示围堰体积计算　　　　B.按设计图示围堰中心线长度计算

C.按设计图示筑岛体积计算　　　　D.按设计图示基底体积计算

7. 筑岛的清单计量单位是( )。

A. m   B. m²   C. m³   D. t

8. 底宽为 6 m、底长为 2 000 m 的挖方工程为( )。

A. 基坑   B. 流沙   C. 沟槽   D. 一般土方

9. 井字架的工程量计算规则是( )。

A. 沉井高度   B. 井壁中心线周长   C. 仓面水平面积   D. 按设计图示数量计算

10. 挖基坑土方清单工程量计算规则是( )。

A. 按照图示尺寸以基础垫层底面积乘以挖土深度计算

B. 看现场情况计算

C. 按设计图示尺寸以体积计算

D. 以基坑底部面积计算

11. 某道路工程挖方 10 000 m³,填方 3 000 m³(需要夯实回填),请计算弃土外运的工程量( )。

A. 1 550 m³   B. 6 550 m³   C. 7 000 m³   D. 13 000 m³

12. 挡土墙、防洪墙工程需搭设脚手架的,( )。

A. 不需要脚手架定额   B. 执行脚手架定额

C. 挡土墙定额已经包含   D. 执行定额 2-112

13. 土石方工程工程量计算规则中,管道接口作业坑和沿线各种井室所需增加开挖的土石方工程量按沟槽全部土石方量的( )计算。

A. 1%   B. 1.50%   C. 2%   D. 2.50%

14. 挖土机在垫板上作业,人工和机械乘以系数( )。

A. 1.10   B. 1.15   C. 1.20   D. 1.25

15. 下列关于沟槽、基坑、一般土方的划分正确的是( )。

A. 底宽 7 m 以内、底长大于底宽 3 倍以上的按沟槽计算

B. 底宽 7 m 以外、底长大于底宽 3 倍以上的按沟槽计算

C. 底宽 7 m 以内、底长大于底宽 3 倍以上的按沟槽计算

D. 底长小于底宽 3 倍以内的按基坑计算,其中基坑底面积在 100 m² 以内的执行基坑定额

16. 下列关于土石方工程工程量计算规则说法正确的是( )。

A. 挖土交叉处产生的重复工程量需要扣除

B. 原槽、坑做基础垫层时,放坡自原槽、坑上表面开始计算

C. 管道结构宽是指管道外径

D. 如在同一断面内遇有数类土壤,其放坡系数取较大值计算

17. 遇到打斜桩定额时,( )。

A.定额人工、机械乘以系数1.35　　　　B.定额人工乘以系数1.35

C.定额机械乘以系数1.35　　　　D.定额人工、机械乘以系数1.1

18.0+000断面挖土面积为45 m²,0+050断面挖土面积为35 m²,请问这段挖土体积为（　　）m³。

A.200　　　　B.2 000　　　　C.2 809　　　　D.1 800

19.土石方工程工程量计算规则中,下列说法正确的是（　　）。

A.清理土堤基础按设计规定以体积计算

B.人工挖土堤台阶工程量,按挖前的堤坡斜面积计算,运土不计算

C.人工铺草皮工程量以实际铺设的面积计算,花格铺草皮中的空格部分需要扣除

D.花格铺草皮,设计草皮面积与定额不符时可以调整草皮数量,人工按草皮增加比例增加,其余不调整

20.市政工程中沟槽开挖工程量计算通常采用（　　）。

A.断面面积×沟槽长度　　　　B.方格网法

C.平均断面法　　　　D.坐标法

21.某道路工程余方弃置,采用自卸汽车8 t运输5 km,选取的定额为（　　）。

A.1-448　　　　B.1-279　　　　C.1-281　　　　D.1-280

22.某道路工程挖三类土1 000 m³,施工采用1 m³反铲挖掘机挖三类土（不装车）,选取的定额为（　　）。

A.1-221　　　　B.1-222　　　　C.1-224　　　　D.1-226

23.2014年江苏省市政计价定额中,回填方按（　　）考虑。

A.虚方体积　　　　B.天然密实体积　　　　C.实方体积　　　　D.松填体积

24.土石方工程中关于干、湿土的划分,下列说法错误的是（　　）。

A.干、湿土的划分首先以地质勘察资料为准,含水率不低于25%的为湿土

B.干、湿土的划分以地下常水位为准,常水位以上为干土,以下为湿土

C.采用井点降水的土方应按湿土计算

D.干、湿土工程量分别计算

二、判断题

1.装配式钢桥工程量按桥长计算。（　　）

2.临时便桥搭、拆工程量按桥面面积计算。（　　）

3.使用备用电源的费用另外计算。（　　）

4.放坡开挖不需要再计算支撑。（　　）

5.井点降水必须保证连续供电。（　　）

6.支撑工程量均按挡土板实际投影面积计算。（　　）

7.围堰工程50 m范围以内取土砂、砂粒,均不计土方和砂砾的材料价格。（　　）

8.在定额中打拔桩土质类别,划分为甲、乙、丙三类。　　　　　　　　　（　　）

9.采用井点降水的土方应按干土计算。　　　　　　　　　　　　　　　（　　）

10.干湿土的划分:含水率不低于15%的为湿土或以地下常水位为准,常水位以上为干土,以下为湿土。　　　　　　　　　　　　　　　　　　　　　　　　　（　　）

11.挖湿土是人工定额子目和机械定额子目乘以系数1.18。　　　　　　　（　　）

三、案例题

1.某地铁车站基坑采用地下连续墙防护,土质为一类土,导墙为钢筋混凝土 C30,导墙深度为1.5 m,双侧防护型。墙厚为80 cm,平均成槽深度为30 m,钢筋混凝土 C50 结构,接头采用十字钢板接头。基坑为矩形布置,中心线周长150 m。请列出工程量清单。（写出清单编码。清单名称、清单特征,计算清单工程量）

2.某市政基坑工程,地下水位较高,需要降水。降水计划采用轻型井点降水,地层情况为二类土,井点管尺寸为100 mm,U 形布置100 根,平均深度为3 m,采用一台水泵2 000 kW 的抽水泵。根据工期安排,需要降水100 天。请列清单项。（写出清单项目编码、清单名称、清单特征、计算工程量）

模块 3　道路工程计量计价

学习目标

（1）掌握路基、路面、道路附属工程清单工程量计算、清单编制的方法；

（2）掌握路基、路面、道路附属工程清单报价编制的方法，学会定额的应用。

学习单元 3.1　道路工程基础知识

3.1.1　城市道路的分类

我国城市道路根据其在城市道路系统中所处的地位、交通功能、沿线建筑及车辆和行人进出的服务频率，按构成骨架及交通功能分为快速路、主干路、次干路、支路四大类。

快速路是城市中有较高车速的长距离道路，主要承担道路的交通功能，是连接市区各主要地区、主要近郊区、主要对外公路的快速通道。道路设有中央分隔带，具有 4 条以上车道，全部或部分采用立体交叉，且控制出入，供车辆高速行驶。在快速路上的机动车道两侧不宜设置非机动车道，不宜设置吸入大量车流和人流的公共建筑出入口，对两侧建筑物的出入口应加以控制。

主干路在城市道路网中起骨架作用，是连接城市各主要分区的交通干道，是城市内部的主要大动脉。主干路一般设有 4 或 6 条机动车道，并设有分隔带，在交叉口之间的分隔带应尽量连续，以防车辆任意穿越，影响主干道上车流的行驶。主干道两侧不宜设置吸入大量车流和人流的公共建筑出入口。

次干路是城市中数量较多的一般道路，配合主干路组成城市路网，除交通功能外，次干路兼有服务功能，两侧允许布置吸入车流和人流的公共建筑，并应设置停车场，满足公共交通站点和出租车服务站的要求。

支路是次干路与相邻街坊的连接线，解决局部地区交通，以服务功能为主。部分支路可以补充干道网不足，设置公共交通路线，或设置非机动车专用道。支路上不宜通行过境车辆，只允许通行地区性服务的车辆。

3.1.2 道路工程基本组成

道路是一种带状构筑物,主要承受汽车荷载的反复作用和各种自然因素的长期影响。道路工程的主要组成部分包括路基、路面和附属工程。

1)路基

路基的基本形式

路基既是车辆在道路上行驶的基本条件,也是道路的支撑结构物,对路面的使用性能有着重要影响。

路基的基本形式:路基按填挖形式可分为路堤(图3.1)、路堑(图3.2)和半填半挖路基(图3.3),高于天然地面的填方路基称为路堤,低于天然地面的挖方路基称为路堑,介于二者之间的称为半填半挖路基。

图 3.1 路堤

图 3.2 路堑

图 3.3   半填半挖路基

2)路面

路面是由各种不同的材料,按一定的厚度和宽度分层铺筑在路基顶面的结构物,以供车辆及行人直接在其表面通行。

(1)路面的分类

路面按材料和施工方法分为三大类:

①沥青类:在矿物质材料中,以各种方式掺入沥青材料拌制修筑而成的路面,一般用作面层,也可作为基层。

②水泥混凝土类:以水泥与水合成水泥浆作为结合料,碎(砾)石为骨料,砂为填充料,经拌和、摊铺、振捣和养生而成的路面,通常用作行车道面层。

③块料类:用石材类(如花岗岩、石板材等)或预制水泥混凝土(板、砖)铺砌,并用砂浆嵌缝后形成的路面,通常用作人行道、广场、公园路面层。

(2)路面等级的划分

路面通常可按面层使用的品质、材料组成和结构强度的不同划分为四个等级,见表3.1。城市道路路面等级必须采用高级路面或次高级路面。

表 3.1   面层类型、路面等级与道路等级

路面等级	面层主要类型	适用的道路等级
高级路面	水泥混凝土	高速、一级、二级公路;城市快速路、主干道、次干道
	沥青混凝土、整齐石块和条石	
次高级路面	沥青贯入碎(砾)石、路拌沥青碎石	二级、三级公路;城市次干道、支路、街坊道路
	沥青表面处治	

续表

路面等级	面层主要类型	适用的道路等级
中级路面	泥结或级配碎(砾)石、水泥碎石、其他材料、不整齐石块	三、四级公路
低级路面	各种粒料或当地材料改善土(如炉渣土、砾石土和砂砾土等)	四级公路

（3）路面结构层的组成

路面结构层由垫层、基层和面层组成，如图 3.4 所示。

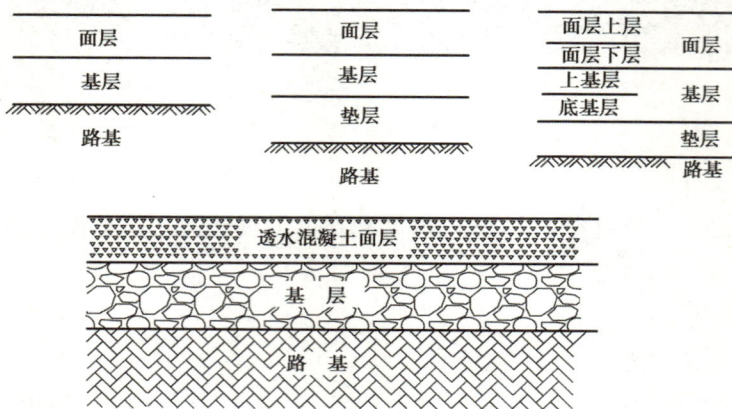

图 3.4　路面结构层组成

垫层是设置在土基与基层之间的结构层。其主要功能是改善土基的温度和湿度状况，以保证面层和基层的强度和稳定性，使其不受冻胀翻浆的影响。此外，垫层还能扩散由面层和基层传来的车轮荷载的垂直作用力，减小土基的应力和应变，而且它能阻止土基嵌入基层中，从而不影响基层结构的性能。修筑垫层的材料，强度不一定很高，但水稳定性和隔热性要好。常用的垫层有碎石垫层、砾石砂垫层。

基层主要承受由面层传来的车辆荷载垂直力，并把它扩散到垫层和土基中。基层可分两层铺筑，其上层称为上基层，下层称为底基层。基层应有足够的强度和刚度，有平整的表面以保证面层厚度均匀，基层受大气的影响比较小，但因表层可能透水及地下水的侵入，要求基层有足够的水稳性。常用的有碎(砾)石基层、级配碎石基层、石灰土基层、石灰稳定碎石基层、水泥稳定碎石基层、工业废渣稳定类基层、二灰(石灰、粉煤灰)土基层、二灰稳定碎石基层、粉煤灰三渣等基层。目前常用的为水泥稳定碎石基层或粉煤灰三渣基层。

面层是修筑在基层上的表面层次，保证汽车以一定的速度安全、舒适又经济地行驶。面层是直接同行车和大气接触的表面层次，它承受行车荷载的垂直力、水平力和冲击力作用以及雨水和气温变化的不利影响。

　　面层应具备较高的结构强度、刚度和稳定性,且应耐磨、不透水,其表面还应有良好的抗滑性和平整度。常用的有水泥混凝土(刚性路面)(图 3.5)、沥青混凝土(柔性路面)面层(图 3.6)。

图 3.5　水泥混凝土路面

图 3.6　沥青混凝土路面

思政小贴士

新闻调查——上海"楼倒倒"事件

　　案例中的大楼倒塌是因为土方施工不科学、违规施工造成的,反映出的是施工方工程质量意识淡薄、规则意识不强。质量是工程的生命,建筑工程质量直接关系到人民生命财产的安全,我们应当紧绷工程质量和安全生产之弦,这是道德和法律共同的要求。通过典型案例的学习,我们要深刻意识到社会主义市场经济离不开法律保障,"法治"也是社会主义核心价值观所倡导的重要精神。作为建筑类专业的大学生，承担着建设祖国的重任，应当时刻将法律"规矩"放心间，规则意识是质量意识的关键，它是成长成才的基石。当代大学生要成为一名社会主义现代化事业合格建设者，必须牢记质量意识、规则意识，主动将规则转变为自律，将国家法治建设中的相关要求转变为自身的内在要求，做到内化于心外化于行。

新闻调查——
上海楼倒事件

学习单元 3.2　道路路基清单计价

　　道路工程清单编制及清单报价依据有《建设工程工程量清单计价规范》（GB 50500—2013）、《市政工程工程量计算规范》（GB 50857—2013）。

3.2.1　路基处理清单编制

　　路基处理工程量清单项目设置、项目特征描述的内容、计量单位及工程量计算规则，应按表 2.28 规定执行。

路基处理清单
编制

3.2.2　道路路基清单报价

1）2014 版江苏省市政计价定额适用范围及有关说明

　　①《道路工程》是市政工程计价定额的第二册，共五章，包括路床（槽）整形、道路基层、道路面层人行道侧缘石及其他、道路交通管理设施工程，适用于城镇范围以内按市政工程规范、标准设计和验收的新建、扩建和大、中修道路工程。

　　②市政工程道路与建筑工程道路的划分：按《城市道路工程设计规范》设计的道路属于市政工程道路。厂区、小区内幢与幢之间按《建筑工程标准图集》设计的道路属建筑工程道路。厂区、小区内按《城市道路工程设计规范》（CJJ 193—2012）设计的道路仍属于市政工程道路。

　　③道路工程中的排水项目，可按排水工程分册的有关项目执行。

　　④本定额中的工序、人工、机械、材料等均系综合取定。除另有规定外，均不得调整。

　　⑤本定额的多合土项目按现场拌和考虑，部分多合土项目考虑了厂拌。

　　⑥本定额凡使用石灰的子目，均不包括消解石灰的工作内容。编制预算中，应先计算出石灰总用量，然后套用消解石灰子目。

2）道路路基处理工程量计算

　　①道路工程路床（槽）碾压宽度应与路基底层宽度相同。若设计图纸另有要求，则按设计要求计算路床（槽）碾压宽度。

　　②粉喷桩工程量按设计桩长增加 0.5 m×设计横断面面积计算。

3)道路路基处理定额应用

①本章包括路床(槽)整形、路基盲沟、铺筑垫层料等子目。

②路床(槽)整形项目的内容,包括平均厚度 10 cm 以内的人工挖高填低、整平路床,使之形成设计要求的纵横坡度,并应经压路机碾压密实。

③边沟成型,综合考虑了边沟挖土的土类和边沟两侧边坡培整面积所需的挖土、培土、修整边坡及余土抛出沟外的全过程所需人工。边坡所出余土弃运路基 50 m 以外。

④混凝土滤管盲沟定额中不含滤管外滤层材料。

⑤粉喷桩定额中,桩直径取定 50 cm。

学习单元 3.3　基层清单计价

3.3.1　基层基础知识

道路基层按位置分为底基层、上基层;按材料分为上合土基层、稳定类半刚性土基层等。

1)多合土基层

(1)二灰土基层

二灰土基层由粉煤灰、石灰和土按照一定比例拌和而成的一种筑路材料的简称。拌和方式有人工拌和、拌和机拌和、厂拌人铺。二灰土压实成型后能在常温和一定湿度条件下起水硬作用,逐渐形成板体。它的强度在较长时间内将随着龄期而增加,但不耐磨,因其初期承载能力小,在未铺筑其他基层、面层以前,不宜开放交通。二灰土的压实厚度以 10～20 cm 为宜,最小施工厚度 10 cm。

(2)二灰碎石基层

二灰碎石基层由粉煤灰、石灰和碎石按照一定比例拌和而成的一种筑路材料的简称。其中,石灰、粉煤灰、碎石指的是质量比,拌和方式只有拌和机集中拌和。

(3)石灰、土、碎石基层

石灰、土、碎石基层是石灰、土、碎石按照一定质量拌和而成的一种筑路材料,拌和方式分为机拌和厂拌两种。

多合土基层中各种材料是按常用的配合比编制的,当设计配合比与定额不符时,有关的材料消耗量可以调整。但人工和机械台班的消耗量不得调整。

2)稳定类半刚性基层

(1)粉煤灰三渣基层

粉煤灰三渣材料分为路拌、厂拌两类。粉煤灰三渣基层是由熟石灰、粉煤灰和碎石拌和而成,是一种具有水硬性和缓凝性特征的路面结构层材料。在一定的温度、湿度条件下碾压成型后,强度逐步增长形成板体,具一定的抗弯能力和良好的水稳定性。

水泥稳定基层如采用厂拌,可套用厂拌粉煤灰三渣基层相应子目;道路基层如采用沥青混凝土摊铺机摊铺,可套用厂拌粉煤灰三渣基层(沥青混凝土摊铺机摊铺)相应子目,材料调整换算,其他不变。

（2）水泥稳定类基层

水泥稳定类基层包括水泥稳定碎石基层(5%、6% 水泥含量)、水泥稳定碎石砂基层的定额子目。

水泥稳定碎石是由水泥和碎石级配料经拌和、摊铺、振捣、压实、养护后形成的一种路基材料,特别在地下水位以下部分,强度能持续增长,从而延长道路的使用寿命。水泥稳定碎石基层的施工工艺为:放样→拌制→运输→摊铺→振捣碾压→养护→清理。因水泥稳定碎石在水泥初凝前必须终压成型,所以采用现场拌和,并采用支模后摊铺,摊铺完成后,边缘用平板式振捣器振实,再用轻型压路机初压、重型压路机终压的施工方法,压实厚度以 10～20 cm 为宜,最小施工厚度 10 cm。严禁施工贴薄层。

（3）沥青稳定类基层

沥青稳定碎石采用人工摊铺撒料、喷油机喷油、压路机碾压的施工方法。

3）底基层

底基层根据材料的不同分为天然砂砾、卵石、碎石、块石、矿渣、塘渣、沙、石屑。定额分人工铺装与人机配合铺装两类,铺设厚度与定额不同时按比例调整。常见基层做法如图 3.7 所示。

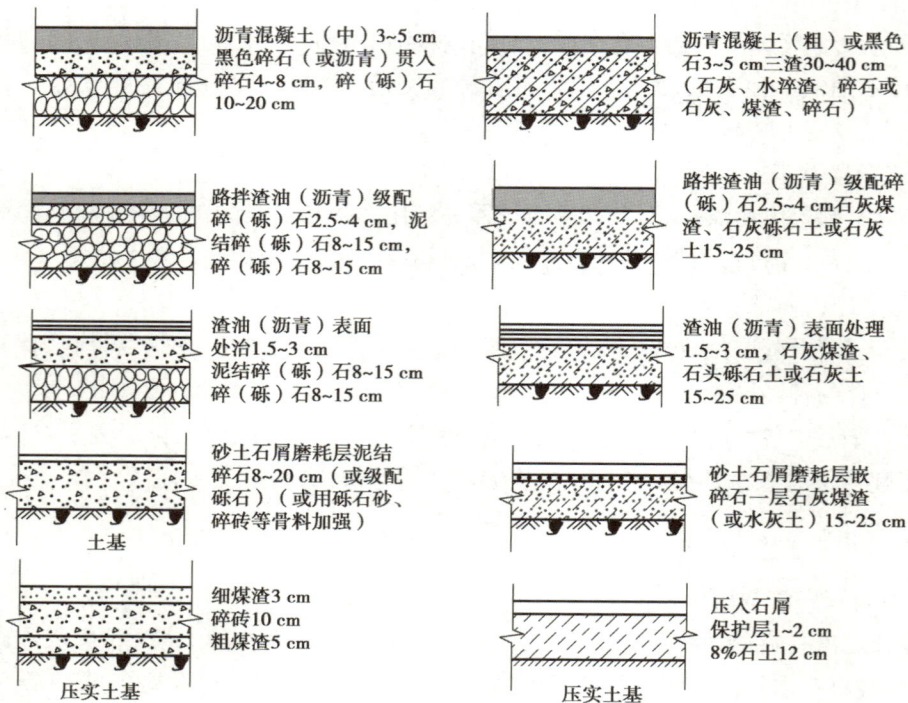

图 3.7　常见基层做法

3.3.2　基层清单编制

道路基层工程量清单项目设置、项目特征描述的内容、计量单位及工程量计算规则,应按表 3.2 规定执行。

表 3.2　道路基层(编码:040202,GB 50857—2013 中表 B.2)

项目编码	项目名称	项目特征	计量单位	工程量计算规则	工作内容
040202001	路床(槽)整形	1. 部位 2. 范围	m²	按设计道路底基层图示尺寸以面积计算,不扣除各类井所占面积	1. 放样 2. 整修路拱 3. 碾压成型
040202002	石灰稳定土	1. 含灰量 2. 厚度	m²	按设计图示尺寸以面积计算,不扣除各类井所占面积	1. 拌和 2. 运输 3. 铺筑 4. 找平 5. 碾压 6. 养护
040202003	水泥稳定土	1. 水泥含量 2. 厚度			
040202004	石灰、粉煤灰、土	1. 配合比 2. 厚度			
040202005	石灰、碎石、土	1. 配合比 2. 碎石规格 3. 厚度			
040202006	石灰、粉煤灰、碎(砾)石	1. 配合比 2. 碎(砾)石规格 3. 厚度			
040202007	粉煤灰	厚度			
040202008	矿渣				
040202009	砂砾石	1. 石料规格 2. 厚度			
040202010	卵石				
040202011	碎石				
040202012	块石				
040202013	山皮石				
040202014	粉煤灰三渣	1. 配合比 2. 厚度			
040202015	水泥稳定碎(砾)石	1. 水泥含量 2. 石料规格 3. 厚度			
040202016	沥青稳定碎石	1. 沥青品种 2. 石料规格 3. 厚度			

3.3.3 道路基层清单报价

1)道路基层工程量计算

①道路工程路基应算至路牙外侧 15 cm。若设计图纸已标明各结构层的宽度,则按设计图纸尺寸计算各结构层的数量。

②道路工程石灰土、多合土养生面积计算,按设计基层顶层的面积计算。

③道路基层计算不扣除各种井位所占的面积,道路基层设计截面如为梯形时,应按其截面平均宽度计算面积。

2)道路基层定额应用

①本定额包括各种级配的多合土基层等子目。

②石灰土基、多合土基多层次铺筑时,其基础顶层需进行养生,养生期按 7 d 考虑,其用水量已综合在顶层多合土养生定额内,使用时不得重复计算用水量。

③多合土基层中各种材料是按常用的配合比编制的。当设计配合比与定额不符时,有关的材料消耗量可以调整,但人工和机械台班的消耗不得调整。调整的方法如下:多合土的配合比为重量比,干紧容重为 D(由实验室测定),定额体积为 V。

$$石灰:粉煤灰:土 = 14:30:56$$
$$W_{石灰} = D \times V \times 14\% + 定额损耗$$
$$W_{粉煤灰} = D \times V \times 30\% + 定额损耗$$
$$W_{土} = D \times V \times 56\% + 定额损耗$$

配合比中的 $W_{石灰}$ 为熟石灰的质量,熟石灰换算为生石灰的折减系数为 1.2。

【例 3.1】35 cm 厚的二灰碎石基层,配合比是石灰:粉煤灰:碎石 = 8%:12%:80%,请计算 100 m² 二灰碎石基层石灰、碎石、粉煤灰的实际消耗量。

(复合土的配合比为质量比,干紧容重为 2.02 t/m³,材料损耗率为 2.5%)。

【解】实际消耗量计算见表 3.3。

表 3.3 实际消耗量计算表

项目名称	单位	计算公式
35 cm 厚二灰碎石基层	100 m²	
石灰	t	0.35×100×2.02×(1+2.5%)×0.08/1.2 = 4.83
粉煤灰	t	0.35×100×2.02×(1+2.5%)×0.12 = 8.696
碎石	t	0.35×100×2.02×(1+2.5%)×0.8 = 57.974

④石灰土基层中的石灰均为生石灰的消耗量。土为自然方用量。

⑤本定额中设有"每增减"的子目,适用于压实厚度20 cm以内。压实厚度在20 cm以上应按两层结构层铺筑。

【例3.2】石灰：粉煤灰：砂砾为10：20：70的多合土基层,2-171子目的15 cm厚综合基价为3 156.42元/100 m²,2-172子目的20 cm厚综合基价为4 085.84元/100 m²,2-173子目为每增减1 cm相应增减综合基价185.58元/100 m²。试换算17 cm、25 cm、30 cm、35 cm、40 cm、45 cm厚多合土基层的综合基价。

【解】17 cm厚综合基价 = 3 156.42+185.48×2 = 3 527.58(元/100 m²)

25 cm厚综合基价 = 3 156.42+3 156.42−185.48×5 = 5 384.94(元/100 m²)

30 cm厚综合基价 = 3 156.42×2 = 6 312.84(元/100 m²)

35 cm厚综合基价 = 3 156.42+4 085.84 = 7 242.26(元/100 m²)

40 cm厚综合基价 = 4 085.84×2 = 8 171.68(元/100 m²)

45 cm厚综合基价 = 3 156.42×3 = 9 469.26(元/100 m²)

⑥道路基层厚度不同时,单价换算应用插入法公式:

$$B = A+(C-A)\times d$$

式中:B为介于两个数值之间的数。A为相邻的低的那一个数值。C为相邻的高的那一数值。d为介于两个数值之间的差:当步距为10时,取1/10,2/10,…,1;当步距为5时,取1/5,2/5,…,1;当步距为2时,取1/2,1。

【例3.3】2-204子目的10 cm厚综合单价为1 628.88元/100 m²,2-205子目的15 cm厚综合单价为2 319.51元/100 m²。试换算13 cm厚碎石底层的综合单价。

【解】13 cm厚综合基价 = 1 628.88+(2 319.51−1 628.88)×3/5

　　　　　　　　　　 = 1 628.88+690.63×3/5

　　　　　　　　　　 = 1 628.88+414.38 = 2 043.26(元/100 m²)

⑦凡使用石灰的子目,均不包括石灰的消解。编制预结算时,应先计算出石灰总用量,然后套"消解石灰"子目。多合土集中拌和时,套集中消解石灰子目,多合土原槽拌和时,套小堆消解石灰子目。

学习单元3.4　道路面层

3.4.1　道路面层基础知识

1)沥青类路面

①按沥青表面处治:分为单层式、双层式、三层式。

三层式沥青表面处治施工工艺:清扫基层→洒透层(或粘层)沥青油料→洒第一层沥青→

撒第一层集料→碾压→洒第二层沥青→撒第二层集料→碾压→洒第三层沥青→撒第三层集料→碾压。双层式、单层式沥青表处依次减少洒沥青、撒集料、碾压数遍。

②沥青贯入式：厚度宜为 4~8 cm。

施工工艺：清扫基层→洒透层（或粘层）沥青油料→撒主层集料→碾压→洒第一遍沥青→撒第一遍嵌缝料→碾压→洒第二遍沥青→撒第二遍嵌缝料→碾压→洒第三遍沥青→撒封层料→碾压→初期养护。

③黑色（沥青）碎石：又称为沥青碎石路面。沥青碎石混合料采用拌和厂机械拌和，摊铺方式分人工摊铺或沥青摊铺机摊铺，先轻型后重型压路机碾压成型。

④沥青混凝土。沥青混凝土路面是由几种规格大小不同颗粒的矿料（包括碎石或轧制的砾石、石屑、砂和矿粉等）和一定数量的沥青，按照一定的比例在一定温度下拌和而成的混合料，经摊铺碾压而成的路面面层结构。

沥青混凝土路面分类：按沥青材料的不同分为石油沥青混凝土和煤沥青混凝土。按矿料的最大粒径不同可分为：粗粒式（LH-15、LH-10）、沥青砂（LH-5）等类型（LH 代表沥青混凝土混合料，其数字代表矿料最大粒径，单位 mm）。

按路面结构形式分为单层式或双层式：一般单层式厚 4~6 cm，双层式厚 7~9 cm，下层厚 4~5 cm，上层厚 3~4 cm。沥青类路面结构层示意图如图 3.8 所示。

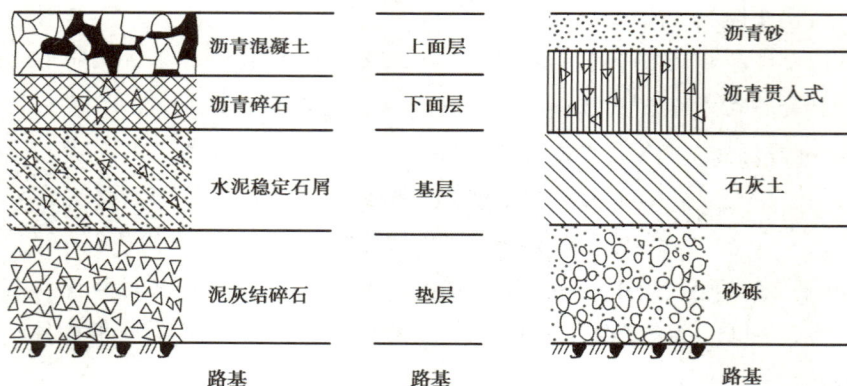

图 3.8 沥青类路面结构层示意图

沥青混凝土混合料采用拌和厂机械拌和，摊铺方式分人工摊铺和沥青摊铺机摊铺，压实分初压、复压、终压 3 个阶段。施工时应控制每个阶段沥青混合料的施工温度，如出厂温度、运至现场温度、摊铺温度、碾压温度、碾压中的温度、开放交通温度。

粗、中粒式沥青混凝土路面在发生厚度"增减 0.5 cm"时，定额子目按"每增减 1 cm"子目减半套用。

2）沥青透层、粘层与封层

透层、粘层、封层是沥青混合料路面施工的辅助层，可以起到过渡、黏结和提高道路性能

的作用。《城镇道路工程施工与质量验收规范》（CJJ—2008）第8.4条关于沥青透层油、粘层油与封层油的内容如下：

①透层油：透层油一般喷洒在无机结合料与粒料基层或水泥稳定层面上，让油料渗入基层后方可铺筑面层，其作用是使非沥青类材料基层与沥青面层之间良好黏结。透层油沥青的稠度宜通过试验确定，对于表面致密的半刚性基层宜采用渗透性好的稀透层沥青；对级配砂砾、级配碎石等粒料基层宜采用软稠的透层沥青。

②粘层油：粘层油一般是喷洒在双层式或三层式热拌热铺沥青混合料路面的沥青层之间，或旧路上加铺沥青起黏结作用的油层。目的是使层与层之间的混合料粘成整体，提高道路的整体强度。

③封层油：封层油一般用于路面结构层的连接与防护，如喷洒在需要开放交通的基层上，或在旧路上铺筑进行路面养护修复。其作用是使道路表面密封，防止雨水侵入道路，保护路面结构层，防止表面磨耗损坏。封层分为上封层和下封层。上封层铺筑在沥青面层的上表面，下封层铺筑在沥青面层的下表面。

3）水泥混凝土路面

（1）水泥混凝土路面施工工艺

其工艺流程为：模板安装→混凝土的搅拌和运输→浇筑→振捣→安装伸缩缝板、钢筋→找平→拉毛、刻槽、养生→切缝、灌封。

（2）水泥混凝土板块划分

水泥混凝土板块一般采用矩形，板宽即纵缝间距，其最大间距不得大于4.5 cm。板长即横缝间距，应根据气候条件、板厚和实践经验确定，一般为4～5 m，最大不得超过6 m。板宽和板长之比为1∶1.3为宜。板的横断面一般采用等厚式，最大板块不宜超过25 m²，厚度通过计算确定，最小厚度一般不小于15 cm。如图3.9所示为水泥混凝土路面平面示意图。

（3）接缝

纵向和横向接缝一般为垂直相交，其纵缝两侧的横缝不得相互错位。

①纵缝。纵缝是沿行车方向两块混凝土板之间的接缝，通常在板厚中央设置拉杆。纵缝可分为纵向施工缝和纵向伸缩缝两类。

当一次铺筑宽度小于路面宽度时，应设纵向施工缝，纵向施工缝采用平缝形式，上部锯切槽口，切槽深度一般为1/3板厚，槽内灌塞填缝料。

当一次铺筑宽度大于4.5 m时，应设置纵向缩缝，缩缝采用假缝形式，锯切的槽口深度应大于板厚的1/3深度。

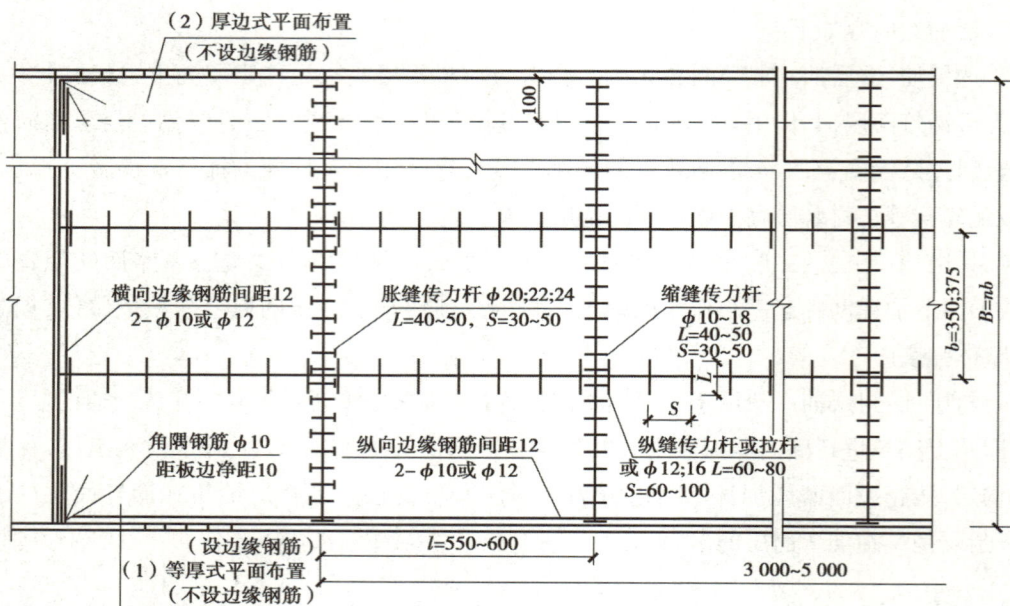

图 3.9　水泥混凝土路面平面布置图

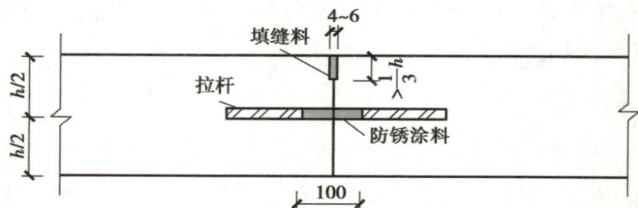

图 3.10　纵向施工缝构造(尺寸单位:mm)

②横缝。横缝可分为横向缩缝、横向胀缝和横向施工缝 3 类。缩缝是在混凝土浇筑以后用切缝机进行切缝的接缝,通常为不设传力杆的假缝,在邻近胀缝或自由端部的 3 条缩缝,应采用传力假缝形式。

胀缝下部应设预制填缝板,中穿传力杆,上部填封缝料。传力杆在浇筑前必须固定,使之平行于板面及路中心线。在邻近桥梁或其他固定构筑物或与其他道路相交处应设置胀缝。

每日施工结束或遇浇筑混凝土过程中因故中断时,必须设置横向施工缝,其位置宜设置在缩缝或胀缝处。胀缝处的施工缝同胀缝施工,缩缝处的施工缝应采用加传为杆的平缝或企口缝形式。

填缝料

3~8

h

$(1/4{\sim}1/5)\,h$

缩缝的构造形式

填缝料

4~6

防锈涂料

$h/2$

$h/2$

$\geqslant \dfrac{1}{3}h$

传力杆

（a）设传立杆假缝型

填缝料

4~6

$\geqslant \dfrac{1}{3}h$

（b）不设传力杆架缝型

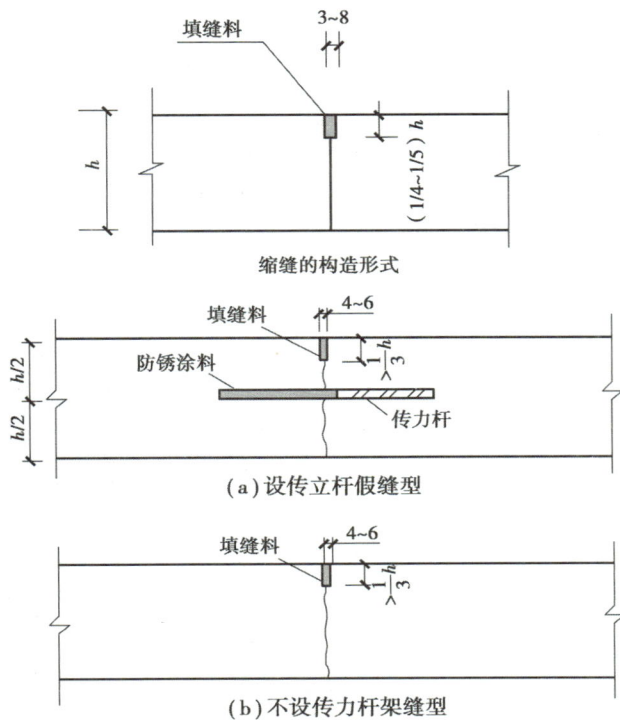

图 3.11　横向缩缝构造（尺寸单位：mm）

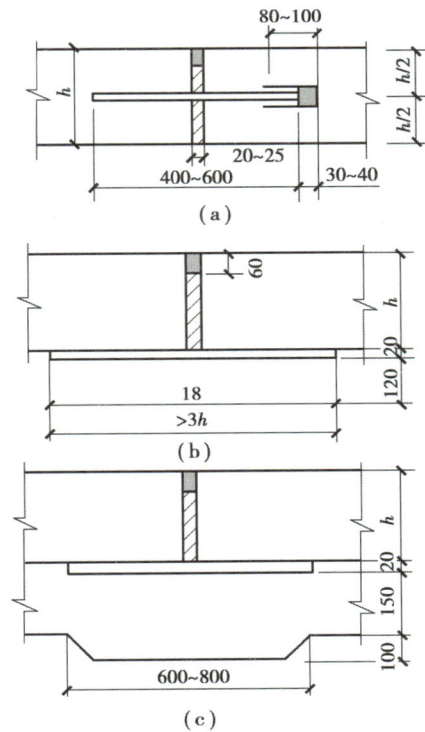

80~100

h

$h/2$

$h/2$

400~600

20~25

30~40

（a）

60

h

20

120

18

>3h

（b）

h

20

150

100

600~800

（c）

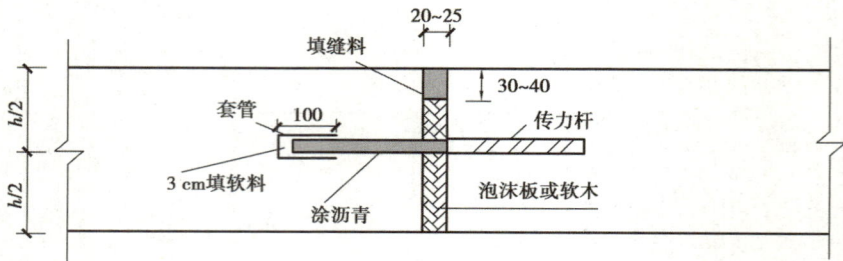

图 3.12　横向胀缝构造(尺寸单位:mm)

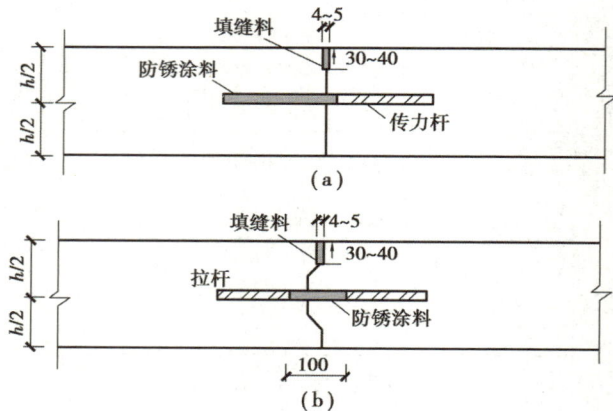

图 3.13　横向施工缝构造(尺寸单位:mm)

(4)路面钢筋

混凝土路面中除在纵缝处设置拉杆(采用螺纹钢筋)、横缝处设置传力杆(采用光圆钢筋)外,还需要按要求在特殊部位设置补强钢筋,如边缘钢筋、角隅钢筋、钢筋网等。混凝土面层钢筋定额中编制了传力杆、构造筋和钢筋网子目。钢筋网片套用钢筋网定额,传力杆、拉杆套用传力杆定额,边缘(角隅)加固筋等钢筋均套用构造筋定额。

3.4.2　道路面层清单编制

道路面层工程量清单项目设置、项目特征描述的内容、计量单位及工程量计算规则,应按表 3.4 规定执行。

道路基层清单
编制

表 3.4　道路面层(编码:040203,GB 50857—2013 中表 B.3)

项目编码	项目名称	项目特征	计量单位	工程量计算规则	工作内容
040203001	沥青表面处治	1.沥青品种 2.层数	m²	按设计图示尺寸以面积计算,不扣除各种井所占面积,带平石的面层应扣除平石所占面积	1.喷油、布料 2.碾压
040203002	沥青贯入式	1.沥青品种 2.石料规格 3.厚度			1.摊铺碎石 2.喷油、布料 3.碾压

续表

项目编码	项目名称	项目特征	计量单位	工程量计算规则	工作内容
040203003	透层、粘层	1. 材料品种 2. 喷油量	m²	按设计图示尺寸以面积计算，不扣除各种井所占面积，带平石的面层应扣除平石所占面积	1. 清理下承面 2. 喷油、布料
040203004	封层	1. 材料品种 2. 喷油量 3. 厚度			1. 清理下承面 2. 喷油、布料 3. 压实
040203005	黑色碎石	1. 材料品种 2. 石料规格 3. 厚度			1. 清理下承面 2. 拌和、运输 3. 摊铺、整型 4. 压实
040203006	沥青混凝土	1. 沥青品种 2. 沥青混凝土种类 3. 石料粒径 4. 掺和料 5. 厚度			
040203007	水泥混凝土	1. 混凝土强度等级 2. 掺和料 3. 厚度 4. 嵌缝材料			1. 模板制作、安装、拆除 2. 混凝土拌和、运输、浇筑 3. 拉毛 4. 压痕或刻防滑槽 5. 伸缝 6. 缩缝 7. 锯缝、嵌缝 8. 路面养护
040203008	块料面层	1. 块料品种、规格 2. 垫层：材料品种、厚度、强度等级 3. 垫层厚度 4. 强度			1. 铺筑垫层 2. 铺砌块料 3. 嵌缝、勾缝
040203009	弹性面层	1. 材料品种 2. 厚度			1. 配料 2. 铺贴

3.4.3 道路面层清单报价

1)道路面层工程量计算

①水泥混凝土路面以平口为准,如设计为企口时,其用工量按本定额相应项目乘以系数 1.01。木材摊销量按本定额相应项目摊销量乘以系数 1.051。

②道路路面工程量为"设计长×设计宽－两侧路沿面积",不扣除各类井所占面积,单位以"m²"计算。

③水泥混凝土路面养生与路面面积一样。

④伸缩缝以面积为计量单位。此面积为缝的断面积,即"设计宽×设计厚"。

⑤交路口面积计算,交叉口转角面积计算公式如下:

a.路正交时路口转角面积计算(图 3.14):$F=0.214\ 6R^2$。人行道板、异型彩色花砖安砌面积计算按实铺面积计算。

b.道路斜交时路口转角面积计算(图 3.15):$F=R^2[\tan\alpha/2-0.008\ 73\alpha](\alpha$ 以角度计)。

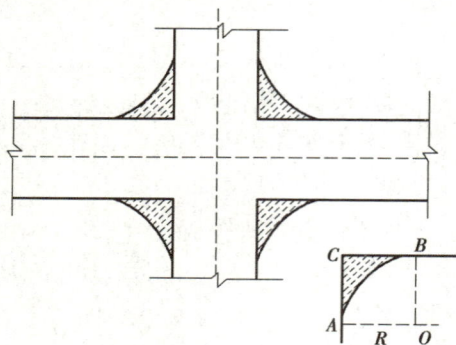

图 3.14 道路正交示意

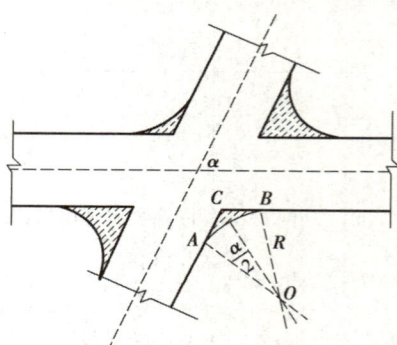

图 3.15 道路斜交示意

2)道路面层定额应用

①本定额包括简易路面,沥青表面处治,沥青混凝土路面及水泥混凝土路面等子目。

②水泥混凝土路面,综合考虑了前台的运输工具不同所影响的工效及有筋无筋等不同的工效。施工中无论有筋无筋及出料机具如何均不换算。水泥混凝土路面中未包括钢筋用量。如设计有筋时,套用水泥混凝土路面钢筋制作项目。

③水泥混凝土路面均按现场搅拌机搅拌。如实际采用预拌混凝土,则按总说明中的计算方法计算。

学习单元 3.5　人行道及其他附属工程清单计价

3.5.1　人行道及其他附属工程清单编制

1)人行道及其他

人行道及其他工程量清单项目设置、项目特征描述的内容、计量单位及工程量计算规则，应按表 3.5 规定执行。

表 3.5　人行道及其他(编码:040204,GB 50857—2013 中表 B.4)

项目编码	项目名称	项目特征	计量单位	工程量计算规则	工作内容
040204001	人行道整形碾压	1.部位 2.范围	m²	按设计人行道图示尺寸以面积计算,不扣除侧石、树池和各种井所占面积	1.放样 2.碾压
040204002	人行道块料铺设	1.材料品种、规格 2.基础、垫层:材料品种、厚度 3.图形		按设计图示尺寸以面积计算,不扣除各种井所占面积,但应侧石、树池所占面积	1.基础、垫层、铺筑 2.块料铺设
040204003	现浇混凝土人行道及进口坡	1.混凝土强度等级 2.厚度 3.垫层、基础:材料品种、厚度			1.模板制作、安装、拆除 2.垫层、基础铺筑 3.混凝土拌和、运输、浇筑
040204004	安砌侧(平、缘)石	1.材料品种、规格 2.基础、垫层:材料	m	按设计图示中心线长度计算	1.开槽 2.基础、垫层铺筑 3.侧(平、缘)石安砌
040204005	现浇侧(平、缘)石	1.材料品种 2.尺寸 3.形状 4.混凝土强度等级 5.基础、垫层:材料品种、厚度			1.模板制作、安装、拆除 2.开槽 3.基础、垫层铺筑 4.混凝土拌和、运输、浇筑

续表

项目编码	项目名称	项目特征	计量单位	工程量计算规则	工作内容
040204006	检查井升降	1. 材料品种 2. 检查井规格 3. 平均升(降)高度	座	按设计图示路面标高与原有的检查井发生正负高差的检查井的数量计算	1. 提升 2. 降低
040204007	树池砌筑	1. 材料品种、规格 2. 树池尺寸 3. 树池盖面材料品种	个	按设计图示数量计算	1. 基础、垫层铺筑 2. 树池砌筑 3. 盖面材料运输、安装
040204008	预制电缆沟铺设	1. 材料品种 2. 规格尺寸 3. 基础、垫层:材料品种、厚度 4. 盖板品种、规格	m	按设计图示中心线长度计算	1. 基础、垫层铺筑 2. 预制电缆沟安装 3. 盖板安装

2)交通管理设施

交通管理设施工程量清单项目设置、项目特征描述的内容、计量单位及工程量计算规则,应按表3.6规定执行。

表3.6 人行道及其他(编码:040205,GB 50857—2013 中表 B.5)

项目编码	项目名称	项目特征	计量单位	工程量计算规则	工作内容
040205001	人(手)孔井	1. 材料品种 2. 规格尺寸 3. 盖板材质、规格 4. 基础、垫层:材料品种、厚度	座	按设计图示数量计算	1. 基础、垫层铺筑 2. 井身砌筑 3. 勾缝(抹面) 4. 井盖安装
040205002	电缆保护管	1. 材料品种 2. 规格	m	按设计图示以长度计算	敷设

续表

项目编码	项目名称	项目特征	计量单位	工程量计算规则	工作内容
040205003	标杆	1. 类型 2. 材质 3. 规格尺寸 4. 基础、垫层：材料品种、厚度 5. 油漆品种	根	按设计图示数量计算	1. 基础垫层铺筑 2. 制作 3. 喷漆或镀锌 4. 底盘、拉盘、卡盘及杆件安装
040205004	标志板	1. 类型 2. 材质、规格尺寸 3. 板面反光膜等级	块		制作、安装
040205005	视线诱导器	1. 类型 2. 材料品种	只		安装
040205006	标线	1. 材料品种 2. 工艺 3. 线型	m²	1. 以米计量、按设计图示以长度计算 2. 以平方米计量，按设计图示尺寸以面积计算	1. 清扫 2. 放样 3. 画线 4. 护线
040205007	标记	1. 材料品种 2. 类型 3. 规格尺寸	1. 个 2. m²	1. 以个计量、按设计图示数量计算 2. 以平方米计量，按设计图示尺寸以面积计算	
040205008	横道线	1. 材料品种 2. 形式	m²	按设计图示尺寸以面积计算	
040205009	清除标线	清除方法			清除
040205010	环形检测线圈	1. 类型 2. 规格、型号	个	按设计图示数量计算	1. 安装 2. 调试
040205011	值警亭	1. 类型 2. 规格 3. 基础、垫层：材料品种、厚度	座	按设计图示数量计算	1. 基础、垫层铺筑 2. 安装

续表

项目编码	项目名称	项目特征	计量单位	工程量计算规则	工作内容
040205012	隔离护栏	1. 类型 2. 规格、型号 3. 材料品种 4. 基础、垫层：材料品种、厚度	m	按设计图示以长度计算	1. 基础、垫层铺筑 2. 制作、安装
040205013	架空走线	1. 类型 2. 规格、型号			架线
040205014	信号灯	1. 类型 2. 灯架材质、规格 3. 基础、垫层：材料品种、厚度 4. 信号灯规格、型号、组数	套	按设计图示数量计算	1. 基础、垫层铺筑 2. 灯架制作、镀锌、喷漆 3. 底盘、拉盘、卡盘及杆件安装 4. 信号灯安装、调试
040205015	设备控制机箱	1. 类型 2. 材质、规格尺寸 3. 基础、垫层：材料品种、厚度 4. 配置要求	台		1. 基础、垫层铺筑 2. 安装 3. 调试
040205016	管内配线	1. 类型 2. 材质 3. 规格、型号	m	按设计图示以长度计算	配线
040205017	防撞筒(墩)	1. 材质品种 2. 规格、型号	个	按设计图示数量计算	制作、安装
040205018	警示柱	1. 类型 2. 材料品种 3. 规格、型号	根		
040205019	减速垄	1. 材料品种 2. 规格、型号	m	按设计图示以长度计算	

续表

项目编码	项目名称	项目特征	计量单位	工程量计算规则	工作内容
040205020	监控摄像机	1. 类型 2. 规格、型号 3. 支架形式 4. 防护罩要求	台	按设计图示数量计算	1. 安装 2. 调试
040205021	数码相机	1. 规格、型号 2. 立杆材质、形式 3. 基础、垫层:材料品种、厚度	套		1. 基础、垫层铺筑 2. 安装 3. 调试
040205022	道闸机	1. 类型 2. 规格、型号 3. 基础、垫层:材料品种、厚度			
040205023	可变信息情报板	1. 类型 2. 规格、型号 3. 立(横)杆材质、形式 4. 配置要求 5. 基础、垫层:材料品种、厚度			
040205024	交通智能系统调试	系统类别	系统		系统调试

3.5.2　人行道及其他附属工程清单报价

1)人行道及其他附属工程工程量计算

①人行道板、异型彩色花砖安砌面积按实铺面积计算。

②标杆安装规格以"直径×长度"表示,以套计算。反光柱安装以"根"计算。圆形、三角形标志板安装,按作方面积套用定额,以"块"计算。减速板安装以"块"计算。视线诱导器安装以"只"计算。

③实线按设计长度计算。分界虚线规格以"线段长度×间隔长度"表示,工程量按虚线总长计算。横道线按实漆面积计算。停止线、黄格线、导流线、减让线参照横道线定额按实漆面

积计算,减让线按横道线定额人工及机械台班数量乘以系数1.05。文字标记按每个文字的整体外围作方高度计算。

④交通信号灯安装以"套"计算。

⑤管内穿线长度按内长度与余留长度之和计算。环线检测线敷设长度按实埋长度与余留长度之和计算。

⑥车行道中心隔离护栏(活动式)底座数量按实计算。机非隔离护栏分隔墩数量按实计算。机非隔离护栏的安装长度按整段护栏首尾两只分隔墩的外侧面之间的长度计算。人行道隔离护栏的安装长度按整段护栏首尾之间的长度计算。

⑦塑料管铺排长度按井中至井中以延长米计算。邮电井、电力井的长度扣除。

2)人行道及其他附属工程定额应用

①本定额以《道路交通标志与标线》(GB 5768—1999)、《上海市道路交通管理设施设置技术规程》(1994)和《上海市道路交通管理设施通用图集》为依据,并结合交通设施的施工特点及施工方法编制。

②本定额适用于道路、桥梁、隧道、广场及停车场(库)的交通管理设施工程。

③本定额包括交通标志、交通标线、交通信号设施、交通隔离设施、邮电管线等工程项目。

④本定额中未包括翻挖原有道路结构层及道路修复内容,发生时套用相关定额。

⑤管道的基础及包封参照其他分册有关子目执行。

⑥基础挖土定额适用于工井。

⑦混凝土基础定额中未包括基础下部预埋件,应另行计算。

⑧工井定额中未包括电缆管接入工井时的封头材料,应按实计算。

⑨电缆保护管辅设定额中已包括连接管数量,但未包括砂垫层,砂垫层可按设计数量套用排水管道工程的相应定额计算。

⑩交通岗位设施:值勤亭安装定额中未包括基础工程和水电安装工作内容,发生时套用相关定额另行计算。值勤亭按工厂制作、现场整体吊装考虑。

学习单元3.6 清单编制实例

【例3.4】某道路工程平面图、路面结构图如图3.16、图3.17所示。请依据施工图纸、清单计价规范等编制该项目的工程量清单。(钢筋不计)

平面图

路面结构图

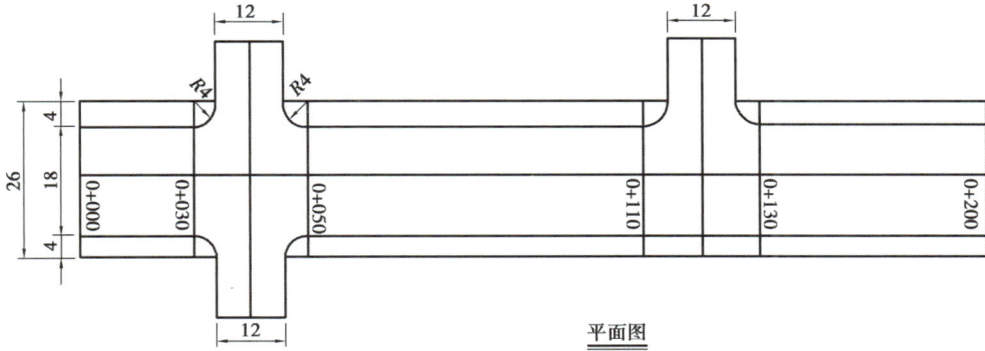

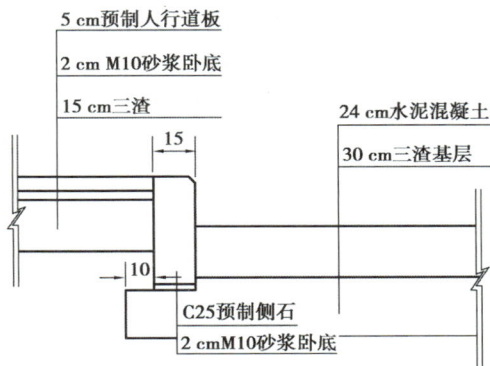

图 3.16　路面结构图

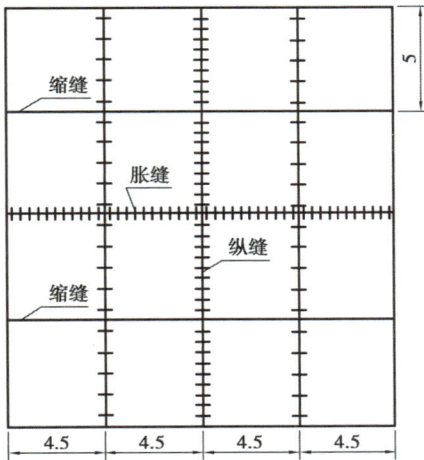

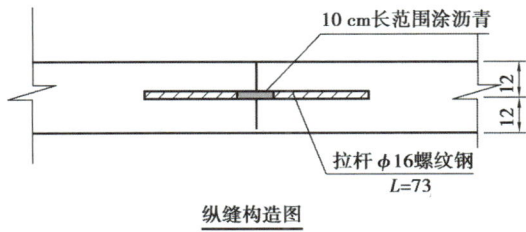

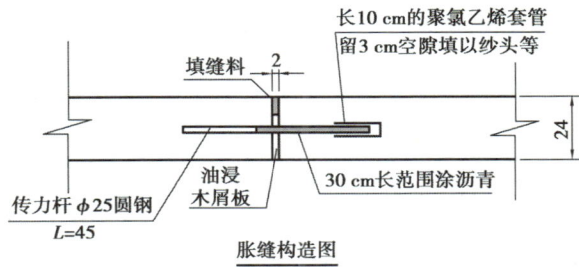

板块划分示意图

纵缝构造图

胀缝构造图

图 3.17　路面构造图

【解】(1)识图

识读道路平面图、断面图、路面结构图等。

(2)列项

①040202013001 粉煤灰三渣基层(30 cm 厚);

②040202013001 粉煤灰三渣基层(15 cm 厚);

③040203005001 水泥混凝土路面;

④040204001001 人行道块料铺设;

⑤040204003001 安砌侧石。

(3)清单工程量计算

粉煤灰三渣基层:

$S = 4\ 124.60 + 437.70 \times 0.25 = 4\ 234.03 (m^2)$(车行道下)

$S = 200 \times 4 \times 2 - 12 \times 4 \times 3 - 0.214\ 6 \times 4^2 \times 6 + 10 \times 2 \times 3 \times 4 - 437.70 \times 0.15 = 1\ 609.70 (m^2)$(人行道下)

水泥混凝土路面:

$S = 200 \times 18 + 12 \times (10 + 4) \times 3 + 0.214\ 6 \times 4^2 \times 6 = 4\ 124.60 (m^2)$

人行道块料铺设:

$S = 200 \times 4 \times 2 - 12 \times 4 \times 3 - 0.214\ 6 \times 4^2 \times 6 + 10 \times 2 \times 3 \times 4 - 437.70 \times 0.15 = 1\ 609.70 (m^2)$

安砌侧石:

$L = 200 \times 2 - (12 + 4 \times 2) \times 3 + 1.5 \times 2 \times \pi \times 4 + 10 \times 6 = 437.70 (m)$

(4)编制清单(见表3.7)

表 3.7 分部分项工程量清单

工程名称:某城市道路—道路工程

序号	项目编码	项目名称	项目特征	计量单位	工程数量
1	040202014001	粉煤灰三渣基层	厚度:30 cm,车行道下 配合比:按设计	m²	4 234.03
2	040202014002	粉煤灰三渣基层	厚度:15 cm,人行道下 配合比:按设计	m²	1 609.70
3	040203007001	水泥混凝土路面	混凝土强度等级:抗折4.0 MPa 厚度:24 cm	m²	4 124.6
4	040204002001	人行道块料铺设	材质:5 cm 厚预制人行道板 垫层:2 cm M10 砂浆	m²	1 609.70
5	040204004001	安砌侧石	材料:C25 预制混凝土侧石 尺寸:37 cm×15 cm×100 cm 垫层:2 cm M10 砂浆	m	437.70

【例3.5】某道路修筑桩号为0+050至0+550,路面宽度为10 m,路肩各宽0.5 m,土质为三类土,填方要求密实度达到93%(10 t震动压路机碾压),道路挖土3 980 m³,填方2 080 m³。施工采用1 m³反铲挖掘机挖三类土(不装车);土方平衡挖、填土方场内运输50 m(75 kW推土机推土)不考虑机械进退场;余方弃置拟用人工装土,自卸汽车(8 t)运输3 km;路床碾压按路面宽度每边加30 cm。根据上述情况,进行道路土方工程工程量清单分部分项计价。(人、材、机价格及费率标准依据2014江苏省市政工程计价定额,不调整)

【解】计算和分析详见表3.8—表3.11。

表3.8　工程量计算表

序号	子目名称	计算公式	单位	数量	备注
1	挖一般土方(三类土)	题中给定	m³	3 980	清单工程量
	1 m³反铲挖掘机Ⅲ类土(不装车)	题中给定	m³	3 980	计价定额工程量
	土方场内运输60 m(一二类土)	题中给定	m³	3 980	计价定额工程量
2	填方(密实度93%)	题中给定	m³	2 080	
3	余方弃置	3 980−2 080×1.15	m³	1 588	清单工程量
	余方弃置	3 980−2 080×1.15	m³	1 588	计价定额工程量

表3.9　工程量清单综合单价分析表

项目编码	040101001001	项目名称	挖一般土方	计量单位	m³	清单工程量	3 980

清单综合单价组成明细					
定额编号	名称	单位	计价定额工程量	基价	合价
1-222	1 m³反铲挖掘机挖三类土(不装车)	1 000 m³	3.98	6 356.58	25 299.19
1-77	75 kW推土机推土 50 m	1 000 m³	3.98	6 246.25	24 860.08
计价表合价汇总(元)					50 159.27
清单项目综合单价(元)					12.60

表3.10　工程量清单综合单价分析表

项目编码	040103001001	项目名称	回填方	计量单位	m³	清单工程量	2 080
清单综合单价组成明细							
定额编号	名称		单位	计价定额工程量	基价		合价
1-376	振动压路机填土碾压		1 000 m³	2.08	4 581.48		9 529.48
计价表合价汇总(元)							9 529.48
清单项目综合单价(元)							4.58

表3.11　工程量清单综合单价分析表

项目编码	040103002001	项目名称	余方弃置	计量单位	m³	清单工程量	1 588
清单综合单价组成明细							
定额编号	名称		单位	计价定额工程量	基价		合价
1-1	人工挖一、二类土		100 m³	15.88	1 485.35		23 587.36
1-279	自卸汽车(8 t以内)运土3 km		1 000 m³	1.588	14 032.78		22 284.05
计价表合价汇总(元)							45 871.41
清单项目综合单价(元)							28.89

【例3.6】工程描述:中山路为新建城市道路次干道,设计路段桩号K0+000～K0+260,道路起点位于斜交十字交叉口。道路横断面采用双幅路形式,红线宽度42 m,在桩号K0+060～K0+240设有4 m宽的中间分隔带,两侧人行道处共设树池42个。具体布置详见图3.18。人行道及行车道路面构造详见图3.19。

有关施工方案说明:

①全线均为挖方路段二类土,采用机械挖土,余土直接装车外运,运距5 km,挖土体积为1 627.27 m³。

②施工机械中的大型机械有:履带式挖掘机和履带式推土机各1台,压路机2台。

③粉煤灰三土渣基层采用沥青摊铺机摊铺,施工时两侧立侧模,稳定层顶层采用养护毯养生。

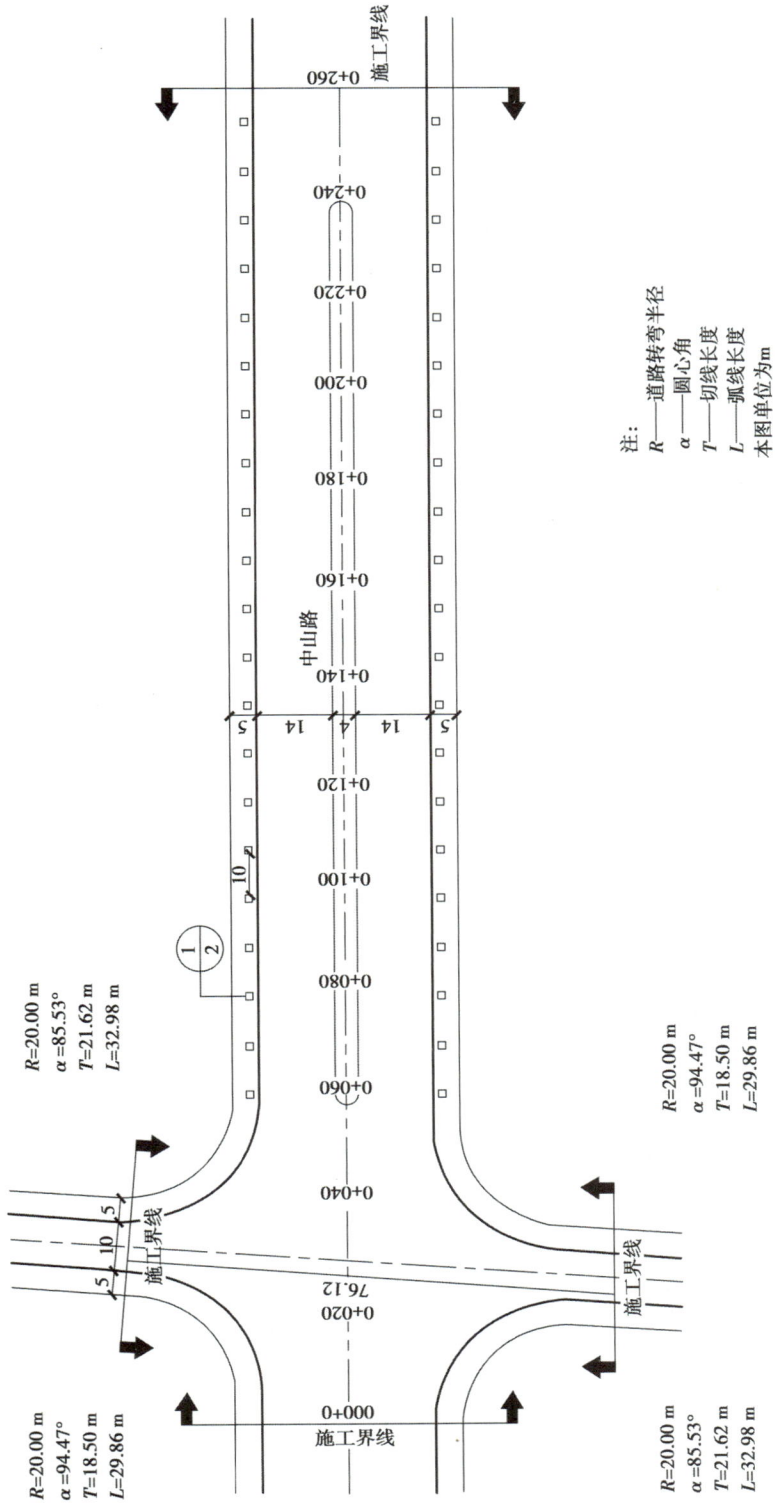

图 3.18　道路平面图

注：
R——道路转弯半径
α——圆心角
T——切线长度
L——弧线长度
本图单位为 m

$R = 20.00$ m
$\alpha = 85.53°$
$T = 21.62$ m
$L = 32.98$ m

$R = 20.00$ m
$\alpha = 94.47°$
$T = 18.50$ m
$L = 29.86$ m

$R = 20.00$ m
$\alpha = 94.47°$
$T = 18.50$ m
$L = 29.86$ m

$R = 20.00$ m
$\alpha = 85.53°$
$T = 21.62$ m
$L = 32.98$ m

施工界线

中山路

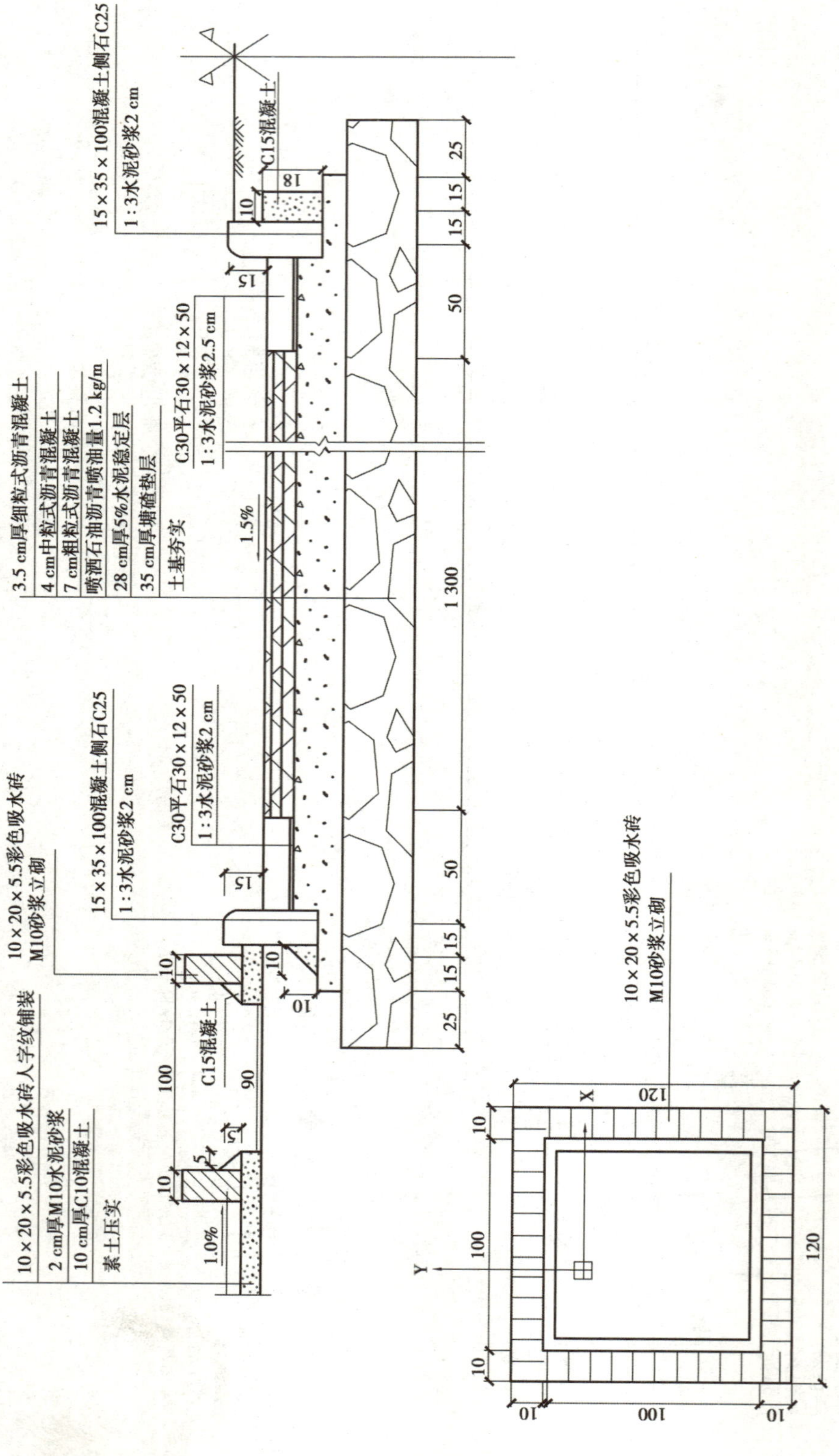

图 3.19　道路结构图

注：本图单位为mm

④在稳定层与粗粒式沥青混凝土之间喷洒透层油,设计石油沥青用油量 1.2 kg/m²。

⑤水泥混凝土、水泥稳定碎石均在施工搅拌站集中搅拌,搅拌站设桩号 K0+100 处;混凝土、砂浆直接在施工点搅拌,采用机动翻斗车运输。

⑥沥青混凝土、粉煤灰三渣、人行道吸水砖以及平、侧石均按成品考虑。

试根据以上条件按工料计价法计算道路工程的工程量。

【解】根据图纸计算基本数据如下:

(1)混凝土侧石长度

道路人行道侧石:

$$L_{人行道} = (260-18.50-21.62-10/\sin 85.53° +29.86+32.98+3.9)×2 = 553.18(\text{m}^2)$$

中央分隔带侧石:

$$L_{分隔带} = (180-4)×2+3.14×4 = 364.56(\text{m})$$

(2)道路面积

主线直线面积:

$$S_{主线} = 260×32 = 8\ 320(\text{m}^2)$$

交叉线增加面积:

$$S_{交叉口} = [20×(\tan 85.53°/2-0.008\ 73×85.53°)+20^2×(\tan 94.47°/2-$$
$$0.008\ 73×94.47°)]×2+(76.12-32/\sin 85.53°)×10 = 809.17(\text{m}^2)$$

式中,76.12 m 为交叉口中心线斜长。

扣分隔带面积:

$$S_{分隔带} = (180-4)×4+3.14×2 = 716.57(\text{m}^2)$$

道路面积合计:

$$8\ 320+809.17+716.57 = 8\ 412.60(\text{m}^2)$$

(3)人行道面积

人行道面积(含侧石):

$$S_{人行道} = 553.18×5 = 2\ 765.90(\text{m}^2)$$

扣池树面积:

$$S_{树池} = 1.2×1.2×42 = 60.48(\text{m}^2)$$

人行道面积合计:

$$S = 2\ 765.90-60.48 = 2\ 705.42(\text{m}^2)$$

工程量计算见表 3.12。

表 3.12　工程量计算

工程名称:中山路道路工程

序号	工程项目名称	单位	计算公式	数量
1	挖掘机挖土装车一、二类土	m³	已知条件	1 627.27
2	自卸汽车运土方运距 5 km 内	m³	已知条件	1 627.27

续表

序号	工程项目名称	单位	计算公式	数量
3	路床碾压检验	m²	8 412.60+(553.18+364.56)×0.8	9 146.79
4	人机配合铺装塘碴底层厚度 35 cm	m²	8 412.60+(553.18+364.56)×0.55	8 917.36
5	沥青混凝土摊铺机摊铺粉煤灰三渣基层厚度 28 cm	m²	8 412.60+(553.18+364.56)×0.3×0.205/0.28	8 614.18
6	粉煤灰三渣基层模板	m²	(553.18+364.56)×0.28	256.97
7	粉煤灰三渣基层模板	m²	8 412.60+(553.18+364.56)×0.3	8 687.92
8	粉煤灰三渣基层喷洒石油沥青透层	m²	8 412.60−(553.18+364.56)×0.5	7 963.7
9	机械摊铺粗粒式沥青混凝土路面厚7 cm	m²	7 963.7	7 963.7
10	机械摊铺中粒式沥青混凝土路面厚4 cm	m²	7 963.7	7 963.7
11	机械摊铺细粒式沥青混凝土路面厚3.5 cm	m²	7 963.7	7 963.7
12	人行道整形碾压	m²	2 765.90+553.18×0.25	2 904.2
13	现拌 C10 混凝土人行道基础厚度 10 cm	m²	2 765.90−0.9×0.9×42−553.18×0.15	2 648.90
14	彩色吸水砖人行道板人字纹安砌 M10 水泥砂浆垫层厚度 2 cm	m²	2 765.90−60.48−553.18×0.15	2 622.44
15	人工铺装侧平石 C15 混凝土靠背	m³	553.18×0.1×0.1/2+364.56×0.18×0.1+0.95×4×0.05×0.05/2×42	9.53
16	人工铺装侧平石 M10 水泥砂浆黏结层	m³	(553.18+364.56)×0.025×0.5+(553.18+364.56)×0.02×0.15+(1.2×1.2−0.9×0.9)×42×0.02	14.754
17	混凝土侧石安砌	m	553.18+364.56	917.74
18	混凝土平石安砌	m	553.18+364.56	917.74
19	彩色吸水砖立砌树池水泥砂浆 M10	m	1.1×4×42	184.80
20	机动翻斗车场内运水泥混凝土运距 130 m	m³	9.53+2 648.90×0.1	274.42
21	履带式挖掘机 1 m³ 以内场外运输费用	次	1	1
22	履带式推土机 90 kW 以内场外运输费用	次	1	1
23	压路机场外运输费用	次	2	2

【例3.7】某道路工程桩号自 K0+030～K1+080,车行道宽 10 m,设计路面结构为:4 cm 细粒式沥青混凝土(Sup-13)+6 cm 粗粒式沥青混凝土(Sup-25)+20 cm 二灰碎石(配合比为石灰:粉煤灰:碎石=6:12:82)+20 cm12% 灰土,节点大样如图3.20所示。

已知:设计要求 Sup 沥青混合料使用 AH-70 石油沥青,其余使用乳化沥青;招标文件要求

为:灰土使用商品料,下面层沥青完成后招标人即使用该道路工程,两个月后再实施上面层;路基及绿化带土方不考虑。试计算该道路工程计价定额工程量及清单工程量并编制分部分项工程量清单。

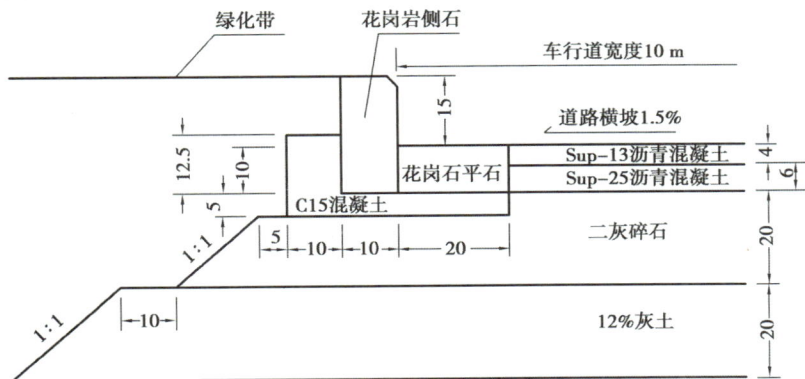

图 3.20 某道路节点大样图

【解】工程量计算见表 3.13,分部分项工程量清单与计价见表 3.14。

表 3.13 工程量计算表

序号	子目名称	计算公式	单位	数量
一	定额工程量			
1	4 cm 细粒式沥青混凝土(Sup-13)	(10−0.2×2)×1 050	m²	10 080.00
2	粘层油	(10−0.2×2)×1 050	m²	10 080.00
3	6 cm 粗粒式沥青混凝土(Sup-25)	(10−0.2×2)×1 050	m²	10 080.00
4	透层油	(10−0.2×2)×1 050	m²	10 080.00
5	20 cm 二灰碎石	顶宽:10+(0.1+0.1−0.05−0.05×1)×2=10.4	m	
		底宽:10+(0.1+0.1+0.05+0.15)×2=10.8	m	
		面积:(10.4+10.8)/2×1 050	m²	11 130.00
6	二灰碎石养生	10.4×1 050	m²	10 920.00
7	20 cm12% 灰土	顶宽:10.8+0.1×2=11	m	
		底宽:11+0.2×2=11.4	m	
		面积:(11+11.4)/2×1 050	m²	11 760.00
8	灰土顶面养生	11×1 050	m²	11 550.00
9	25 cm×10 cm 花岗岩侧石	1 050×2	m	2 100.00
10	20 cm×10 cm 花岗岩平石	1 050×2	m	2 100.00
11	C15 混凝土基础及靠背	(0.1×0.125+0.05×0.4)×1 050×2	m³	68.25
12	整理路床	11.4×1 050	m²	11 970.00

续表

序号	子目名称	计算公式	单位	数量
13	模板	0.175×1 050×2	m²	367.50
二	清单工程量			
1	20 cm12% 灰土	(11+11.4)/2×1 050	m²	11 760.00
2	20 cm 二灰碎石	(10.4+10.8)/2×1 050	m²	11 130.00
3	透层油	(10−0.2×2)×1 050	m²	10 080.00
4	6 cm 粗粒式沥青混凝土(Sup-25)	(10−0.2×2)×1 050	m²	10 080.00
5	粘层油	(10−0.2×2)×1 050	m²	10 080.00
6	4 cm 细粒式沥青混凝土(Sup-13)	(10−0.2×2)×1 050	m²	10 080.00
7	花岗岩侧平石	1 050×2	m	2 100.00
8	整理路床	11.4×1 050	m²	11 970.00

表 3.14 分部分项工程量清单与计价表

序号	项目编码	项目名称	项目特征	计量单位	工程数量
1	040202001001	路床整形	1.车行道	m²	11 970.00
2	040202002001	石灰稳定土	1.含灰量:12% 2.厚度:20 cm	m²	11 760.00
3	040202006001	石灰、粉煤灰、碎石	1.配合比:6:12:82 2.厚度:20 cm	m²	11 130.00
4	0402030030001	粘层	1.材料品种:乳化沥青	m²	10 080.00
5	0402030030002	透层	1.材料品种:乳化沥青	m²	10 080.00
6	040203006001	沥青混凝土	1.沥青品种:AH-70 石油沥青 2.沥青混凝土种类:细粒式沥青混凝土(Sup-13) 3.厚度:4 cm	m²	10 080.00
7	040203006002	沥青混凝土	1.沥青品种:AH-70 石油沥青 2.沥青混凝土种类:粗粒式沥青混凝土(Sup-25) 3.厚度:6 cm	m²	10 080.00
8	040204004001	安砌侧平石	1.材料品种:花岗岩 2.混凝土强度等级:C15	m	2 100

【例 3.8】某道路工程桩号自 0+500 ~ 1+500 处,机动车道采用 C30 水泥混凝土路面,板面刻痕。路面结构见图 3.21。假设混凝土板按 4 m×5 m 分块,每隔 250 m 设置一条沥青木板伸缝,其余横缝为缩缝,机械锯缝深 5 cm,采用沥青玛瑞脂嵌缝;构造钢筋 18 t,钢筋网 2.4 t;混

凝土为集中搅拌非泵送混凝土,混凝土运输费不计;草袋养生。试计算该项工程水泥混凝土路面部分的综合单价。(人、材、机价格及费率标准依据 2004 年江苏省市政工程计价表,不调整)

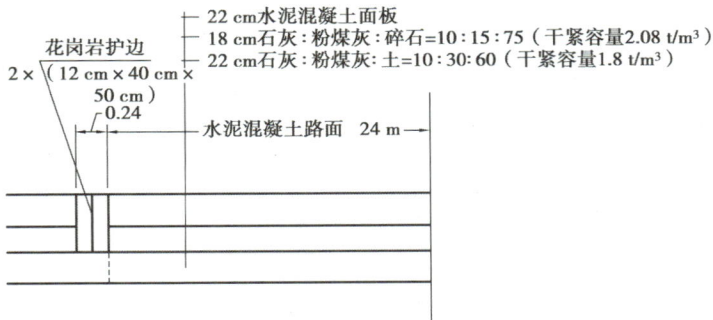

图 3.21　路面结构断面示意图

【解】工程量计算见表 3.15,工程量清单综合单价分析见表 3.16。

表 3.15　工程量计算表

序号	子目名称	计算公式	单位	数量
1	水泥混凝土路面	1 000×24	m²	24 000
2	锯缝	[(1 000/5)−1−3]×24	m	4 704
3	缩缝	4 704×0.05	m²	235.2
4	伸缝	[(1 000/250)−1]×24×0.22	m²	15.84
5	路面刻痕	1 000×24	m²	24 000
6	钢筋构造筋		t	18
7	钢筋网		t	2.4
8	草袋养生	1 000×24	m²	24 000
9	模板(措施费)	1 000×(6+1)+3×24	m²	7 072

表 3.16　工程量清单综合单价分析表

项目编码	040203007001	项目名称	水泥混凝土面层	计量单位	m²	清单工程量	24 000
清单综合单价组成明细							
定额编号	名称		单位	计价定额工程量	基价	合价	
2-328 换	C30 水泥混凝土路面厚度 22 cm		100 m²	240	8 353.89	2 004 693.60	
2-340	缩缝沥青玛琋脂		10 m²	23.76	868.05	20 624.87	
2-341	锯缝机锯缝		10 延长米	475.2	111.02	52 756.70	
2-332	伸缝沥青木板		10 m²	1.584	1 043.13	1 652.32	

续表

定额编号	名称	单位	计价定额工程量	基价	合价
2-344	路面刻痕	100 m²	240	789.74	189 537.6
2-352	水泥混凝土路面钢筋构造筋	t	18	5 311.76	95 611.68
2-353	水泥混凝土路面钢筋钢筋网	t	2.4	5 482.28	13 157.47
2-346	水泥混凝土路面养生草袋养生	100 m²	240	198.31	47 594.4
计价表合价汇总(元)					2 425 628.64
清单项目综合单价(元)					101.07

技能训练

一、选择题

1.水泥混凝土路面的伸缩缝中,属于真缝的是( )。

A.胀缝 B.缩缝

C.横向施工缝 D.纵向施工缝

2.下列关于道路交通管理设施工程计量计价说法正确的是( )。(多选题)

A.混凝土基础定额中未包括基础下部预埋件,应另行计算

B.电缆保护管铺设定额中已经包括砂垫层

C.工井定额中已包括电缆管接入工井时的接头材料

D.执勤亭安装定额中已包括基础工程和水电安装工作内容

E.基础挖土定额适用于工井

3.下列关于道路交通管理设施工程量计算规则说法正确的是( )。(多选题)

A.反光柱安装以"根"计算

B.减速板安装以"块"安装

C.横道线按实漆长度计算

D.文字标记按每个文字的整体外围作方高度计算

E.圆形、三角形标志板按作方面积计算工程量

4.下列关于道路基层工程量计算的说法正确的是( )。(多选题)

A.道路基层计算不扣除各种井位所占的面积

B.道路基层计算要扣除各种井位所占的面积

C.道路基层设计截面如为梯形时,应按其截面顶面宽度计算面积

D.道路基层设计截面如为梯形时,应按其截面底面宽度计算面积

E.道路基层设计截面如为梯形时,应按其截面平均宽度计算面积

5.下列选项中属透层油的是( )。

A.桥梁混凝土搭板上喷洒的沥青

B.沥青混凝土面层的上面层与下面层间喷洒的沥青

C.道路表面处治喷洒的沥青

D.水泥稳定碎石基层上喷洒的乳化沥青

6.下列关于道路基层计量与计价说法正确的是( )。(多选题)

A.石灰土基、多合土基多层次铺筑时,其基础顶层需进行养生

B.多合土基层中,当设计配合比与定额不符时,有关的人工、材料、机械消耗量均需调整

C.定额中多合土的配合比为体积比

D.石灰土基层中的石灰均为熟石灰的消耗量

E.道路基层定额中设有"每增减"的子目,适用于压实厚度 20 cm 以内

7.某道路面结构分别为石灰土、多合土基层,底基层面积为 1 450 m²、基层多合土顶面面积为 1 400 m²,计算基层的养生面积为( )m²。

A.1 400   B.1 450   C.2 800   D.2 900

8.市政道路工程某标段土方:已知挖方数量为 2 000 m³(天然密实方),填方数量为 2 400 m³(压实方),本标段挖方可利用方量为 1 800 m³,试计算余土外运的工程量为( )m³。

A.2 000   B.200   C.1 900   D.400

9.路床(槽)整形项目的内容,包括平均厚度( )cm 以内的人工挖低、整平路床。

A.10   B.20   C.15   D.5

10.下列选项中关于粉喷桩工程量计算说法正确的是( )。

A.粉喷桩工程量按设计桩长以长度计算

B.粉喷桩工程量按设计桩长增加 0.5 m 以长度计算

C.粉喷桩工程量按设计桩长乘以设计横断面面积计算

D.粉喷桩工程量按设计桩长增加 0.5 m 乘以设计断面面积计算

11.快车道路面铺设工程量计算时,应不扣除( )的面积。

A.绿化带   B.侧石   C.检查井   D.平石

12.某道路工程长度 1 250 m,机动车道采用 22 cm 厚 C30 水泥混凝土路面,机动车道宽度 24 m,假设混凝土板按 4 m×5 m 分块,每隔 250 m 设置一条沥青木板伸缝,其余横缝为缩缝,机械锯缝深 5 cm,采用沥青玛琋脂嵌缝,试计算该道路工程横向缩缝锯缝的定额工程量为( )m。

A.5 880   B.5 904   C.5 856   D.5 832

13.请计算 100 m² 30 cm 厚石灰:粉煤灰:碎石(10:20:70)基层的综合基价为( )元/100 m²。

A.4 593.29   B.2 222.39   C.6 964.19   D.6 815.68

14.下列选项中属黏层油的是（   ）。

A.桥梁混凝土搭板上喷洒的沥青

B.沥青混凝土面层的上面层与下面层间喷洒的沥青

C.道路表面处治喷洒的沥青

D.水泥稳定碎石基层上喷洒的乳化沥青

15.人行道整形碾压应选取清单号（   ）。

A.040204001001   B.040202001001   C.040203001001   D.040204002001

16.安砌侧石的清单工程量为（   ）。

A.侧面积计算   B.中心线长度计算   C.数量计算   D.体积计算

17.石灰稳定土清单工程量计算规则为（   ）。

A.以体积计算   B.以面积计算,不扣除各类井所占面积

C.以厚度计算   D.以截面积计算

18.水泥混凝土路面组价应考虑（   ）因素选取定额。（多选题）

A.混凝土拌和   B.拉毛   C.伸缝、缩缝   D.路面养护

19.某道路工程,采用粉煤灰三渣基层,60 cm厚,6%水泥稳定碎石基层40 cm厚,水泥稳定碎石的清单编码为（   ）。

A.040202013001   B.040202006001   C.040202015001   D.040202011001

20.某道路工程长度1 250 m,机动车道采用22 cm厚C30水泥混凝土路面,机动车道宽度24 m,每隔250 m设置一条沥青木板伸缝,该道路工程沥青木板伸缝的工程量为（   ）m²。

A.21.12   B.5.28   C.25.4   D.15.84

21.石灰土基层多层铺筑时,养生面积按（   ）计算。

A.基层顶面积   B.基层底面积

C.各层面积之和   D.已含在铺筑定额子目中,不单独计算

22.某道路长度200 m,基层为二灰碎石基层,厚度20 cm,基层底宽为20.5 m,坡度1:1,计算二灰碎石的工程量为（   ）m²。

A.4 080   B.4 100   C.4 060   D.4 120

23.下列有关道路路面工程计量与计价说法正确的是（   ）。（多选题）

A.水泥混凝土路面定额中包含钢筋用量

B.水泥混凝土路面定额中未包含钢筋用量

C.定额中水泥混凝土路面均按现场搅拌机搅拌

D.定额中水泥混凝土路面均按泵送商品混凝土考虑

E.定额中水泥混凝土路面均按非泵送商品混凝土考虑

24.某段人行道单侧长480 m,宽4.5 m,人行道面层铺砌采用花岗岩,人行道一边和两端铺设路缘石,路缘石的宽度为10 cm,有边长1.2 m(外围尺寸)的正方形树池58个,则人行道花岗岩面层铺砌的定额工程量为(　　　)m²。

A.2 064　　　　　B.2 071.68　　　　　C.2 160　　　　　D.2 027.6

25.下列有关道路路面工程计量与计价的说法正确的是(　　　)。(多选题)

A.水泥混凝土路面定额以无筋为准,配有钢筋时需进行混算

B.水泥混凝土路面定额以有筋为准,设计无钢筋时需进行换算

C.水泥混凝土路面无论有筋无筋均不换算

D.水泥混凝土路面前台运输工具和出料机具不同时,需要换算

E.水泥混凝土路面出料机具不同不需要换算

二、问答题

1.在对沥青混凝土路面施工时,什么情况下要铺洒沥青黏层油?什么情况下要采用沥青透层油?

2.水泥混凝土路面施工时,横向与纵向各有哪些构造缝?构造钢筋布置有何不同?

3.某道路人行道铺设选用彩色透水砖拼花,黏结层采用3 cm厚M7.5水泥砂浆,应如何套用定额,从哪些方面考虑?

三、案例题

某道路工程桩号自0+500~1+500处,路面宽度16 m,机动车道采用C30水泥混凝土路面,厚度22 cm,板面刻痕。假设混凝土路面有200 m伸缝,缩缝1 000 m,机械锯缝深5 cm,采用沥青玛琋脂嵌缝;构造钢筋18 t,钢筋网2.4 t;混凝土为集中搅拌非泵送混凝土,混凝土运输费不计;草袋养生。试计算该项工程水泥混凝土路面部分的综合单价。

模块 4　市政给排水工程计量计价

学习目标

(1)掌握定额和清单模式下给排水工程计量与计价编制的步骤、内容、规则、方法。

(2)掌握给排水工程清单工程量的计算以及清单报价表的编制。

(3)掌握给排水工程定额工程量的套用及换算。

学习单元 4.1　排水工程基础知识

排水工程是指收集和排出人类生活污水和生产中各种废水、多余地表水和地下水(降低地下水位)的工程。排水工程通常由排水管网、污水处理厂和出水口组成。排水管网是收集和输送废水的设施,包括排水设备、检查井、管渠、水泵站等工程设施。污水处理厂是处理和利用废水的设施,包括城市及工业企业污水处理厂(站)中的各种处理构筑物等。出水口是使废水排入水体并与水体充分混合的工程设施。

4.1.1　排水管道

该部分详见本模块给水管道的相关内容。

4.1.2　排水检查井、雨水口

排水管道在管道交叉、转弯、管径变化、坡度变化处、标高变化处以及直线上每隔一定距离处,均设置了检查井以连接管道。

排水检查井按用途可分为雨水检查井、污水检查井;按结构类型通常可分为落底井、流槽井(不落底井)(图4.1),污水检查井通常为流槽井,雨水检查井通常分为落底井、流槽井;按井身材料可分为砌筑井(砖砌、石砌、混凝土预制块砌筑)、混凝土井(图4.2)、塑料井(图4.3)等;按井室平面形状可分为矩形井、圆形井、扇形井等;排水检查井还可分为定型井、非定型井。市政工程预算定额中的定型井定额是指按标准图集中的检查井规格编制的,非定型井定额适用于非标规格井,图纸单独设计。

最常见的排水检查井为矩形砖砌井(图4.4),其构造部位可分为井垫层、井底板、井室、井室盖板、井筒、井圈、井盖及井盖座。

图 4.1　流槽井

图 4.2　混凝土井

图 4.3　塑料井

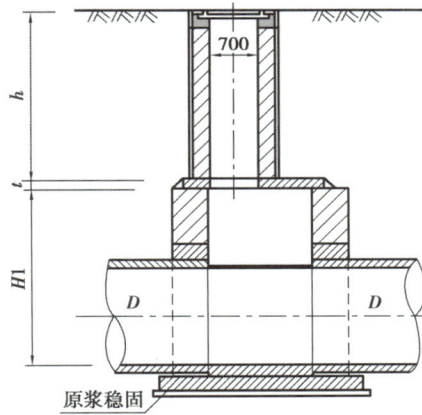

图 4.4　砖砌矩形检查井剖面图

雨水口一般设置在路侧边沟上及路边低洼地点,是雨水管道系统上收集雨水的构筑物,路面上的雨水进入雨水口后,通过雨水连接管进入雨水检查井,进入雨水管道。雨水口通常采用砖砌井身,平面形状通常为矩形,其构造部位可分为雨水口垫层(图 4.5)、底板、井身、井座、井箅及井箅座(图 4.6)。

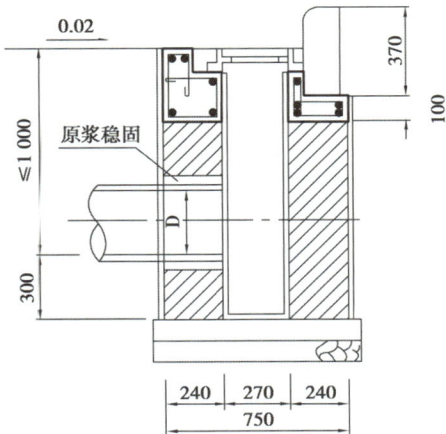

图 4.5　雨水口剖面图

图 4.6　雨水口井箅及井箅座

4.1.3　出水口

出水口是排水系统的终点构筑物,将雨水或处理后达到排放标准的污水排入河道或收纳水体。雨水出水口(图4.7)通常为非淹没式,即出水管的管底标高高于水体最高水位或常水位。污水出水口通常为淹没式,即出水管的管底标高低于水体常水位。

图4.7　出水口

出水口根据材料分为砖砌出水口、石砌出水口、混凝土出水口;根据其形式可分为一字式出水口、八字式出水口、门式出水口。

4.1.4　排水构筑物

1)排水泵站

排水泵站是一种为了提升污水、雨水、污泥的标高而修建的构筑物。其中,较常见的是污水排水泵站。

排水泵站由于深度比较大,大多采用沉井法施工。沉井是钢筋混凝土井筒状的结构物,平面形状一般为矩形(图4.8)或圆形(图4.9)。它是以井内挖土,依靠自身重力克服井壁与土体间的摩阻力后下沉到设计标高,然后进行混凝土封底。沉井的施工程序包括井筒预制、井筒挖土下沉、井筒封底。

图4.8　矩形沉井

图4.9　圆形沉井

2）污水处理构筑物

常见的污水处理构筑物分为：

①一级处理构筑物，主要有粗格栅、细格栅、沉砂池、初（预）沉池等；

②二级处理构筑物，主要有曝气池、氧化沟、二沉池、浓缩池、消化池、生物滤池、生物转盘、生物流化床等；

③三级处理构筑物，主要有消毒池等。

污水处理构筑物按其结构类型可分为砌体结构、混凝土结构、钢结构，其中混凝土结构分为现浇混凝土结构、预制拼装混凝土结构，砌体结构分为石砌、砖砌、预制块砌砖。

污水处理构筑物施工过程中，需按规范要求进行施工缝的设置和处理；污水处理构筑物施工完成后，必须进行满水试验，以检测池体渗漏水是否符合规范要求；砌体结构施工后，须进行防水的施工和处理。

3）排水构筑物的设备

排水构筑物中的专用机械设备包括格栅等拦污及提水设备（图4.10），加氯机等投药消毒处理设备，曝气机、曝气器（图4.11）、生物转盘（图4.12）等水处理设备，吸泥机、刮泥机（图4.13、图4.14）等用于排泥、排渣、除砂的机械（图4.15），脱水机等污泥脱水机械等。

图4.10　格栅机

图4.11　曝气器

图4.12　生物转盘

图4.13　中心传动刮泥机

图 4.14　周边中心传动刮泥机

图 4.15　除砂机

4.1.5　模板、钢筋、井字架、脚手架

在排水工程现浇及预制混凝土结构施工过程中,需进行模板的支设和拆除,模板可采用木模板(图 4.16)、钢模板(图 4.17)。施工中需进行钢筋的制作、运输、安装,普通钢筋需区分现浇混凝土钢筋、预制混凝土钢筋,并需区分圆钢、螺纹钢;预应力钢筋需区分先张法、后张法。排水检查井井深超过 1.5 m 可以考虑搭拆井字架(图 4.18)。排水工程砌筑或浇筑高度超过 1.2 m、抹灰高度超过 1.5 m 时,可以考虑搭拆脚手架。

图 4.16　木模板

图 4.17　钢模板

图 4.18　井字架

思政小贴士

郭明义事迹——严谨的工作为企业挽回十万美元损失

案例中郭明义严谨的工作为企业挽回十万美元损失,这不仅是其大局意识的体现,更表明了他严谨认真的工作态度,这是我们所有人应该永远坚持的本色,也是我们干好事情的重要原则。毛主席曾寄语青年:"世界上怕就怕'认真'二字,共产党就最讲认真。"中国桥、中国车、中国路等党领导人民开创的各项事业的每一步发展,都是和工作者严谨务实、严肃认真的工作作风紧密联系在一起的。在新时期我们要继承并弘扬严谨务实、严肃认真的过硬作风,这是爱岗敬业的重要表现,也是践行社会主义核心价值观的要求。严谨认真关键是要注重细节、迈稳步子、夯实根基,始终坚持严肃的态度、严格的要求、注重质量,使之成为自觉的思想观念和职业信念,切记不能心浮气躁,朝三暮四,学一门丢一门,干一行弃一行。

郭明义事迹——严谨的工作为企业挽回十万美元损失

学习单元 4.2　排水工程清单编制

4.2.1　排水管道

1)开槽施工的排水管道铺设

开槽施工的排水管道铺设清单项目通常有:混凝土管、塑料管、钢管、铸铁管。

开槽施工的排水管道铺设工程量清单项目编码、项目特征描述的内容、计量单位及工程量计算规则等按照表 4.1 规定执行。

①排水管道铺设清单工程量计算时,不需要扣除排水检查井等构筑物所占的长度。

②管道铺设的做法如为标准设计,也可在项目特征中标注标准图记号。

表 4.1　开槽管道铺设(编码 040501)
[摘自《市政工程工程量计算规范》(GB 50857—2013)]

项目编号	项目名称	项目特征	计量单位	工程量计算规则	工程内容
040501001	混凝土管	1.垫层、基础材质及厚度 2.管座材质 3.规格 4.接口形式 5.铺设深度 6.混凝土强度等级 7.管道检验及试验要求	m	按设计图示中心线长度以延长米计算,不扣除附属构筑物、管件及阀门等所占长度	1.垫层、基础铺筑及养护 2.模板制作、安装、拆除 3.混凝土拌和、运输、浇筑、养护 4.预制管枕安装 5.管道铺设 6.管道接口 7.管道检验及试验
040501002	钢管	1.垫层、基础材质及厚度 2.材质及规格 3.接口形式 4.铺设深度 5.管道检验及试验要求 6.集中防腐运距			1.垫层、基础铺筑及养护 2.模板制作、安装、拆除 3.混凝土拌和、运输、浇筑、养护 4.管道铺设 5.管道检验及试验 6.集中防腐运距
040501003	铸铁管				
040501004	塑料管	1.垫层、基础材质及厚度 2.材质及规格 3.接口形式 4.铺设深度 5.管道检验及试验要求			1.垫层、基础铺筑及养护 2.模板制作、安装、拆除 3.混凝土拌和、运输、浇筑、养护 4.管道铺设 5.管道检验及试验

注:管道铺设项目中的做法如为标准设计,也可在项目特征中标注标准图记号。

2）不开槽施工的排水管道铺设

不开槽施工的排水管道铺设清单项目通常有：水平导向钻进、顶管以及顶管工作坑。

不开槽施工的排水管道铺设工程量清单项目编码、项目特征描述的内容、计量单位及工程量计算规则等按照表4.2规定执行。

给排水管道清单编制（二）不开槽工艺

表4.2　不开槽管道铺设（编码040501）

［摘自《市政工程工程量计算规范》（GB 50857—2013）］

项目编号	项目名称	项目特征	计量单位	工程量计算规则	工程内容
040501008	水平导向钻进	1. 土壤类别 2. 材质及规格 3. 一次成孔长度 4. 接口形式 5. 泥浆要求 6. 管道检验及试验要求 7. 集中防腐运距	m	按设计图示长度以延长米计算，扣除附属构筑物（检查井）所占的长度	1. 设备安装、拆除 2. 定位、成孔 3. 管道接口 4. 拉管 5. 纠偏、监测 6. 泥浆制作、注浆 7. 管道检测及试验 8. 集中防腐运距 9. 泥浆、土方外运
040501009	夯管	1. 土壤类别 2. 材质及规格 3. 一次夯管长度 4. 接口形式 5. 管道检验及试验要求 6. 集中防腐运距			1. 设备安装、拆除 2. 定位、夯管 3. 管道接口 4. 纠偏、监测 5. 管道检测及试验 6. 集中防腐运距 7. 土方外运
040501010	顶管工作坑	1. 土壤类别 2. 工作坑平面尺寸及深度 3. 支撑、围护方式 4. 垫层、基础材质及厚度 5. 混凝土强度等级 6. 设备、工作台主要技术要求	座	按设计图示数量计算	1. 支撑、围护 2. 模板制作、安装、拆除 3. 混凝土拌和、运输、浇筑、养护 4. 工作坑内设备、工作台安装及拆除
040501011	预制混凝土工作坑	1. 土壤类别 2. 工作坑平面尺寸及深度 3. 垫层、基础材质及厚度 4. 混凝土强度等级 5. 设备、工作台主要技术要求 6. 混凝土构件运距			1. 混凝土工作坑制作 2. 下沉、定位 3. 模板制作、安装、拆除 4. 混凝土拌和、运输、浇筑、养护 5. 工作坑内设备、工作台安装及拆除 6. 混凝土构件运输

续表

项目编号	项目名称	项目特征	计量单位	工程量计算规则	工程内容
040501012	顶管	1.土壤类别 2.顶管工作方式 3.管道材质及规格 4.中继间规格 5.工具管材质及规格 6.触变泥浆要求 7.管道检验及试验要求 8.集中防腐运距	座	按设计图示长度以延长米计算;扣除附属构筑物(检查井)所占的长度	1.管道顶进 2.管道接口 3.中继间、工具管及附属设备安装拆除 4.管内挖、运土及土方提升 5.机械顶管设备调向 6.纠偏、监测 7.触变泥浆制作、注浆 8.洞口止水 9.管道检测及试验 10.集中防腐运输 11.泥浆、土方外运

4.2.2　排水管道附属构筑物

排水管道附属构筑物清单项目通常有:砌筑井、塑料检查井、混凝土井、雨水口、砌体出水口、混凝土出水口。

排水管道附属构筑物工程量清单项目编码、项目特征描述的内容、计量单位及工程量计算规则等按照表4.3规定执行。

排水管道附属构筑物为标准定型附属构筑物时,如排水检查井采用定型井时,在项目特征中应标注标准图编号及页码。

给排水管道附属构筑物清单编制

表 4.3　排水管道附属构筑物(编码040504)

[摘自《市政工程工程量计算规范》(GB 50857—2013)]

项目编号	项目名称	项目特征	计量单位	工程量计算规则	工程内容
040504001	砌筑井	1.垫层、基础材质及厚度 2.砌筑材料品种、规格、强度等级 3.勾缝、抹面要求 4.砂浆强度等级、配合比 5.混凝土强度等级 6.盖板材质、规格 7.井盖、井圈材质及规格 8.踏步材质、规格 9.防渗、防水要求	座	按设计图示数量计算	1.垫层铺筑 2.模板制作、安装、拆除 3.混凝土拌和、运输、浇筑、养护 4.砌筑、勾缝、抹面 5.井圈、井盖安装 6.盖板安装 7.踏步安装 8.防水、止水

续表

项目编号	项目名称	项目特征	计量单位	工程量计算规则	工程内容
040504002	混凝土井	1. 垫层、基础材质及厚度 2. 混凝土强度等级 3. 盖板材质、规格 4. 井盖、井圈材质及规格 5. 踏步材质、规格 6. 防渗、防水要求	座	按设计图示数量计算	1. 垫层铺筑 2. 模板制作、安装、拆除 3. 混凝土拌和、运输、浇筑、养护 4. 井圈、井盖安装 5. 盖板安装 6. 踏步安装 7. 防水、止水
040504003	塑料检查井	1. 垫层、基础材质及厚度 2. 检查井材质、规格 3. 井筒、井盖、井圈材质及规格			1. 垫层铺筑 2. 模板制作、安装、拆除 3. 混凝土拌和、运输、浇筑、养护 4. 检查井安装 5. 井筒、井圈、井盖安装
040504004	砖砌井筒	1. 井筒规格 2. 砌筑材料品种、规格 3. 砌筑、勾缝、抹面要求 4. 砂浆强度等级、配合比 5. 踏步材质、规格 6. 防渗、防水要求	m	按设计图示尺寸以延长米计算	1. 砌筑、勾缝、抹面 2. 踏步安装
040504005	预制混凝土井筒	1. 井筒规格 2. 踏步规格			1. 运输 2. 安装
040504006	砌体出水口	1. 垫层、基础材质及厚度 2. 砌筑材料品种、规格 3. 砌筑、勾缝、抹面要求 4. 砂浆强度等级及配合比	座	按设计图示数量计算	1. 垫层铺筑 2. 模板制作、安装、拆除 3. 混凝土拌和、运输、浇筑、养护 4. 砌筑、勾缝、抹面
040504007	混凝土出水口	1. 垫层、基础材质及厚度 2. 混凝土强度等级			1. 垫层铺筑 2. 模板制作、安装、拆除 3. 混凝土拌和、运输、浇筑、养护

续表

项目编号	项目名称	项目特征	计量单位	工程量计算规则	工程内容
040504008	整体化粪池	1. 材质 2. 型号、规格	座	按设计图示数量计算	安装
040504009	雨水口	1. 雨水箅子及圈口材质、型号、规格 2. 垫层、基础材质及厚度 3. 混凝土强度等级 4. 砌筑材料品种、规格 5. 砂浆强度等级及配合比			1. 垫层铺筑 2. 模板制作、安装、拆除 3. 混凝土拌和、运输、浇筑、养护 4. 砌筑、勾缝、抹面 5. 雨水箅子安装

注:管道附属构筑物为标准定型附属构筑物时,在项目特征中应标注标准图集。

4.2.3　沉井

沉井清单项目通常有:现浇混凝土沉井井壁及隔墙、沉井下沉、沉井混凝土底板、沉井内地下混凝土结构、沉井混凝土顶板。

沉井工程量清单项目编码、项目特征描述的内容、计量单位及工程量计算规则等按照表4.4规定执行。

①沉井混凝土地梁工程量应并入底板内计算。

②沉井垫层按桥涵工程相关项目编码列项。

表 4.4　水处理构筑物(编码040601)

[摘自《市政工程工程量计算规范》(GB 50857—2013)]

项目编号	项目名称	项目特征	计量单位	工程量计算规则	工程内容
040601001	现浇混凝土沉井井壁及隔墙	1. 混凝土强度等级 2. 防水、抗渗要求 3. 断面尺寸	m^3	按设计图示尺寸以体积计算	1. 垫木铺设 2. 模板制作、安装、拆除 3. 混凝土拌和、运输、浇筑 4. 养护 5. 预留孔封口

续表

项目编号	项目名称	项目特征	计量单位	工程量计算规则	工程内容
040601002	沉井下沉	1. 土壤类别 2. 断面尺寸 3. 下沉深度 4. 减阻材料种类	m³	按自然面标高至设计垫层底标高间的高度乘以沉井外壁最大断面面积,以体积计算	1. 垫木拆除 2. 挖土 3. 沉井下沉 4. 填充减阻材料 5. 余方弃置
040601003	沉井混凝土底板	1. 混凝土强度等级 2. 防水、抗渗要求			
040601004	沉井内地下混凝土结构	1. 部位 2. 混凝土强度等级 3. 防水、抗渗要求		按设计图示尺寸以体积计算	1. 模板制作、安装、拆除 2. 混凝土拌和、运输、浇筑 3. 养护
040601005	沉井混凝土顶板	1. 混凝土强度等级 2. 防水、抗渗要求			

4.2.4 污水处理构筑物

污水处理构筑物工程量清单项目编码、项目特征描述的内容、计量单位及工程量计算规则等按照表4.5规定执行。

①污水处理构筑物的垫层按桥涵工程相关项目编码列项。

②污水处理构筑物工程中建筑物应按《房屋建筑和装饰工程工程量计算规范》(GB 50854)中相关项目编码列项。

③污水处理构筑物工程中园林绿化项目应按《园林绿化工程工程量计算规范》(GB 50858)中相关项目编码列项。

表4.5　水处理构筑物(编码040601)

[摘自《市政工程工程量计算规范》(GB 50857—2013)]

项目编号	项目名称	项目特征	计量单位	工程量计算规则	工程内容
040601006	现浇混凝土池底	1. 混凝土强度等级 2. 防水、抗渗要求	m³	按设计图示尺寸以体积计算	1. 模板制作、安装、拆除 2. 混凝土拌和、运输、浇筑 3. 养护
040601007	现浇混凝土池壁(隔墙)				

续表

项目编号	项目名称	项目特征	计量单位	工程量计算规则	工程内容
040601008	现浇混凝土池柱	1. 混凝土强度等级 2. 防水、抗渗要求	m³	按设计图示尺寸以体积计算	1. 模板制作、安装、拆除 2. 混凝土拌和、运输、浇筑 3. 养护
040601009	现浇混凝土池梁				
040601010	现浇混凝土池盖板				
040601011	现浇混凝土板				
040601012	池槽	1. 混凝土强度等级 2. 防水、抗渗要求 3. 池槽断面尺寸 4. 盖板材质	m	按设计图示尺寸以长度计算	1. 模板制作、安装、拆除 2. 混凝土拌和、运输、浇筑 3. 养护 4. 盖板安装 5. 其他材料铺设
040601013	砌筑导流壁、筒	1. 砌体材料、规格 2. 断面尺寸 3. 砌筑、勾缝、抹面砂浆强度等级	m³	按设计图示尺寸以体积计算	1. 砌筑 2. 抹面 3. 勾缝
040601014	混凝土导流壁、筒	1. 混凝土强度等级 2. 防水、抗渗要求 3. 断面尺寸			1. 模板制作、安装、拆除 2. 混凝土拌和、运输、浇筑 3. 养护
040601015	混凝土楼梯	1. 结构形式 2. 底板厚度 3. 混凝土强度等级	1. m² 2. m³	1. 以平方米计量，按设计图示尺寸以水平投影面积计算 2. 以立方米计量，按设计图示尺寸以体积计算	1. 模板制作、安装、拆除 2. 混凝土拌和、运输、浇筑或预制 3. 养护 4. 楼梯安装

续表

项目编号	项目名称	项目特征	计量单位	工程量计算规则	工程内容
040601016	金属扶梯、栏杆	1. 材质 2. 规格 3. 防腐刷油材质、工艺要求	1. t 2. m	1. 以吨计量,按设计图示尺寸以质量计算 2. 以米计量,按设计图示尺寸以长度计算	1. 制作、安装 2. 除锈、防腐、刷油
040601017	其他现浇混凝土构件	1. 构件名称、规格 2. 混凝土强度等级	m³	按设计图示尺寸以体积计算	1. 模板制作、安装、拆除 2. 混凝土拌和、运输、浇筑 3. 养护
040601018	预制混凝土板	1. 图集、图纸名称 2. 构件代号、名称 3. 混凝土强度等级 4. 防水、抗渗要求	m³	按设计图示尺寸以体积计算	1. 模板制作、安装、拆除 2. 混凝土拌和、运输、浇筑 3. 养护 4. 构件安装 5. 接头灌浆 6. 砂浆制作 7. 运输
040601019	预制混凝土槽				
040601020	预制混凝土支墩				
040601021	其他预制混凝土构件	1. 部位 2. 图集、图纸名称 3. 构件代号、名称 4. 混凝土强度等级 5. 防水、抗渗要求			
040601022	滤板	1. 材质 2. 规格 3. 厚度 4. 部位	m²	按设计图示尺寸以面积计算	1. 制作 2. 安装
040601023	折板				
040601024	壁板				
040601025	滤料铺设	1. 滤料品种 2. 滤料规格	m³	按设计图示尺寸以体积计算	铺设
040601026	尼龙网板	1. 材料品种 2. 材料规格	m²	按设计图示尺寸以面积计算	1. 制作 2. 安装
040601027	刚性防水	1. 工艺要求 2. 材料品种、规格			1. 配料 2. 铺筑
040601028	柔性防水				涂、贴、粘、刷防水涂料

续表

项目编号	项目名称	项目特征	计量单位	工程量计算规则	工程内容
040601029	沉降（施工）缝	1. 材料品种 2. 沉降缝规格 3. 沉降缝部位	m	按设计图示尺寸以长度计算	铺、嵌沉降（施工）缝
040601030	井、池渗漏试验	构筑物名称	m³	按设计图示尺寸以体积计算	渗漏试验

4.2.5　污水处理（专用）设备

污水处理（专用）设备工程量清单项目编码、项目特征描述的内容、计量单位及工程量计算规则等按照表 4.6 规定执行。

污水处理的定型设备（通用设备）应按《通用安装工程工程量计算规范》（GB 50856）相关项目编码列项。

表 4.6　水处理设备（编码 040602）

［摘自《市政工程工程量计算规范》（GB 50857—2013）］

项目编号	项目名称	项目特征	计量单位	工程量计算规则	工程内容
040602001	格栅	1. 材质 2. 防腐材料 3. 规格	1. t 2. 套	1. 以吨计量，按设计图示尺寸以质量计算 2. 以套计量，按设计图示数量计算	1. 制作 2. 防腐 3. 安装
040602002	格栅除污机	1. 类型 2. 材质 3. 规格、型号 4. 参数	台	按设计图示数量计算	1. 安装 2. 无负荷试运转
040602003	滤网清污机				
040602004	压榨机				
040602005	刮砂机				
040602006	吸砂机				
040602007	刮泥机				
040602008	吸泥机				
040602009	刮吸泥机				
040602010	撇渣机				

续表

项目编号	项目名称	项目特征	计量单位	工程量计算规则	工程内容
040602011	砂(泥)水分离器	1. 类型 2. 材质 3. 规格、型号 4. 参数	台	按设计图示数量计算	1. 安装 2. 无负荷试运转
040602012	曝气机				
040602013	曝气器		个		
040602014	布气管	1. 材质 2. 直径	m	按设计图示尺寸以长度计算	1. 钻孔 2. 安装
040602015	滗水器	1. 类型 2. 材质 3. 规格、型号 4. 参数	套	按设计图示数量计算	1. 安装 2. 无负荷试运转
040602016	生物转盘				
040602017	搅拌机		台		
040602018	推进器				
040602019	加药设备		套		
040602020	加氯机				
040602021	氯吸收装置				
040602022	水射器	1. 材质 2. 公称直径	个		
040602023	管式混合器				
040602024	冲洗装置	1. 类型 2. 材质 3. 规格、型号 4. 参数	套	按设计图示数量计算	1. 安装 2. 无负荷试运转
040602025	带式压滤机				
040602026	污泥脱水机		台		
040602027	污泥浓缩机				
040602028	污泥浓缩脱水一体机				
040602029	污泥输送机				
040602030	污泥切割机				
040602031	闸门	1. 类型 2. 材质 3. 形式 4. 规格、型号	1. 座 2. t	1. 以座计量，按设计图示数量计算 2. 以吨计量，按设计图示尺寸以重量计算	1. 安装 2. 操纵装置安装 3. 调试
040602032	旋转门				
040602033	堰门				
040602034	拍门				

续表

项目编号	项目名称	项目特征	计量单位	工程量计算规则	工程内容
040602035	启闭机	1. 类型 2. 材质 3. 形式 4. 规格、型号	台	按设计图示数量计算	1. 安装 2. 操纵装置安装 3. 调试
040602036	升杆式铸铁泥阀	公称直径	座		
040602037	平底盖闸				
040602038	集水槽	1. 材质 2. 厚度 3. 形式 4. 防腐材料	m²	按设计图示尺寸以面积计算	1. 制作 2. 安装
040602039	堰板				
040602040	斜板	1. 材料品种 2. 厚度			安装
040602041	斜管	1. 斜管材料品种 2. 斜管规格	m	按设计图示以长度计算	
040602042	紫外线消毒设备	1. 类型 2. 材质 3. 规格、型号 4. 参数	套	按设计图示数量计算	1. 安装 2. 无负荷试运
040602043	臭氧消毒设备				
040602044	除臭设备				
040602045	膜处理设备				
040602046	在线水质检测设备				

学习单元 4.3   排水工程清单报价

4.3.1   报价工程量计算

1）定型混凝土管道基础及铺设

①各种角度的混凝土基础、混凝土管、塑料管铺设按井中至井中的中心扣除检查井长度，以延长米计算工程量。每座检查井扣除长度按表 4.7 计算。

表 4.7   检查井扣除长度表

[摘自《江苏省市政工程计价定额》(2014 版)]

检查井规格(mm)	扣除长度(m)	检查井规格(mm)	扣除长度(m)
ϕ700	0.4	各种矩形井	1.0
ϕ1 000	0.7	各种交汇井	1.20
ϕ1 250	0.95	各种扇形井	1.0
ϕ1 500	1.20	圆形跌水井	1.60
ϕ2 000	1.70	矩形跌水井	1.70
ϕ2 500	2.20	阶梯式跌水井	按实扣

②管道接口区分管径和做法，以实际接口个数计算工程量。
③管道闭水试验，以实际闭水长度计算，不扣各种井所占长度。
④管道出水口区分型式、材质及管径，以"处"为单位计算。

2）定型井

①各种井按不同井深、井径以座为单位计算。
②各类井的井深按井底基础以上至井盖顶计算。

3）非定型井、渠、管道基础及砌筑

①本章所列各项目的工程量均以施工图为准计算，其中：
a.砌筑按计算体积，以"10 m³"为单位计算。
b.抹灰、勾缝以"100 m²"为单位计算。
c.各种井的预制构件以实体积"m³"计算，安装以"套"为单位计算。
d.井、渠垫层，基础按实体积以"10 m³"计算。
e.沉降缝应区分材质按沉降缝的断面积或铺设长度分别以"100 m²"和"100 m"计算。

f. 各类混凝土盖板的制作按实体积以"m³"计算,安装应区分单件(块)体积,以"10 m³"计算。

②检查井筒的砌筑适用于混凝土管道井深不同的调整和方沟井筒的砌筑,区分高度以"座"为单位计算,高度与定额不同时采用每增减 0.5 m 计算。

③方沟(包括存水井)闭水试验的工程量,按实际闭水长度的用水量,以"100 m³"计算。

4)给排水构筑物

(1)沉井

沉井垫木按刃脚中心线以"100 延长米"为单位;沉井井壁及隔墙的厚度不同,如上薄下厚,可按平均厚度执行相应定额。

(2)钢筋混凝土池

①钢筋混凝土各类构件均按图示尺寸,以混凝土实体积计算,不扣除 0.3 m² 以内的孔洞体积。

②各类池盖中的进人孔、透气孔盖以及与盖相连接的结构,工程量合并在池盖中计算。

③平底池的池底体积,应包括池壁下的扩大部分;池底带有斜坡时,斜坡部分应按坡底计算;锥形底应算至壁基梁底面,无壁基梁者算至锥底坡的上口。

④池壁分别按不同厚度计算体积,如壁上薄下厚,以平均厚度计算。池壁高度应自池底板面算至池盖下面。

⑤无梁盖柱的柱高,应自池底上表面算至池盖的下表面,并包括柱座、柱帽的体积。

⑥无梁盖应包括与池壁相连的扩大部分的体积;肋形盖应包括主、次梁及盖部分的体积;球形盖应自池壁顶面以上,包括边侧梁的体积。

⑦沉淀池水槽,系指池壁上的环形溢水槽及纵横 U 形水槽,但不包括与水槽相连接的矩形梁,矩形梁可执行梁的相应项目。

(3)预制混凝土构件

①预制钢筋混凝土滤板按图示尺寸区分,厚度以"10 m³"计算,不扣除滤头套管所占体积。

②除钢筋混凝土滤板外其他预制混凝土构件均按图示尺寸以"m³"计算,不扣除 0.3 m²以内孔洞所占体积。

(4)拆板、壁板制作安装

①拆板安装区分材质均按图示尺寸以"m²"计算。

②稳流板安装区分材质不分断面均按图示长度以"延长米"计算。

(5)滤料铺设

各种滤料铺设均按设计要求的铺设平面×铺设厚度以"m³"计算,锰砂、铁矿石滤料以"10 t"计算。

（6）防水工程

①各种防水层按实铺面积，以"100 m²"计算，不扣除0.3 m²以内孔洞所占面积。

②平面与立面交接处的防水层，其上卷高度超过500 mm时，按立面防水层计算。

（7）施工缝

各种材质的施工缝填缝及盖缝均不分断面按设计缝长以"延长米"计算。

（8）井、池渗漏试验

井、池的渗漏试验区分井、池的容量范围，以"1 000 m³"水容量计算。

5）模板、钢筋、井字架工程

①现浇混凝土构件模板按构件与模板的接触面积以"m²"计算。

②预制混凝土构件模板，按构件的实体积以"m³"计算。

③砖、石拱圈的拱盔和支架均以拱盔与圈弧形接触面积计算，并执行《第三册 桥涵工程》的相应项目。

④各种材质的地模胎膜，按施工组织设计的工程量，并应包括操作等必要的宽度以"m²"计算，执行《第三册 桥涵工程》相应项目。

⑤井字架区分材质和搭设高度以"架"为单位计算，每座井计算一次。

⑥井底流槽按浇注的混凝土流槽与模板的接触面积计算。

⑦钢筋工程，应区别现浇、预制，分别按设计长度×单位重量以"t"计算。

⑧计算钢筋工程量时，设计已规定搭接长度的，按规定搭接长度计算；设计未规定搭接长度的，已包括在钢筋的损耗中，不另计算搭接长度。

⑨先张法预应力钢筋，按构件外型尺寸计算长度，后张法预应力钢筋按设计图规定的预应力钢筋预留孔道长度，并区别不同锚具，分别按下列规定计算：

a.钢筋两端采用螺杆锚具时，预应力的钢筋按预留孔道长度减0.35 m，螺杆另计。

b.钢筋一端采用镦头插片、另一端采用螺杆锚具时，预应力钢筋长度按预留孔道长度计算。

c.钢筋一端采用镦头插片、另一端采用帮条锚具时，增加0.15 m；如两端均采用帮条锚具，预应力钢筋共增加长度0.3 m。

d.采用后张混凝土自锚时，预应力钢筋共增加长度0.35 m。

⑩钢筋混凝土构件预埋铁件，按设计图示尺寸以"t"为单位计算工程量。

4.3.2 预算定额的应用

1）定型混凝土管道基础及铺设

①本章定额包括混凝土管道基础、管道铺设、管道接口、闭水试验、管道出水口，是依国家

建筑标准设计图集《市政排水管道工程及附属设施》(06MS201)计算的,适用于市政工程雨水、污水及合流混凝土排水管道工程。

②D600～D700混凝土管铺设分为人工下管和人机配合下管,D800～D2400为人机配合下管。

③如在无基础的槽内铺设管道,其人工、机械×系数1.18。

④如遇有特殊情况,必须在支撑下串管铺设,人工、机械×系数1.33。

⑤自(予)应力胶圈接口混凝土管采用给水册的相应定额项目。

⑥实际管座角度与定额不同时,采用第3章非定型管座定额项目。

企口管的膨胀水泥砂浆接口适于360°,其他接口均是按管座120°和180°列项的。如管座角度不同,按相应材质的接口做法,参照管道接口调整表(见表4.8)进行调整。

表4.8　管道接口调整表

[摘自《江苏省市政工程计价定额》(2014版)]

序号	项目名称	实做角度	调整基数或材料	调整系数
1	水泥砂浆抹带接口	90°	120°定额基价	1.330
2	水泥砂浆抹带接口	135°	120°定额基价	0.890
3	钢丝网水泥砂浆抹带接口	90°	120°定额基价	1.330
4	钢丝网水泥砂浆抹带接口	135°	120°定额基价	0.890
5	企口管膨胀水泥砂浆抹带接口	90°	定额中1:2水泥砂浆	0.750
6	企口管膨胀水泥砂浆抹带接口	120°	定额中1:2水泥砂浆	0.670
7	企口管膨胀水泥砂浆抹带接口	135°	定额中1:2水泥砂浆	0.625
8	企口管膨胀水泥砂浆抹带接口	180°	定额中1:2水泥砂浆	0.500

注:现浇混凝土外套环,变形缝接口,通用于平口、企口管。

【例4.1】平接口排水管道管径500 mm,水泥砂浆抹带接口,实做角度135°,试套用定额并确定定额基价。

【解】[6-232]:118.59×0.89＝105.55(元/10个口)

⑦定额中的钢丝网水泥砂浆接口不包括内抹口,如设计要求内抹口时,按抹口周长每100延长米增加水泥砂浆0.042 m³、人工9.22工日计算。

【例4.2】DN600钢筋混凝土平口管道(135°基础),内外抹口均为1:2.5水泥砂浆,10个口的内抹口周长为18.9 m,试套用定额并确定综合基价。

【解】[6-233]:(132.4＋0.189×9.22×74×(1＋10%＋19%))＋0.189×0.042×265.07×1.015)×0.89＝267.79(元/10个口)

⑧如工程项目的设计要求与本定额所采用的标准图集不同时,套用非定型的相应项目。

⑨定额中计列了砖砌、石砌一字式、门字式、八字式适用于D300至D2400 mm不同复土

厚度的出水口,是按《市政排水管道工程及附属设施》(06MS201)对应选用,非定型或材质不同时可套用相应项目另行计算。

【**例4.3**】某市政污水管道工程,按国标06MS201设计,φ1 000钢筋混凝土管(2 m一节),管道基础为120°混凝土基础,接口为钢丝网水泥砂浆抹带平接口(图4.19)。沟槽挖土采用1 m³反铲挖掘机挖三类土方(坑内挖土、不装车)、人机配合下管,土质为干土,不需要翻挖道路结构层。挖、填土方场内调运40 m(55 kW推土机推土),不考虑机械进退场。请按清单计价规范及江苏省市政工程计价表规则审核表中污水工程相关工程量及费用(余方弃运按1 m³反铲挖掘机装土、8 t自卸汽车、运5 km、不考虑土源费;填方密实度:93%,机械回填;每座圆形污水检查井体积暂定3.2 m³,井的直径1m、井底C15混凝土基础,直径1.60 m、厚20 cm,模板按组合木模,组织措施费不考虑)。

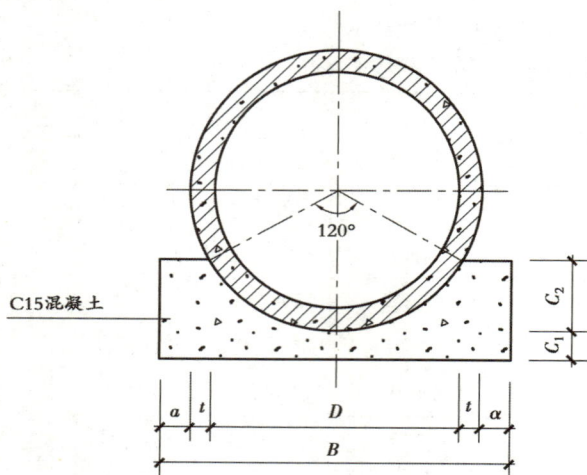

图中:管内径D=1 000 mm
管壁厚t=85 mm
管基尺寸a=128 mm
B=1 426 mm
C_1=128 mm
C_2=293 mm
基础混凝土量=0.389 m³/l

基础断面图

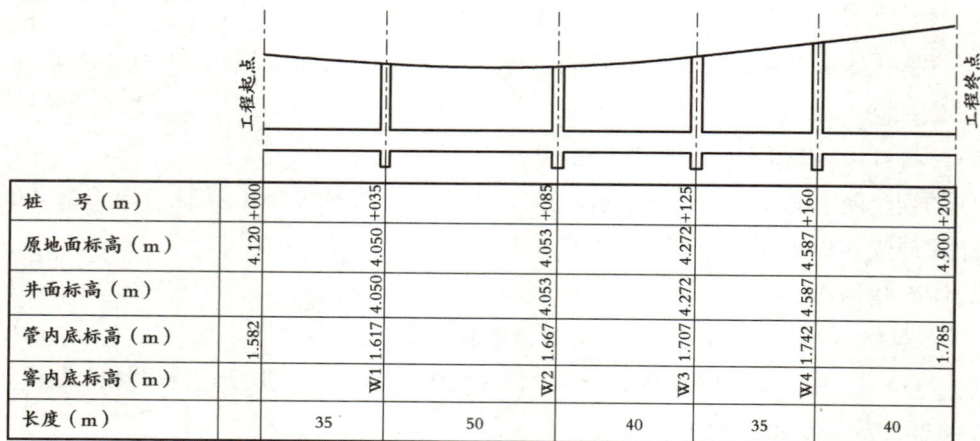

桩　　号（m）	4.120 +000	4.050 +035	4.053 +085	4.272 +125	4.587 +160	4.900 +200
原地面标高（m）	4.120	4.050	4.053	4.272	4.587	4.900
井面标高（m）		4.050	4.053	4.272	4.587	
管内底标高（m）	1.582	W1 1.617	W2 1.667	W3 1.707	W4 1.742	1.785
窨内底标高（m）		W1	W2	W3	W4	
长度（m）		35	50	40	35	40

图4.19　某市政污水管道基础断面图及相关数据

【解】计算过程见表4.9—表4.11。

表4.9　计价表工程量计算表

序号	项目名称	计算公式	单位	数量
1	机械挖三类土	1 808.86×90%	m³	1 627.97
2	人工配合挖沟槽三类土	1 808.86×10%	m³	180.89
3	沟槽土方回填	1 808.86−289.20	m³	1 519.66
4	构筑物所占体积	3.2×4+(0.575×0.575×3.141 6+0.389)×193.6	m³	289.20
5	推土机推土	1 519.66×1.15	m³	1 747.61
6	余土弃置	1 808.86−1 747.61	m³	61.25
7	混凝土基础	200−0.7×4	m	197.2
8	基础模板(措施工程量)	(0.128+0.293)×2×(200−0.7×4)	m²	166.04
9	排D1000钢筋混凝土管道	200−0.7×4	m	197.2
10	钢丝网水泥砂浆接口	34.5/2+49/2+39/2+34/2+39.5/2=17+24+19+16+19	口	95
11	管道闭水	200	m	200.00
12	污水检查井	4	座	4
13	基础模板	2×3.141 6×0.8×0.20×4	m²	4.02
14	砌井井字架	4	座	4
基础数据计算	各节点处挖方深度	起点:4.12−1.582+0.213	m	2.751
		W1 处:4.05−1.617+0.213	m	2.464
		W2 处:4.053−1.667+0.213	m	2.599
		W3 处:4.272−1.707+0.213	m	2.778
		W4 处:4.587−1.742+0.213	m	3.058
		终点:4.9−1.782+0.213	m	3.331
		管道处挖方加深0.085+0.128	m	0.213
	沟槽挖方总量 其中:	沟槽宽度1.426+0.5×2＝2.426 m	m³	1 808.86
	起点—W1 沟槽挖方	2.699×35×(2.426+2.699×0.25)×1.025	m³	300.24
	W1—W2 沟槽挖方	2.623×50×(2.426+2.623×0.25)×1.025	m³	414.28
	W2—W3 沟槽挖方	2.689×40×(2.426+689×0.25)×1.025	m³	341.58
	W3—W4 沟槽挖方	2.918×35×(2.426+2.918×0.25)×1.025	m³	330.33
	W4—终点沟槽挖方	3.195×40×(2.426+3.195×0.25)×1.025	m³	422.43

表 4.10　分部分项工程费计算表

序号	定额编号	项目(子目)名称	单位	数量	定额基价	合价
一		土石方工程				
1	1-222	反铲挖掘机(斗容量1.0 m³)不装车挖干土	1 000 m³	1.628	6 256.58	10 348.51
2	1-5×1.5	人工挖槽三类干土深度在4(m以内)	100 m³	1.809	5 441.94	9 844.47
3	1-68	55 kW 推土机推一、二类土40(m)	1 000 m³	1.809	8 362.39	15 127.56
4	1-389	填土夯实槽、坑	100 m³	15.20	1 298.67	19 739.78
5	1-68	55 kW 推土机推一、二土40(m)	1 000 m³	1.52	8 362.39	12 710.68
6	1-224	反铲挖掘机(斗容量1.0 m³)装车	1 000 m³	0.061	7 724.36	471.19
7	1-279	8 t自卸汽车、运3 km	1 000 m³	0.061	14 032.78	856.00
二		排水工程				
8	6-5	C10平接(企口)式管道基础(120°)管径(1 000 mm以内)	100 m	1.972	21 099.55	41 608.31
9	6-139	平接(企口)式人机配合下管钢筋混凝土管管径(1 000 mm以内)	100 m	1.972	34 021	67 089.41
10	6-264	1∶2.5水泥砂浆钢丝网接口(180°管基)管径(1 000 mm以内)	10 个口	9.5	443.09	4 209.36
11	6-345	管道闭水试验	100 m	2	1 156.26	2 312.52
12	6-465	M7.5水泥砂浆砖砌圆形污水检查井井径(1 000 mm),适用管径(200~600 mm),井深(2.5 m以内)	座	4	2 744.56	10 978.24

表 4.11　措施项目费计算表

序号	定额编号	子目名称	单位	数量	综合基价	合价
一		混凝土、钢筋混凝土模板及支架				
1	6-1521	现浇混凝土模板工程混凝土基础垫层木模(管座)	100 m²	1.66	4 636.73	7 696.97

续表

序号	定额编号	子目名称	单位	数量	综合基价	合价
2	6-1520	现浇混凝土模板工程混凝土基础垫层木模(井底平基)	100 m²	0.040	4 689.66	187.59
二		脚手架工程				
3	6-1631	木制井字架井深(4 m 以内)	座	4	146.85	587.4

2) 定型井

①本章包括各种定型的砖砌检查井、收水井,适用于 D700 ~ D2400 间混凝土雨水、污水及合流管道所设的检查井和收水井。

②各类国标排水检查井按《市政排水管道工程及附属设施》(06MS201)及《给排水标准图集》(1996 年版)、省标井是按《05 系列江苏省工程建设标准设计图集》(苏 S01—2004)编制的,实际设计与定额不同时,可按第 3 章相应项目另行计算。

③各类井均为砖砌或混凝土砌,如为石砌时,采用第 3 章相应项目。

④各类井均按图集计列了抹灰费用,如设计与图集不同时,可套用第 3 章的相应项目。

⑤各类井的井盖、井座、井箅均系按铸铁件计列的(省标方形井除外),如采用钢筋混凝土预制件,除扣除定额中铸铁件外应按下列规定调整:现场预制,套用第 3 章相应定额。

⑥混凝土过梁的制作与安装,当小于 0.04 m³/件时,套用第 3 章小型构件项目;当大于 0.04 m³/件时,套用本章项目。

⑦各类检查井,当井深大于 1.5 m 时,可视井深、井字架材质套用第 7 章的相应项目。

⑧如遇三通、四通井,执行非定型井项目。

3) 非定型井、渠、管道基础及砌筑

①本章定额包括非定型井、渠、管道及构筑物垫层,基础,砌筑,抹灰,混凝土构件的制作、安装,检查井筒砌筑等,适用于本册定额各章非定型的工程项目。

②本章各项目均不包括脚手架,当井深超过 1.5 m 时,套用第 7 章井字脚手架项目;砌墙高度超过 1.2 m,抹灰高度超过 1.5 m,所需脚手架套用《第一册　通用项目》相应项目。

③本章所列各项目所需模板的制、安、拆,钢筋(铁件)的加工均执行第 7 章相应项目。

④收水井的混凝土过梁制作、安装套用小型构件的相应项目。

⑤跌水井跌水部位的抹灰,按流槽抹面项目执行。

⑥混凝土枕基和管座不分角度均按相应定额执行。

⑦干砌、浆砌出水口的平坡、锥坡、翼墙按《第一册　通用项目》的相应项目执行。

⑧本章小型构件是指单件体积在 0.04 m³ 以内的构件。凡大于 0.04 m³ 的检查井过梁,执行混凝土过梁制作安装项目。

⑨拱(弧)型混凝土盖板的安装,按相应体积的矩型板定额人工、机械乘以系数 1.15 执行。

⑩定额只计列了井内抹灰的子目,如井外壁需要抹灰,砖、石井均按井内侧抹灰项目人工乘以系数 0.8,其他不变。

⑪砖砌检查井的升高,执行检查井筒砌筑相应项目,降低则执行《第一册　通用项目》拆除构筑物相应项目。

⑫石砌体均按块石考虑,如采用片石或平石时,块石与砂浆用量分别乘以系数 1.09 和 1.19,其他不变。

⑬给排水构筑物的垫层执行本章定额相应项目,其中人工乘以系数 0.87,其他不变;如构筑物池底混凝土垫层需要找坡时,其中人工不变。

⑭现浇混凝土方沟底板,采用渠(管)道基础中平基的相应项目。

【例4.4】某一雨水管道工程,管道直径采用 DN1000 钢筋混凝土Ⅱ级管,管壁厚 10 cm(图4.20)。雨水检查井设计采用 ϕ1 500 mm 雨水检查井(落底式),检查井采用砖砌非定型检查井(铸铁井盖、座),数量共 3 座,图中 $H=2.84$ m。检查井基础为 10 cm 碎石垫层、25 cm 厚 C25 混凝土,检查井考虑内外水泥砂浆粉刷,尺寸如图 4.20 所示。已知:每块 C20 预制钢筋混凝土板(井室盖板 YBF)体积为 0.33 m³,每块 C20 预制钢筋混凝土(井室上盖板 YBC)体积为 0.16 m³。预制钢筋混凝土板的钢筋和底板钢筋不考虑,井室盖板的模板不考虑。预制构件按现场预制考虑,不考虑预制构件的场内运输及地胎膜费用。砖墙洞口按竖直面,不考虑曲面因素。

①计算本工程雨水检查井的清单工程量、计价定额工程量。

②计算 ϕ1 500 mm 雨水检查井的工程量清单综合单价。

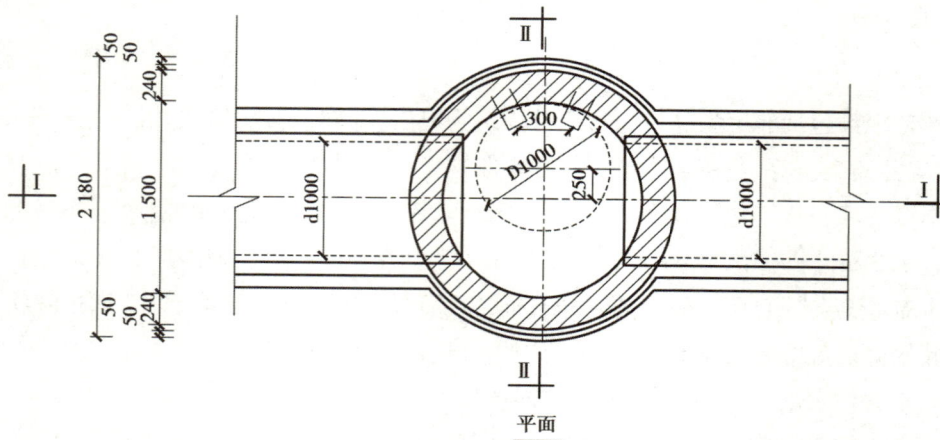

平面

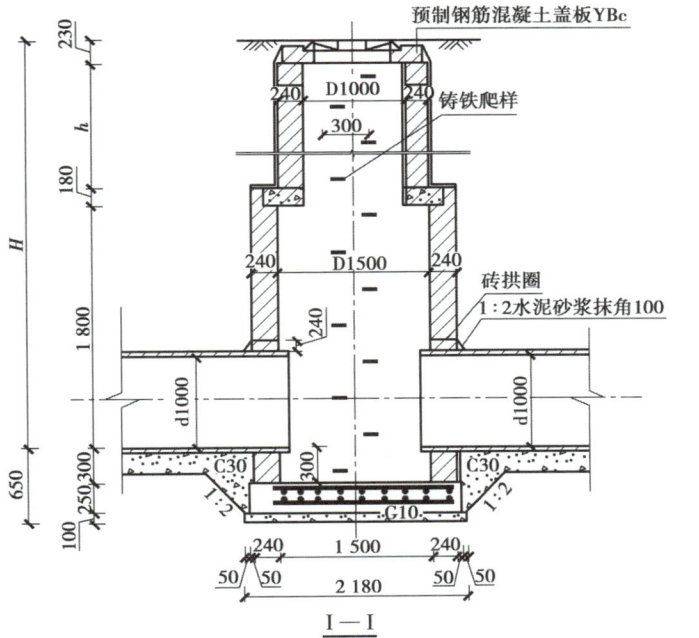

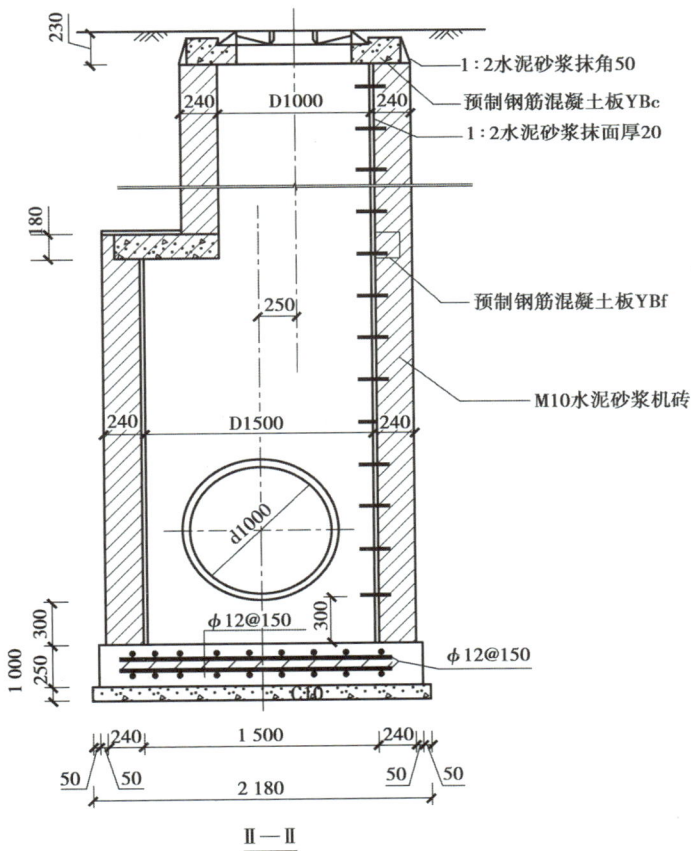

图 4.20　某雨水管道图

【解】计算过程详见表4.12和表4.13。

表4.12　工程量计算表

序号	子目名称	计算公式	单位	数量
一	清单工程量			
1	φ1 500 mm 雨水检查井	3	座	3
二	计价表工程量			
1	10 cm 碎石垫层	$V=3.14×1.09×1.09×0.1×3$	m³	1.12
2	25 cm 厚 C25 混凝土基础	$V=3.14×1.04×1.04×0.25×3$	m³	2.55
3	砖砌非定型检查井 24 砖墙	$V=(2×3.14×0.87×2.1×0.24-3.14×0.6×0.6×$ $0.24×2+3.14×0.99×0.99×0.18-3.14×0.5×0.5×$ $0.18-0.33+2×3.14×0.62×0.24×0.63)×3$ $=(2.754-0.543+0.554-0.141-0.33+0.589)×3$ $=2.883×3$	m³	8.65
4	1∶2 水泥砂浆抹面（内）	$S=(2×3.14×0.75×2.1-3.14×0.6×0.6×2+2×$ $3.14×0.5×0.81)×3=(9.891-2.261+2.543)×3$ $=10.173×3$	m³	30.52
5	1∶2 水泥砂浆抹面（外）	$S=(2×3.14×0.99×2.28-3.14×0.6×0.6×2+$ $(3.14×0.99×0.99-3.14×0.74×0.74)+$ $2×3.14×0.74×0.63)×3$ $=(14.175-2.261+1.358+2.928)×3$ $=16.2×3$	m²	48.6
6	钢筋混凝土井室盖板 预制	$V=(0.33+0.16)×1.01×3$	m³	1.48
7	钢筋混凝土井室盖板安装 （每块体积在 0.3 m³ 以内）	$V=0.16×3$	m³	0.48
8	钢筋混凝土井室盖板安装 （每块体积在 0.5 m³ 以内）	$V=0.33×3$	m³	0.99
9	雨水检查井盖框安装	3	套	3
10	现浇混凝土井基础模板	$S=2×3.14×1.04×0.25×3$	m³	4.9
11	井字脚手架井深 4 m 以内	3	座	3

表 4.13　工程量清单综合单价分析表

项目编码	040504001001		项目名称	砖砌检查井	计量单位	座	工程量	3
清单综合单价组成明细								
定额编号	工程名称		单位	工程量	基价		合价	
6-783	碎石非定型井垫层		10 m³	0.112	1 939.20		217.19	
6-785 换	C25 混凝土非定型井垫层		10 m³	0.255	4 732.27		1 206.73	
6-786 换	M10 圆形非定型井砌筑及抹灰 砖砌		10 m³	0.865	5 296.31		4 581.30	
6-793	井内侧抹灰 砖墙		100 m²	0.305 2	2 506.99		765.13	
6-793 换	井外侧抹灰 砖墙		100 m²	0.486	2 142.45		1 041.23	
6-872	钢筋混凝土盖板、过梁的预制安装 井室盖板		10 m³	0.148	5 282.64		781.83	
6-882	安装井室矩形盖板(每块体积在 0.3 m³ 以内)		10 m³	0.048	1 345.95		64.61	
6-883	安装井室矩形盖板(每块体积在 0.5 m³ 以内)		10 m³	0.099	1 157.48		114.59	
6-808	铸铁井盖、座安装		10 套	0.3	4 974.52		1 492.36	
计价表合价汇总(元)							10 264.97	
清单项目综合单价(元)							3 421.66	

4)给排水构筑物

(1)沉井

沉井工程是按深度 12 m 以内陆上排水沉井考虑的。水中沉井、陆上水冲法沉井以及离河岸边近的沉井,需要采取地基加固等特殊措施者,可执行《第四册 隧道工程》相应项目。

②沉井下沉项目中已考虑了沉井下沉的纠偏因素,但不包括压重助沉措施,若发生可另行计算。

③沉井制作不包括外渗剂,若使用外渗剂时可按当地有关规定执行。

(2)现浇钢筋混凝土池类

①池壁遇有附壁柱时,按相应柱定额项目执行,其中人工×系数 1.05,其他不变。

②池壁挑檐是指在池壁上向外出檐作走道板用;池壁牛腿是指池壁上向内出檐以承托池盖用。

③无梁盖柱包括柱帽及柱座。

④井字梁、框架梁均执行连续梁项目。

⑤混凝土池壁、柱（梁）、池盖是按在地面以上 3.6 m 以内施工考虑的,如超过 3.6 m 则按:采用卷扬机施工的,每 10 m³ 混凝土增加卷扬机(带塔)和人工见表 4.14;采用塔式起重机施工的,每 10 m³ 混凝土增加塔式起重机台班,按相应项目中搅拌机台班用量的 50% 计算。

表 4.14　每 10 m³ 混凝土增加卷扬机和人工数量

序号	项目名称	增加人工工日	增加卷扬机(带塔)台班
1	池壁、隔墙	8.7	0.59
2	柱、梁	6.1	0.39
3	池盖	6.1	0.39

⑥池盖定额项目中不包括进人孔,应按安装预算定额相应分册项目执行。

⑦格型池池壁执行直型池壁相应项目(指厚度)人工×系数 1.15,其他不变。

⑧悬空落泥斗按落泥斗相应项目人工×系数 1.4,其他不变。

（3）预制混凝土构件

①预制混凝土滤板中已包括了所设置预埋件 ABS 塑料滤头的套管用工,不得另计。

②集水槽若需留孔时,按每 10 个孔增加 0.5 个工日计。

③除混凝土滤板、铸铁滤板、支墩安装外,其他预制混凝土构件安装均执行异型构件安装项目。

（4）施工缝

①各种材质填缝的断面取定见表 4.15。

表 4.15　不同材质施工缝断面尺寸

序号	项目名称	断面尺寸
1	建筑油膏、聚氯乙烯胶泥	3 cm×2 cm
2	油浸木丝板	2.5 cm×15 cm
3	紫铜板止水带	展开宽 45 cm
4	氯丁橡胶止水带	展开宽 30 cm
5	其余	15 cm×3 cm

②如实际设计的施工缝断面与上表不同时,材料用量可以换算,其他不变。

③各项目的工作内容为:油浸麻丝,熬制沥青、调配沥青麻丝、填塞;油浸木丝板,熬制沥青、浸木丝板、嵌缝;玛蹄脂,熬制玛蹄脂、灌缝;建筑油膏、沥青砂浆,熬制油膏沥青,拌和沥青砂浆,嵌缝;贴氯丁橡胶片,清理、用乙酸乙脂洗缝,隔纸,用氯丁胶粘剂贴氯丁橡胶片,最后在氯丁橡胶片上涂胶铺砂;紫铜板止水带,铜板剪裁、焊接成型、铺设;聚氯乙烯胶泥,清缝、水泥砂浆勾缝,垫牛皮纸,熬灌聚氯乙烯胶泥;预埋止水带,止水带制作、接头及安装;铁皮盖板,平面埋木砖、钉木条、木条上钉铁皮;立面埋木砖、木砖上钉铁皮。

（5）井、池渗漏试验

①井池渗漏试验容量在 500 m³ 是指井或小型池槽。

②井、池渗漏试验注水采用电动单级离心清水泵,定额项目中已包括了泵的安装与拆除用工,不得另计。

③如构筑物池容量较大,需从一个池子向另一个池注水做渗漏试验采用潜水泵时,其台班单价可以换算,其他均不变。

(6)执行其他专业册的项目

①构筑物的垫层执行本册第3章非定型井、渠砌筑相应项目。

②构筑物混凝土项目中的钢筋、模板项目执行本册第7章相应项目。

③需要搭拆脚手架者,执行《第一册 通用项目》相应项目。

④泵站上部工程以及本章中未包括的建筑工程相应的项目应执行各地建筑工程预算定额。

⑤构筑物中的金属构件制作安装应执行《江苏省安装工程计价定额》相应册项目。

⑥构筑物的防腐、内衬工程金属面应执行《江苏省安装工程计价定额》相应项目,非金属面应执行《江苏省建筑与装饰工程预算定额》相应项目。

5)模板、钢筋、井字架工程

①本章定额包括现浇、预制混凝土工程所用不同材质模板的制、安、拆,钢筋、铁件的加工制作、拌料槽(筒),井字脚手架等项目,适用于本册及《第五册 给水工程》中的第4、5章。

②模板是分别按钢模钢撑、复合木模木撑、木模木撑区分不同材质分别列项的,其中钢模模数差部分采用木模。

③定额中现浇、预制项目中,均已包括了钢筋垫块或第一层底浆的工、料,及看模工日,套用时不得重复计算。

④预制构件模板中不包括地、胎模,须设置者,土地模可套用《第一册 通用项目》平整场地的相应项目;水泥砂浆、混凝土砖地、胎模套用《第三册 桥涵工程》的相应项目。

⑤模板安、拆以槽(坑)深3 m为准,超过3 m时,人工增加8%系数,其他不变。

⑥现浇混凝土梁、板、柱、墙的模板,支模高度是按3.6 m考虑的,超过3.6 m时,超过部分的工程量另按超高项目执行。

⑦模板的预留洞按水平投影面积计算,小于0.3 m^{2}的,圆形洞每10个增加0.72工日,方形洞每10个增加0.62工日。

⑧小型构件是指单件体积在0.04 m^{3}以内的构件;地沟盖板项目适用于单块体积在0.3 m^{3}内的矩型板;井盖项目适用于井口盖板,井室盖板按矩形板项目执行,预留口按第7条规定执行。

⑨钢筋加工定额是按现浇、预制混凝土构件、预应力钢筋分别列项的,工作内容包括加工制作、绑扎(焊接)成型、安放及浇捣混凝土时的维护用工等全部工作,除另有说明外均不允许

调整。

⑩各项目中的钢筋规格是综合计算的,子目中的"××以内"是指主筋最大规格,凡小于φ10 的构造筋均执行 φ10 以内子目。

⑪定额中非预应力钢筋加工,现浇混凝土构件是按手工绑扎,预制混凝土构件是按手工绑扎、点焊综合计算的,加工操作方法不同不予调整。

⑫钢筋加工中的钢筋接头、施工损耗,绑扎铁丝及成型点焊和接头用的焊条均已包括在定额内,不得重复计算。

⑬后张法钢筋的锚固是按钢筋绑条焊,U 形插垫编制的,如采用其他方法锚固,应另行计算。

⑭定额中已综合考虑了先张法张拉台座及其相应的夹具、承力架等合理的周转摊销费用,不得重复计算。

⑮非预应力钢筋不包括冷加工,设计要求冷加工时另行计算。

⑯构件钢筋、人工和机械增加系数见表 4.16。

表 4.16 构件钢筋、人工和机械增加系数

项目	计算基数	现浇构件钢筋		构筑物钢筋	
		小型构件	小型池槽	矩形	圆形
增加系数	人工 机械	100%	152%	25%	50%

学习单元 4.4 清单编制实例

【例 4.5】背景:本工程为一污水管道工程(图 4.21),根据给定的分部分项工程量清单和《江苏省市政工程计价定额》(2014 版)计算各分部分项的组成并写出相应定额编号。

①管材为承插式钢筋混凝土管(2 m/节);基础为 135°混凝土基础,内接口为橡胶圈接口,外接口为钢筋水泥砂浆接口,检查井为 φ1 000 污水检查井。

②土方:每座沟槽挖土方采用人工配合 1 m³ 反铲挖掘机考虑,土质类别为三类土,放坡系数 1∶0.25,工作面宽度 0.5 m/侧,用于回填的土方就地堆放,余方按 6 t 自卸车运 5 km 弃置考虑;人工回填至设计高程,电动打夯机夯实(假设设计高程=原地面高程)。

③管道需要进行闭水试验。

管径	管壁厚 T（mm）	每米管基础混凝土体积(m^3)	每米管基础碎石体积(m^3)	D1000 污水检查井外形体积(m^3)	每座检查井宽出管道基础弓型面积(m^2)	管基础宽（mm）	m（mm）
D600	60	0.182	0.093	3.5	0.72	925	15

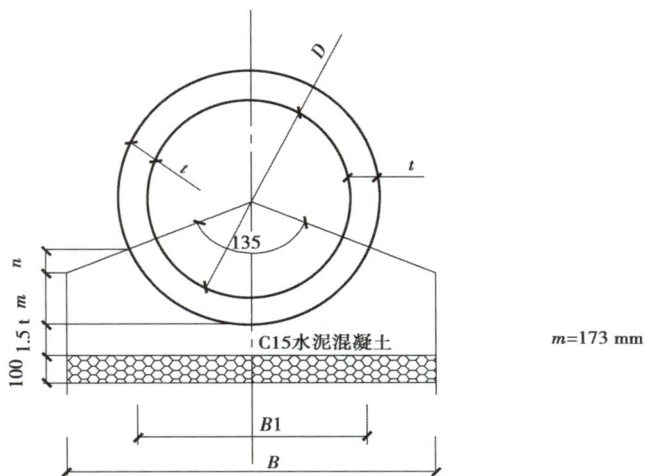

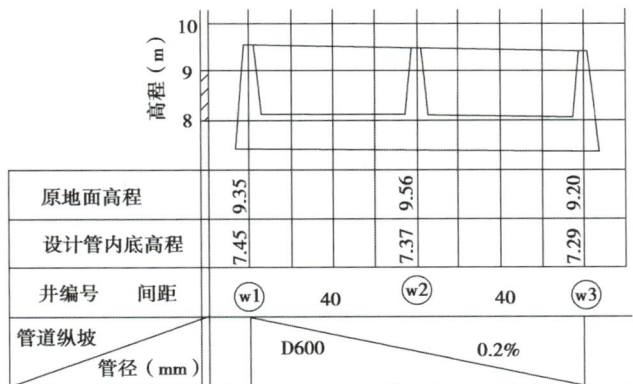

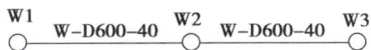

图 4.21　某污水管道断面图与相关数据图

【解】计算过程详见表 4.17 和表 4.18。

表 4.17　工程量计算

定额号	分部分项名称	单位		工程量计算式	计算结果
1	反铲挖掘机(斗容量 1.0 m³)挖三类土 不装车	1 000 m³		(0.925+0.5×2+0.25×2.25)×2.25×80×1.025×0.9/1 000	0.413
2	人工挖沟、槽土方三类土深度在 4 m 以内	100 m³		(0.925+0.5×2+0.25×2.25)×2.25×80×1.025×0.1/100	0.459
3	填土夯实槽、坑	100 m³			3.948
4		m³	总挖方土方	(0.925+0.5×2+0.25×2.25)×2.25×80×1.025	458.944
5		m³	管体积(含基础)、井体积	-((3.14×0.36×0.36+0.182+0.093)×78.6+3.5×3)	-64.101
6	自卸汽车(6 t 以内)运土运距 5 km 以内	1 000 m³			0.064
7		m³	挖方	(0.925+0.5×2+0.25×2.25)×2.25×80×1.025	458.944
8		m³	回填方	-394.84	-394.84
9	沟槽原坑底土夯实	100 m²		(0.925+0.5×2)×80/100	1.54
10	混凝土管道管径 600 mm 碎石垫层	10 m³		(80-0.7×2)×0.093/10	0.731
11	混凝土管道基础(135°)管径 600 mm	100 m		(80-0.7×2)/100	0.786
12	混凝土管安装(胶圈接口)公称直径 600 mm 以内	100 m		78.6/100	0.786
13	承插水泥砂浆接口管径 600 mm 以内	10 个口		(78.6/2-1)/10	3.83

续表

定额号	分部分项名称	单位	工程量计算式	计算结果
14	管道闭水试验管径600 mm以内	100 m	80/100	0.8
15	现浇混凝土管座 钢模	100 m²	0.24×2×78.6/100	0.272
16	砖砌圆形污水检查井井径1 000 mm适用管径200～600 mm井深2.5 m以内	座		3.000
17	木制井字架井深2 m以内	座		3.000

表4.18 分部分项工程量清单表

序号	项目编码	定额号	项目名称	单位	数量
			0401 土石方工程		
1	040101002001		挖沟槽土方	m³	166.50
			清单工程量=0.925×2.25×80(放坡和工作面宽度按各省、自治区、直辖市行业主管部门的规定实施)		
(1)		1-234	反铲挖掘机(斗容量1.0 m³)挖三类土 不装车	1 000 m³	0.41
(2)		1-9	人工挖沟、槽土方三类土深度在4 m以内	100 m³	0.46
2	040103001001		填方	m³	102.40
			清单工程量=166.50-[(3.14×0.36×0.36+0.182+0.093)×78.6+3.5×3]		
(1)		1-366	填土夯实槽、坑	100 m³	3.95
3	040103002001		余方弃置	m³	64.10
			清单工程量=166.50-102.40		
(1)		1-282	自卸汽车(6 t以内)运土运距5 km以内	1 000 m³	0.06
			0405 市政管网工程		
4	040501001001		混凝土管道铺设	m	80.00
(1)		6-77	混凝土管道基础(135°)管径600 mm	100 m	0.79
(2)		6-180	混凝土管安装公称直径600 mm以内	100 m	0.79

续表

序号	项目编码	定额号	项目名称	单位	数量
(3)		6-192 换	胶圈接口公称直径 600 mm 以内	100 m	0.79
(4)		6-333	承插水泥砂浆接口管径 600 mm 以内	10 个口	3.83
(5)		6-343	管道闭水试验管径 600 mm 以内	100 m	0.80
5	040504001001		砌筑检查井	座	3.00
(1)		6-512	砖砌圆形污水检查井井径 1 000 mm 适用管径 200~600 mm 井深 2.5 m 以内	座	3.00

【例 4.6】如图 4.22 所示，Y1-Y4-Y0′ DN400 雨水管（HDPE 双壁波纹管），采用 10 cm 砂垫层，360°砂基础（详见苏 S01-2012/96），管道接口采用胶圈接口，具体尺寸见表 4.19。雨水检查井设计采用 ϕ1 000 mm 雨水砖砌检查井，每座检查井外形体积加基础为 3 m³，数量共 4 座。管道铺设范围内原地面标高 4.30 m。土方为三类干土，假设放坡系数 m 为 0.33，挖机采用顺沟槽方向坑上作业，原土回填至原地面标高。试按《市政工程工程量计算规范》（GB 50857—2013）和《江苏省市政工程计价定额》（2014 版）计算清单工程量及定额工程量并套价（人工、机械、材料不作调整）。

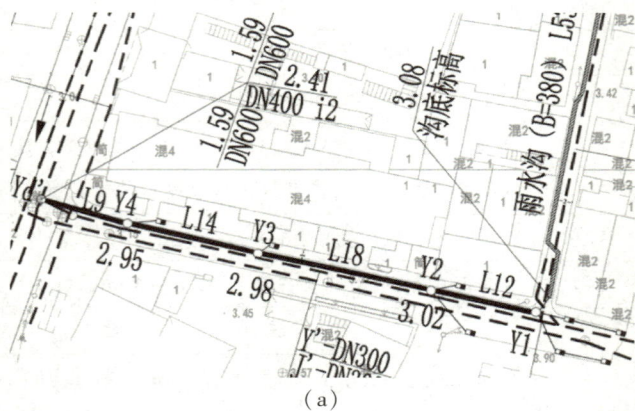

（a）

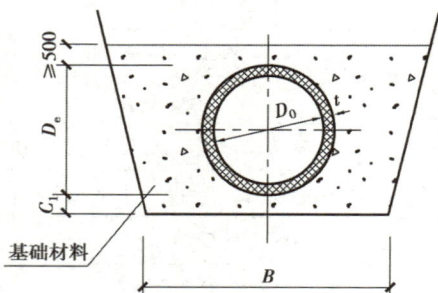

塑料管 360° 基础
（b）

图 4.22 某雨水检查井

表 4.19　HDPE 管砂石基础沟槽宽度表

管径 DN	沟槽宽度 B		
	$Hs \leqslant 3\,000$	$3\,000 \leqslant Hs \leqslant 4\,000$	$Hs \geqslant 4\,000$
150	950	—	—
200	1 000	—	—
300	1 300	1 400	1 500
400	1 400	1 500	1 600
500	1 600	1 700	1 800
600	1 700	1 800	1 900
700	1 900	2 000	2 100
800	2 000	2 100	2 200
900	2 100	2 200	2 300
1 000	2 300	2 400	2 500

注:表中沟槽宽度为有支撑沟槽宽度,放坡开挖沟槽宽度为有支撑沟槽宽度减 0.3 m。

【解】计算过程见表 4.20—表 4.22。

表 4.20　清单工程量计算表

序号	项目名称	计算公式		单位	数量
1	挖沟槽土方		26.62+22.72+28.51+18.35	m³	96.20
		其中: Y0′—Y4	挖方深度:4.3-(2.41+2.95)/2+0.04+0.1=1.76 m 沟槽宽度 B=1.4-0.3=1.1 m 沟槽挖方:(1.1×2+1.76×0.33×2)×1.76/2×9=26.62 m³		
		Y4—Y3	挖方深度:4.3-(2.95+2.98)/2+0.04+0.1=1.475 m 沟槽宽度 B=1.4-0.3=1.1 m 沟槽挖方:1.1×1.475×14=22.72 m³		
		Y3—Y2	挖方深度:4.3-(2.98+3.02)/2+0.04+0.1=1.44 m 沟槽宽度 B=1.4-0.3=1.1 m 沟槽挖方:1.1×1.44×18=28.51 m³		

续表

序号	项目名称	计算公式		单位	数量
		Y2—Y1	挖方深度:4.3-(3.02+3.08)/2+0.04+0.1=1.39 m 沟槽宽度 B=1.4-0.3=1.1 m 沟槽挖方:1.1×1.39×12=18.35 m³		
2	填方	96.20-61.27-12		m³	22.93
		砂基础体积(含管体积): 12.87+15.40+19.80+13.20=61.27 m³			
		其中 Y0'—Y4	(0.1+0.4+0.5)× (1.1×2+1.0×0.33×2)/2×9=12.87 m³		
		Y4—Y3	(0.1+0.4+0.5)×1.1×14=15.40 m³		
		Y3—Y2	(0.1+0.4+0.5)×1.1×18=19.80 m³		
		Y2—Y1	(0.1+0.4+0.5)×1.1×12=13.20 m³		
		井体积:3×4=12 m³			
3	余方弃置	96.20-22.93		m³	73.27
4	管道铺设	9+14+18+12-0.7×3		m	50.9
5	砌筑检查井	4		座	4

表 4.21　定额工程量计算表

序号	项目名称	计算公式		单位	数量
1	反铲挖掘机(斗容量 1.0 m³)挖三类土 不装车	(24.56+20.95+26.30+16.93)/1 000		1 000 m³	0.09
		其中 Y0'—Y4	(1.1×2+1.76×0.33×2)×1.76/2×9× 1.025×0.9=24.56 m³		
		Y4—Y3	1.1×1.475×14×1.025×0.9=20.95 m³		
		Y3—Y2	1.1×1.44×18×1.025×0.9=26.30 m³		
		Y2—Y1	1.1×1.39×12×1.025×0.9=16.93 m³		
2	人工挖土	(2.73+2.33+2.92+1.88)/100		100 m³	0.10
		其中 Y0'—Y4	(1.1×2+1.76×0.33×2)×1.76/2×9× 1.025×0.1=2.73 m³		
		Y4—Y3	1.1×1.475×14×1.025×0.1=2.33 m³		

续表

序号	项目名称	计算公式		单位	数量
2	人工挖土	Y3—Y2	$1.1 \times 1.44 \times 18 \times 1.025 \times 0.1 = 2.92 \ m^3$		
		Y2—Y1	$1.1 \times 1.39 \times 12 \times 1.025 \times 0.1 = 1.88 \ m^3$		
3	原土槽、坑夯实	$1.1 \times (9+14+18+12)/100$		$100 \ m^2$	0.58
4	自卸汽车(4 t 以内)运土运距5 km 以内	$(98.6-22.93)/1\ 000$		$1\ 000 \ m^3$	0.08
		挖方	$88.74+9.86 = 98.6 \ m^3$		
		回填方	$22.93 \ m^3$		
5	HDPE 双壁波纹管道管径 DN400 mm 砂垫层	$0.1 \times 1.1 \times (9+14+18+12-0.7 \times 3)/10$		$10 \ m^3$	0.56
6	HDPE 双壁波纹管铺设(胶圈接口)公称直径 400 mm 以内	$50.9/10$		10 m	5.09
7	盖板式砖砌圆形雨水检查井 井径 1 000 mm 适用管径 200~600 mm 井深 3 m 以内	4		座	4

表 4.22 分部分项工程量清单与计价表

序号	项目编码	定额号	项目名称	单位	数量	综合单价（元）	清单单价（元）
1	040101002001		挖沟槽土方	m^3	96.20		11.95
(1)		1-234	反铲挖掘机(斗容量1.0 m^3)挖三类土 不装车	$1\ 000 \ m^3$	0.09	5 348.09	
(2)		1-8×1.5	人工挖沟、槽土方三类土深度在 2 m 以内	$100 \ m^3$	0.10	6 682.97	
2	040103001001		回填方	m^3	22.93		2.66
(1)		1-58	原土槽、坑夯实	$100 \ m^2$	0.58	144.62	
3	040103002001		余方弃置	m^3	73.27		25.89
(1)		1-260	自卸汽车(4 t 以内)运土运距 5 km 以内	$1\ 000 \ m^3$	0.08	23 715.46	
4	040501001001		HDPE 双壁波纹管道铺设	m	50.9		67.63
(1)		6-823	HDPE 双壁波纹管道管径 DN400 mm 砂垫层	$10 \ m^3$	0.56	1 691.78	

续表

序号	项目编码	定额号	项目名称	单位	数量	综合单价（元）	清单单价（元）
（2）		5-104	HDPE 双壁波纹管铺设（胶圈接口）公称直径 400 mm 以内 360°砂基础	10 m	5.09	489.54	
5	040504001001		砌筑检查井	座	4		2 250.41
（1）		6-459	盖板式砖砌圆形雨水检查井 井径 1 000 mm 适用管径 200～600 mm 井深 3 m 以内	座	4	2 250.41	

学习单元4.5　给水工程基础知识

给水系统一般由取水构筑物、水处理构筑物、泵站、输水管渠和管网、调节构筑物组成。

本书只讲解给水管网部分。给水管网由管道、配件和附属设施组成，分为树状网（或枝状网）和环状网两种形式。给水管一般分为金属管和非金属管两种，其中金属管主要以铸铁管和钢管为主，铸铁管按材质可分为灰铸铁管和球墨铸铁管。灰铸铁管的特点是耐腐蚀性较强、抗冲击和抗震能力较差、质量较大、容易发生漏水。球墨铸铁管的特点是耐腐蚀性较强、抗冲击和抗震能力较差、质量较小、不易漏水。铸铁管接口有承插式和法兰式两种形式。

4.5.1　常用管材

1）铸铁管

铸铁管是给水管网及输水管道中最常用的管材。其抗腐蚀性好、经久耐用、价格较低，缺点是质脆、不耐震动和弯折、工作压力较钢管低、管壁较钢管厚，且自重较大。给水铸铁管按材质分为灰口铸铁管和球墨铸铁管。在灰口铸铁管中碳全部（或大部）不与铁呈化合物状态，而是呈游离状态的片状石墨；球墨铸铁管中碳大部分呈球状，石墨存在于铸铁中，使之具有优良的机械性能，故又可称为可延性铸铁管。由于灰口铸铁管口径较小、质地过脆，易发事故，在现阶段给水施工中已经逐渐被淘汰。球墨铸铁管具备很好的物理性能，使用寿命长，连接方便，被广泛应用在我国市政给水工程的各个领域，但由于铸造技术要求高，价格也相对比较昂贵。

（1）灰口铸铁管

灰口铸铁管（图4.23）是给水管道中常用的一种管材，与钢管比较，其价格较低、制造方便、耐腐蚀性较好，但质脆、自重大。管径以公径直径表示，其规格为DN75～DN1500，有效长度（单节）为4,5,6 m，承受压力分为低压、普压、高压三种规格。铸铁管的接口基本可分为承插式接口（图4.24）和法兰接口，不同形式接口的安装方式各不相同：

图4.23　灰口铸铁管

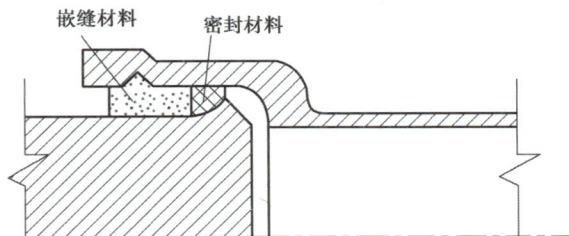

图4.24　承插式接口

①石棉水泥接口承插铸铁管安装工作内容：检查及清扫管材、切管、管道安装、调制接口材料、接口、养护。

②膨胀水泥接口，又称自应力水泥接口，其材料是自应力水泥与粒径为0.5～2.5 mm经过筛选和水洗的纯净中砂，质量配合比为水泥∶砂∶水＝1∶1∶（0.28～0.32）。自应力水泥属于膨胀水泥的一种。

膨胀水泥接口承插铸铁管安装工作内容：检查及清扫管材、切管、管道安装、调制接口材料、接口、养护。

③胶圈接口承插铸铁管安装工作内容：检查及清扫管材、切管、管道安装、上胶圈（图4.25）。

（2）球墨铸铁管

以镁或稀土镁合金球化剂在浇注前加入铁水中，使石墨球化，同时加入一定量的渣铁或渣钙合金作孕育剂，以促进石墨球化。石墨呈球状时，对铸铁基本的破坏程度减轻，应力集中也大大降低，因此球墨铸铁管具有较高的强度与延伸率。

球墨铸铁管（图4.26）采取胶圈接口，其T形推入式接口工具配套、操作简便、快速，适用于DN75～DN2000的输水管道，在国内外输水工程中广泛采用。

胶圈接口工作内容：检查及清扫管材、切管、管道安装、上胶圈。

2）钢管

钢管是给排水中运用较为广泛且较为传统的管材，其具备很强的物理性能，具有良好的抗压性和耐震性，质量相对较轻，且连接方便。但是由于造价高昂，且防腐蚀性能较差，在多数给水工程应用中已经逐渐被其他管材取代。目前钢管主要被应用于穿越桥梁、河流、震区等限制地形。

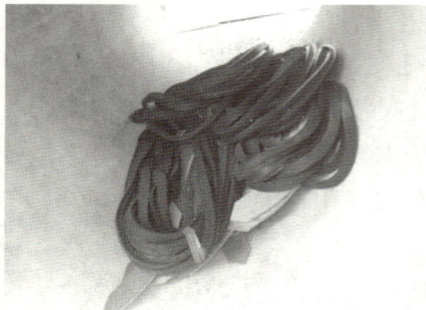

图 4.25　胶圈

图 4.26　球墨铸铁管

3）塑料管道

塑料管按制作原料的不同,分为硬聚氯乙烯管(UPVC 管),聚丙烯管(PPR 管)、聚乙烯管(PE 管)等。塑料管的共同特点是质轻、耐腐蚀性好、管内壁光滑、流体摩擦阻力小、使用寿命长。

(1)硬聚氯乙烯管(UPVC 管)

按采用的生产设备及其配方工艺,UPVC 管(图 4.27)分为给水用 UPVC 管和排水用 UPVC 管。给水用 UPVC 管的质量要求是:用于制作 UPVC 管的树脂含有已被国际医学界普遍公认的对致癌物质——聚乙烯单体不得超过 5 mg/kg;对生产工艺上所要求添加的重金属稳定剂等一些助剂,应符合相关规范的要求。管材的额定压力分三个等级:0.63,1.0,1.6 MPa。给水用硬聚氯乙烯管常用规格为 D20～D315,常用承插粘接和承插橡胶圈接口。

(2)聚丙烯管(PP-R 管)

PP-R 管是以石油炼制厂的丙烯气体为原料聚合而成的聚烃族热塑性管材,如图 4.28 所示。由于原料来源丰富,因此价格便宜。聚丙烯管是热塑性管材中材质最轻的一种管材,密度为 $0.91～0.92\ \text{g/cm}^3$,呈白色蜡状,比聚乙烯透明度高。强度、刚度和热稳定性也高于聚乙烯管。PP-R 管常用规格为 D20～D500,常采用热熔连接。

图 4.27　UPVC 管

图 4.28　PP-R 管

（3）聚乙烯管（PE管）

PE管（图4.29）单位体积质量较小（相对密度为0.925），该管具有独特的抗蠕变（冷变形）性能，故机械密封接头能保持紧密，抗拉强度在屈服极限以上时能阻止变形，使之能反复绞缠而不折断。

聚乙烯管材在温度低于80℃时，对皂类洗涤剂及很多酸类、碱类有良好的稳定性。室温时对醇类、醛类、酮类、醚类和脂类有良好的稳定性，但易受某些芳香烃类和氯化溶剂侵蚀，温度越高越显著。PE管常用规格为D20～D200，常采用热熔连接。

图4.29　PE管

4.5.2　常用法兰、螺栓及垫片

管道与阀门、管道与管道、管道与设备的连接，常采用法兰连接。采用法兰连接既有安装拆卸的灵活性，又有可靠的密封性。法兰连接是一种可拆卸的连接形式，它的应用范围很广。法兰连接包括上下法兰、垫片及螺栓螺母三部分。

1）法兰

法兰按结构形式和压力不同可分为以下几种：

（1）平焊法兰

平焊法兰是中低压工艺管道最常用的一种，如图4.30所示。平焊法兰与管子固定是将法兰套在管端，焊接法兰里口和外口，使法兰固定。平焊法兰适用于公称压力不超过2.5 MPa。

（2）对焊法兰

对焊法兰又称高颈法兰，如图4.31所示。它的强度大，不易变形，密封性能较好。对焊法兰分为以下几种形式：

①光滑式对焊法兰。其公称压力为2.5 MPa以下，规格为DN10～DN800。

②凹凸式密封面对焊法兰。由于凹凸密封严密性强，承受压力大，每副法兰的密封面必须是一个凹面、一个凸面。常用公称压力范围为4.0～16.0 MPa，规格范围为DN15～DN400 mm。

③榫槽密封面对焊法兰。这种法兰密封性能好，结构形式类似凹凸式密封面法兰，同样是一副法兰必须配套使用。公称压力为1.6～6.4 MPa，常用规格范围为DN15～DN400 mm。

④梯形槽式密封面对焊法兰。这种法兰承受压力大，常用公称压力为6.4，10.1，16.0 MPa，常用规格DN15～DN250 mm。

上述各种形式的密封对焊法兰，只是法兰密封面的形式不同，而法兰安装方法是一样的。

图 4.30　平焊法兰

图 4.31　对焊法兰

（3）管口翻边活动法兰

管口翻边活动法兰（图 4.32）多用于铜铝等有色金属及不锈钢管道。其优点是可以节省贵重金属，同时由于法兰可以自由活动，法兰穿螺丝时非常方便；缺点是不能承受较大的压力。这种法兰适用于 0.6 MPa 以下的管道连接，规格范围为 DN10～DN500 mm。法兰材料为 Q235 号钢。

图 4.32　管口翻边活动法兰

（4）焊环活动法兰

焊环活动法兰（图 4.33）多用于管壁比较厚的不锈钢管及不易于翻边的有色金属管道的法兰连接。法兰的材料为 Q235、Q255 碳素钢，它的连接方法是将与管子材质相同的焊环直接焊在管端，利用焊环作密封面。其密封面有光滑式和榫槽式两种。

（5）螺纹法兰

螺纹法兰（图 4.34）是用螺纹与管端连接的法兰，有高压和低压两种。高压螺纹法兰，被广泛应用于现代工业管道的连接。密封面由管端与透镜垫圈形成，对螺纹和管端垫圈接触面的加工要求精度很高。高压螺纹的特点是法兰与管内介质不接触，安装也比较方便；低压螺纹法兰现已逐步被平焊法兰代替。

2）垫片

法兰垫片是法兰连接起密封作用的材料。根据管道所输送介质的腐蚀性、温度、压力及法兰密封面的形式，垫片的主要类型如下。

图 4.33　焊环活动法兰

图 4.34　螺纹法兰

（1）橡胶石棉垫

橡胶石棉垫（图 4.35）是法兰连接用量最多的垫片，适用于很多介质，如蒸汽、煤气、空气、盐水、酸和碱等。

炼油工业常用的橡胶石棉垫有两种：一种是耐油橡胶石棉垫，适用于输送油品、液化气、丙烷和丙酮等介质；另一种是高温耐油橡胶石棉垫，使用温度可达 350~380 ℃。

（2）橡胶垫

橡胶垫（图 4.36）有一定的耐腐蚀性。这种垫片的特点是利用橡胶的弹性，达到较好的密封效果，常用于输送低压水、酸和碱等介质的管道法兰连接。

图 4.35　橡胶石棉垫

图 4.36　橡胶垫

（3）缠绕式垫片

缠绕式垫片是用金属钢带和非金属填料带缠绕而成，如图 4.37 所示。这种垫片具有制造简单、价格低廉、材料能被充分利用、密封性能较好的优点，在石油化工工艺管道上被广泛利用。

（4）齿形垫

齿形垫（图 4.38）利用同心圆的齿形密纹与法兰密封面相接触，构成多道密封，因此密封性能较好，常用于凹凸式密封面法兰的连接。齿形垫的材质有普通碳素钢、低合金钢和不锈钢等。

图 4.37　金属缠绕式垫片

图 4.38　齿形垫

（5）金属垫片

金属垫片（图 4.39）按形式不同分为金属平垫片，椭圆形垫片、八角形垫片和透镜式垫片；按制造材质分为低碳钢、不锈钢、紫铜、铝和铅等。

（6）塑料垫片

塑料垫片（图 4.40）适用于输送各种腐蚀性较强管道的法兰连接。常用的塑料垫片有聚氯烯垫片、聚四氟乙烯垫片和聚乙烯垫片等。

图 4.39　金属垫片

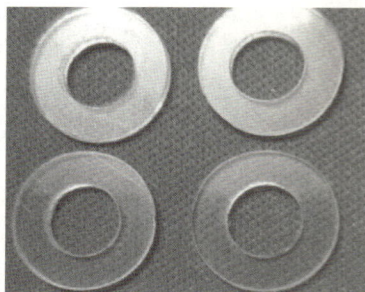

图 4.40　塑料垫片

3）法兰用螺栓

用于连接法兰的螺栓，有单头螺栓和双头螺栓两种，其螺纹一般都是三角形公制粗螺纹，如图 4.41 和图 4.42 所示。

图 4.41　单头螺栓

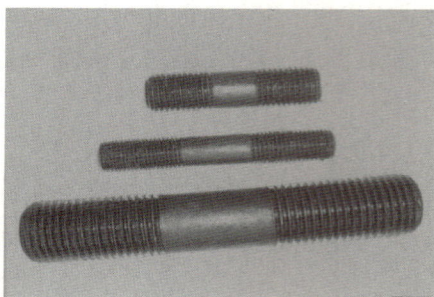

图 4.42　双头螺栓

单头螺栓分为半精致和精致两种,常用的材质有 Q235、25#钢铁和 25Cr2MoV 钢等。双头螺栓,多采用等长双头精致螺栓,制造材质有 35#、40#钢和 37SiMn2MnVT 等。螺母分为半精致和精致两种,按螺母形式分为 a 型和 b 型两种,半精致单头螺栓多采用 a 型螺母,精致双头螺栓多采用 b 型螺母。

4.5.3　常用控件

各种管道系统都有开启和关闭以及调节流量、压力参数的要求,这个要求是靠各种阀门来控制的,因此阀门是用于控制各种管道设备内流体(空气、燃气,水、蒸汽、油等)工况的一种机械装置,一般由阀门、阀瓣、阀盖、阀杆及手轮等部件组成。

1)阀门型号及表示方法

阀门产品的型号一般由 7 个部分组成,如图 4.43 所示。

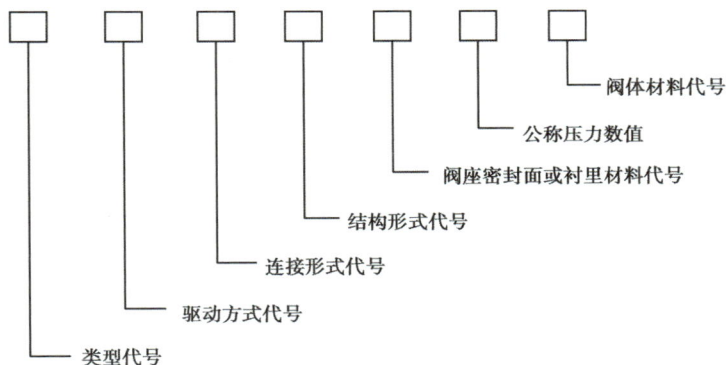

阀体材料代号
公称压力数值
阀座密封面或衬里材料代号
结构形式代号
连接形式代号
驱动方式代号
类型代号

图 4.43　阀门型号及表示方法

阀门的类型代号用汉语拼音字母表示,见表 4.23。

表 4.23　阀门类型代号表

类型	代号	类型	代号
闸阀	Z	旋塞阀	X
截止阀	J	止回阀和底阀	H
节流阀	L	安全阀	A
球阀	Q	减压阀	Y
蝶阀	D	疏水阀	S
隔膜阀	G		

驱动方式代号用阿拉伯数字表示,见表 4.24。

表 4.24　阀门传动方式代号

类型	代号	类型	代号
电磁动	0	锥齿动	5
电磁波动	1	气动	6
电液动	2	液动	7
涡轮	3	气-液动	8
圆柱齿轮	4	电动	9

连接形式代号用阿拉伯数字表示,见表 4.25。

表 4.25　阀门连接形式代号表

阀体材料	代号	阀体材料	代号
HT250	Z	Cr5Mo	I
KTH300-06	K	1Cr18Ni9Ti	P
QT400-15	Q	Cr18Ni12Mo2Ti	R
H62	T	12Cr1MoV	V
ZG230-450	C		

阀座密封或衬里材料用汉语拼音字母表示,见表 4.26。

表 4.26　阀座密封面或衬里材料代号表

连接形式	代号	连接形式	代号
内螺纹	1	对夹	7
外螺纹	2	卡箍	8
法兰	3	卡套	9
焊接	4		

阀体材料代号用汉语拼音字母表示,见表 4.27。

表 4.27　阀体材料代号表

阀座密封或衬里材料	代号	阀座密封或衬里材料	代号
铜合金	T	渗氮钢	D
橡胶	X	硬质合金	Y
尼龙塑料	N	衬胶	J
氟塑料	F	衬	Q

续表

阀座密封或衬里材料	代号	阀座密封或衬里材料	代号
锡基轴承合金(巴士合金)	B	搪瓷	C
合金钢	H	渗硼钢	P

2）常用阀门

（1）截止阀

截止阀（图 4.44）主要用于热水供应及高压蒸汽管路中，它结构简单，严密性较高，制造和维修方便，阻力比较大。

流体经过截止阀时要转弯改变流向，水阻力较大，因此安装时要注意流体"低进高出"，方向不能装反。

选用特点：其结构比闸阀简单，制造、维修方便，也可以调节流量，应用广泛。但流动阻力大，为防止堵塞和磨损，不适宜于带颗粒或黏性较大的介质。

（2）闸阀

闸阀（图 4.45）又称闸门或闸板阀，是利用闸板升降控制开闭的阀门。流体通过阀门时流向不变，因此阻力较小。它广泛应用于冷、热水管道系统中。

图 4.44　截止阀

图 4.45　闸阀

闸阀和截止阀相比，在开启和关闭时更省力，水阻较小，阀体比较短，当闸阀完全开启时，其阀板不受流动介质的冲刷磨损。其缺点是严密性较差，尤其启闭频繁时，由于闸板与阀座之间密封面受磨损；不完全开启时，水阻仍然较大。因此，闸阀一般只作为截断装置，用于完全开启或完全关闭的管路中，不宜用于需要调节开度大小和启闭频繁的管路上。闸阀无安装方向，但不宜单侧受压，否则不易开启。

选用特点：其密封性好，流体阻力小，开启、关闭力较小，也有一定调节流量的性能，并且能从阀杆的升降高低看出阀的开度大小，主要适合一些大口径管道上。

（3）止回阀

止回阀（图4.46）又名单流阀或逆止阀，是一种根据阀瓣前后压力差而自动启闭的阀门，有严格的方向性，只许介质向一个方向流通，而阻止其逆向流动，用于不让介质倒流的管路上，如用于水泵出口的管路上作为水泵停泵时的保护装置。

根据结构不同，止回阀可分为升降式和旋启式两种。升降式的阀体与截止阀的阀体相同。升降式止回阀只能用在水平管道上，垂直管道应用旋起式止回阀，安装时应注意介质的流向，它在水平或垂直管路上均可应用。

选用特点：一般适用于清洁介质，不适用于带固体颗粒或黏性较大的介质。

（4）安全阀

安全阀（图4.47）是一种安全装置，当管路系统或设备（如锅炉、冷凝器）中介质的压力超过规定数值时，便自动开启阀门排汽降压，以免发生爆破危险。当介质的压力恢复正常后，安全阀又自动关闭。

图4.46　止回阀

图4.47　安全阀

安全阀一般分为弹簧式和杠杆式两种。弹簧式安全阀是利用弹簧的压力来平衡介质的压力，阀瓣被弹簧紧压在阀座上，平常阀瓣处于关闭状态。转动弹簧上面的螺母，即改变弹簧的压紧程度，便能调整安全阀的工作压力，一般要先用压力表参照定压。

杠杆式安全阀，也称重锤式安全阀，是利用杠杆将重锤所产生的力矩紧压在阀瓣上，保持阀门关闭，当压力超过额定数值，杠杆重锤失去平衡，阀瓣就打开。因此改变重锤在杠杆上的位置，就改变了安全阀的工作压力。

选用安全阀的主要参数是排泄量，排泄量决定安全阀的阀座口径和阀瓣开启高度。由操作压力决定安全阀的公称压力，由操作温度决定安全阀的使用温度范围，由计算出的安全阀定压值决定弹簧或杠杆的调压范围，再根据操作介质决定安全阀的材质和结构形式。

（5）减压阀

减压阀（图4.48）用于管路中降低介质压力。常用的减压阀有活塞式、波纹管式及薄膜式等几种。各种减压阀的原理是介质通过阀瓣通道小孔时阻力大，经节流造成压力损耗从而达到减压目的。

图4.48　减压阀

减压阀的进、出口一般要伴装截止阀。

选用特点：减压阀只适用于蒸汽、空气和清洁水等清净介质。在选用减压阀时要注意，不能超过减压阀的减压范围，保证在合理情况下使用。

3)室外消火栓

室外消火栓是发生火警时的取水龙头，按安装形式可分为地上式和地下式两种，如图 4.49 和图 4.50 所示。

地上式消火栓一般适用于气温较高的地区，装于地面上，目标明显，易于寻找，但较易损坏，且妨碍交通。地下式消火栓适用于气温较低的地区，装于地下消火栓井内，使用不如地上式方便，消防人员应熟悉消火栓的设置位置。

消防规范规定，接室外消火栓的管径不得小于 100 mm，相邻两消火栓的间距不应大于 120 m。距离建筑物外墙不得小于 5 m，距离车行道边不大于 2 m。

图 4.49　地上式消火栓

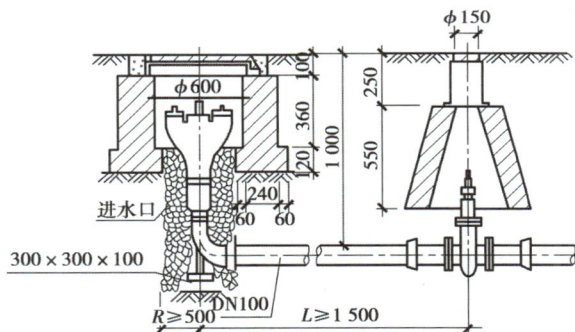

图 4.50　地下式消火栓

4.5.4　给水管道工程施工

1)挖管沟

管沟开挖主要分人工开挖和机械开挖两种方式。人工挖管沟时，应认真控制管沟底的标高和宽度，并注意不使沟底的原土遭受扰动或破坏；机械挖管沟时，应确保沟底原土结构不被扰动或破坏，同时由于机械不可能准确地将沟底按规定标高平整，因此在达到设计管沟标高以上 20 cm 左右时，由人工清挖。挖管沟的土方，可根据施工环境、条件堆放在管沟的两侧或一侧。堆土需放在距管沟边 0.8～1 m 以外。根据施工规范要求，管径开挖深度：一、二类土深度大于等于 1 m，三类土深度大于等于 1.5 m，四类土深度大于等于 2 m 时，应考虑放坡。若在路面施工时，考虑到放坡造成破坏原有路面(混凝土路面或沥青路面)相对较大，补偿及修复费用也较大且影响正常交通,因此,在路面开挖管沟时,宜用挡板支撑,尽量少用放坡形式。

2)管沟支撑

管沟支撑可分为密撑和疏撑两种。密撑即满铺挡板,疏撑即间隔铺挡板,用于支撑的材料有木材、钢板桩等。选用木材作支撑应符合下列要求:撑板的厚度一般为5 cm,方木截面一般为15 cm×15 cm,如因下管需要,横方木的支撑点间距大于2.5 m时,其方木截面应加大。圆撑木的小头直径,一般采用10 ~15 cm。劈裂腐朽的木料不得作为支撑材料。

3)管道基础

铸铁管及钢管在一般情况下可不做基础,将天然地基整平,管道铺设在未经扰动的原土上;如在地基较差或在含岩石地区埋管时,可采用砂基础或混凝土基础。砂基础厚度不小于150 ~200 mm,并应夯实。采用混凝土基础时,一般可用垫块法施工,管子下到沟槽后用混凝土垫块垫起,待符合设计标高再进行接口,接口完毕经水压试验合格后再浇筑整段混凝土基础。若为柔性接口,每隔一段距离应留出600 ~800 mm范围不浇筑混凝土而填砂,使柔性接口可以自由伸缩。

4)管道安装

下管前应对管沟进行检查,检查管沟底是否有杂物,管基原土是否被扰动并进行处理,管沟底标高及宽度是否符合标准,检查管沟两边土方是否有裂缝及坍塌的危险。另外,下管前应对管材、管件及配件等的规格、质量进行检查,合格后方可使用;吊装及运输时,对法兰盘面、预应力钢筋混凝土管承插口密封工作面及金属管的绝缘防腐层等均应采取必要的保护措施,避免损伤。采用吊机下管时,应事先与起重人员或吊车司机一起踏勘现场,根据管沟深度、土质、附近的建筑物、架空电线及设施等情况,确定吊车距沟边距离、进出路线及有关事宜。绑扎套管应找准重心,使起吊平稳,起吊速度均匀,回转应平稳,下管应低速轻放。人工下管采用压绳下管的方法,下管的大绳应紧固,不断股、不腐烂。

给水管道铺设质量必须符合下列要求:接口严密紧固,经水压试验合格;平面位置和纵断面高程准确;地基和管件、阀门等的支墩紧固稳定;保持管内清洁,经冲洗消毒,化验水质合格。

铸铁管的承口和插口的对口间隙,最大不得超过规范规定,见表4.28。接口环形间隙应均匀,允许偏差不得超过规范规定,见表4.29。

表 4.28　承口和插口对口最大间隙表

管径（mm）	沿直线铺设时（mm）	沿曲线铺设时（mm）
75	4	5
100 ~ 250	5	7
300 ~ 500	6	10
600 ~ 700	7	12
800 ~ 900	8	15
1 000 ~ 1 200	9	17

表 4.29　接口环形间隙允许偏差表

管件（mm）	标准环形间隙（mm）	允许偏差（mm）
75 ~ 200	10	+3 −2
250 ~ 400	11	+3 −2
500 ~ 900	12	+4 −2
1 000 ~ 1 200	13	+4 −2

钢管安装，除阀件或有特殊要求用法兰或丝扣连接外，均采用焊接。钢管安装前应进行检查，不符合质量标准的，管道对口前必须进行修口，使管道端面、坡口、角后、钝边、圆度等均符合对口接头尺寸的要求。管道端面应与管中心线垂直，允许偏差不得大于 1 mm。安装管道上的阀门或带有法兰的附件时，应防止产生拉应力。邻近法兰一侧或两侧接口，应在法兰上所有螺栓拧紧后方准焊接。电焊壁厚大于等于 4 mm 和气焊壁厚大于等于 3 mm 的管道，其端头应切坡口。两根管子对口的管壁厚度相差，不得超过 3 mm。对口时，两管纵向焊缝应错开，错开的环向距离不得小于 1 000 mm。

阀门安装前，应按设计要求检查型号，清除阀内污物，检查阀杆是否灵活，明确开关转动的方向，以及阀体、零件等有无裂纹、砂眼等，检查法兰两面的平面是否平整，阀门安装的位置及阀杆方向应便于检修和操作，如设计上无规定时，在水平管道上阀门的阀杆应垂直向上，阀门安装必须要安放在支承座上，支承座可用木桩或水泥支墩。

5）钢管内外防腐

金属管道表面涂油漆前,应将铁锈、铁屑、油污、灰尘等物清理干净,露出金属光泽,除锈工作完成后,应及时涂第一层底油漆;刷油漆时,金属表面应干燥清洁,第一层油漆应与金属表面接触良好,第一层油漆干燥后再刷第二层。涂刷的油漆应厚度均匀、光亮一致,不得脱皮、起褶、起泡、漏涂等。防腐层的分类和结构,应根据土址腐蚀性不同来确定,见表4.30。

表4.30 防腐层分类和结构表

防腐层次	防腐层种类		特强防腐层
	正常防腐层	加强防腐层	
1	涂底子层	涂底子层	冷底子层
2	沥青涂层	沥青涂层	沥青涂层
3	外包保护层	加强包扎层（封闭层）	加强包扎层（封闭层）
4		沥青涂层	沥青涂层
5		沥青涂层	加强包扎层（封闭层）
6			沥青涂层
7			外包保护层

钢板卷管内防腐,多采用水泥砂浆内喷涂,所采用的水泥标号为32.5级或42.5级,所用的砂颗粒要坚硬、洁净,级配良好,水泥砂浆抗压强度不得低于30 MPa,管段里水泥砂浆防腐层达到终凝后,必须立即进行浇水养护或在管段内筑水养护,保持管内湿润状态7天以上。

6）阀门井、水表井砌筑

阀门井、水表井的作用是便于阀门管理人员从地面上进行操作,井内净空尺寸要便于检修人员更换阀杆密封填料,并且能在不破坏井壁结构的情况下（有时需要揭开面板）更换阀杆、阀杆螺母、阀杆螺栓。施工时必须注意以下几点:

阀杆在井盖圈内的位置,能满足地面上开关阀门的需要;装设开关箭头,以便阀门管理人员明确开关方向;阀井内净空尺寸应符合设计要求;阀井底板（及其垫层）面板的厚度、混凝土的标号、钢筋布置以及井身砌筑材料与施工图一致。

水表井是保护水表的设施,便于抄表与水表维修,其砌筑大致与阀门井要求相同。

井室的形式可根据附件的类型、尺寸确定,可参照给排水标准图集S1选用。

7）管道支墩、挡墩

在给水管道中，特别在三通、弯管、虹吸管或倒虹管等部位，为避免在供水运行以及水压试验时，所产生的外推力造成承插口松脱，需要设置支墩、挡墩。支墩、挡墩常用的形式有以下几种：

①水平支墩，是为克服管道承插口的水平推力而设置，它包括各种曲率弯管支墩、管道分处三叉支墩、管道末端的塞头支墩。

②垂直弯管支管支墩，包括向上弯管支墩和向下弯管支墩两种，分别克服水流通过向上弯管和向下弯管时所产生的外推力。

③空间两向扭曲支墩，是克服管道在同一地点既作水平转向又作垂直转向所产生的外推力。

支墩形式、构造、尺寸可参照给排水标准图集 S1 选用。

8）管沟回填

管道安装完成后，管沟应立即进行土方回填。管沟回填，必须确保构筑物的安全，管道及井室等不移位、不被破坏，接口及防腐绝缘层不受破坏。管沟回填可视情况或根据设计要求回填原土、中砂。管沟回填土应按施工图设计或有关规定，达到密实度的要求。

9）管道水压试验

水压试验的管段长度不超过 1 000 m，如因特殊情况超过 1 000 m，则应与设计单位、管理单位共同研究确定。水压试验分强度试验和严密性试验两种。无论采用哪种试验方法，在水压试验前，均应把管道内的气排清，将管道灌满水并浸泡一段时间；支墩、挡墩要达到设计强度；回填土达到设计规定密实度要求后方能试压。

10）管道冲洗、消毒

管道消毒的目的是杀灭新敷设管道内的各种细菌，使其供水后不致污染水质。消毒一般采用高浓度的氯化水（一般为漂白粉溶液）浸泡 2 h 以上，这种水的游离氯浓度为 20 ~ 40 mg/L。

管道消毒后，即可进行冲洗。冲洗水的流速最好不低于 0.7 m/s，否则不易把管内杂物冲掉，或造成冲洗水量过多。对于主要输水干管的冲洗，由于冲洗水量大，管网降压严重，应事先认真拟订冲洗方案，并调整管网压力，如有必要，还应事先通知主要用户。冲洗过程中应严格监视水压变化情况，冲洗前应仔细检查排水口状况，确认下水道或河流能否排泄正常冲洗的水量，冲洗水流是否会影响河提、桥梁、船只等的安全，在冲洗过程中应设专人进行安全监护。

11)新旧管连接

新敷设的输配水管道,除冲洗管在消毒冲洗前进行接驳外,其余的原有输配水管,均应在新敷设的管道完成消毒后报请管理单位同意后才能进行连接。接通旧管道,应做好以下准备工作:挖好工作坑,并根据需要做好支撑及护栏,以保证安全;在放出旧管中的存水时,应根据排水量,准备足够的抽水机具,清理排水路线,以保证存水排出;检查管件、阀门、接口材料、吊装机具、工具、用具等,要做到品种、规格、数量均符合需要。夜间进行新旧管连接是一项紧张而有秩序的工作,因此分工必须明确,统一指挥,并与管网管理单位派至现场的人员密切配合,在规定的时间内完成接驳工作。

12)施工排水

市政给水管道施工排水,贯穿施工整个过程,包括地下水、地表水(如管道穿越河床、渠沟时的水流,穿越河塘的积水)、雨水及各种管道的来水(如跨越地下原敷设的上下水管,因施工需要断截排水、排污管时而流出来的下水或消污水,断截给水管时而流放出来的自来水)等,施工排水的主要方法有抽排、引流、围截等。

学习单元 4.6 给水工程清单编制

给水工程清单编制的依据为《建设工程工程量清单计价规范》(GB 50500—2013)以及《市政工程工程量计算规范》(GB 50857—2013)。

4.6.1 给水管道

1)开槽施工的给水管道铺设

开槽施工的给水管道铺设清单项目通常有混凝土管、塑料管、钢管、铸铁管。

开槽施工的给水管道铺设工程量清单项目设置、项目特征描述的内容、计量单位及工程量计算规则等按照表 4.31 规定执行。

①给水管道铺设清单工程量计算时,按设计图示中心线长度以延长米计算;不扣除附属构筑物、管件及阀门等所占的长度。

②管道铺设的做法如为标准设计,也可在项目特征中标注标准图集号。

表 4.31　开槽管道铺设(编码 040501)

(摘自《市政工程工程量计算规范》(GB 50857—2013))

项目编号	项目名称	项目特征	计量单位	工程量计算规则	工程内容
040501001	混凝土管	1. 垫层、基础材质及厚度 2. 管座材质 3. 规格 4. 接口形式 5. 铺设深度 6. 混凝土强度等级 7. 管道检验及试验要求		按设计图示中心线长度以延长米计算,不扣除附属构筑物、管件及阀门等所占长度	1. 垫层、基础铺筑及养护 2. 模板制作、安装、拆除 3. 混凝土拌和、运输、浇筑、养护 4. 预制管枕安装 5. 管道铺设 6. 管道接口 7. 管道检验及试验
040501002	钢管	1. 垫层、基础材质及厚度 2. 材质及规格 3. 接口形式 4. 铺设深度 5. 管道检验及试验要求 6. 集中防腐运距	m		1. 垫层、基础铺筑及养护 2. 模板制作、安装、拆除 3. 混凝土拌和、运输、浇筑、养护 4. 管道铺设 5. 管道检验及试验 6. 集中防腐运距
040501003	铸铁管				
040501004	塑料管	1. 垫层、基础材质及厚度 2. 材质及规格 3. 接口形式 4. 铺设深度 5. 管道检验及试验要求			1. 垫层、基础铺筑及养护 2. 模板制作、安装、拆除 3. 混凝土拌和、运输、浇筑、养护 4. 管道铺设 5. 管道检验及试验
040501006	管道架空跨越	1. 管道架设高度 2. 管道材质及规格 3. 接口方式 4. 管道检验及试验要求 5. 集中防腐运距	m	按设计图示中心线长度以延长米计算,不扣除管件及阀门等所占长度	1. 管道铺设 2. 管道检验及试验 3. 集中防腐运距
040501007	隧道(沟、管)内管道	1. 基础材质及厚度 2. 混凝土强度等级 3. 材质及规格 4. 接口形式 5. 管道检验及试验要求 6. 集中防腐运距	m	按设计图示中心线长度以延长米计算,不扣除附属构筑物、管件及阀门等所占长度	1. 基础铺筑及养护 2. 模板制作、安装、拆除 3. 混凝土拌和、运输、浇筑、养护 4. 管道铺设 5. 管道检验及试验 6. 集中防腐运距

注:管道铺设项目中的做法如为标准设计,也可在项目特征中标注标准图集号。

2）不开槽施工的给水管道铺设

不开槽施工的给水管道铺设清单项目通常有水平导向钻进、顶管以及顶管工作坑。

不开槽施工的给水管道铺设工程量清单项目设置、项目特征描述的内容、计量单位及工程量计算规则等按照表4.32规定执行。

表 4.32　不开槽管道铺设（编码 040501）

（摘自《市政工程工程量计算规范》（GB 50857—2013））

项目编号	项目名称	项目特征	计量单位	工程量计算规则	工程内容
040501008	水平导向钻进	1. 土壤类别 2. 材质及规格 3. 一次成孔长度 4. 接口形式 5. 泥浆要求 6. 管道检验及试验要求 7. 集中防腐运距	m	按设计图示长度以延长米计算，扣除附属构筑物（检查井）所占的长度	1. 设备安装、拆除 2. 定位、成孔 3. 管道接口 4. 拉管 5. 纠偏、监测 6. 泥浆制作、注浆 7. 管道检测及试验 8. 集中防腐运距 9. 泥浆、土方外运
040501009	夯管	1. 土壤类别 2. 材质及规格 3. 一次夯管长度 4. 接口形式 5. 管道检验及试验要求 6. 集中防腐运距			1. 设备安装、拆除 2. 定位、夯管 3. 管道接口 4. 纠偏、监测 5. 管道检测及试验 6. 集中防腐运距 7. 土方外运
040501010	顶管工作坑	1. 土壤类别 2. 工作坑平面尺寸及深度 3. 支撑、围护方式 4. 垫层、基础材质及厚度 5. 混凝土强度等级 6. 设备、工作台主要技术要求	座	按设计图示数量计算	1. 支撑、围护 2. 模板制作、安装、拆除 3. 混凝土拌和、运输、浇筑、养护 4. 工作坑内设备、工作台安装及拆除
040501011	预制混凝土工作坑	1. 土壤类别 2. 工作坑平面尺寸及深度 3. 垫层、基础材质及厚度 4. 混凝土强度等级 5. 设备、工作台主要技术要求 6. 混凝土构件运距			1. 混凝土工作坑制作 2. 下沉、定位 3. 模板制作、安装、拆除 4. 混凝土拌和、运输、浇筑、养护 5. 工作坑内设备、工作台安装及拆除 6. 混凝土构件运输

续表

项目编号	项目名称	项目特征	计量单位	工程量计算规则	工程内容
040501012	顶管	1. 土壤类别 2. 顶管工作方式 3. 管道材质及规格 4. 中继间规格 5. 工具管材质及规格 6. 触变泥浆要求 7. 管道检验及试验要求 8. 集中防腐运距	座	按设计图示长度以延长米计算。扣除附属构筑物（检查井）所占的长度	1. 管道顶进 2. 管道接口 3. 中继间、工具管及附属设备安装和拆除 4. 管内挖、运土及土方提升 5. 机械顶管设备调向 6. 纠偏、监测 7. 触变泥浆制作、注浆 8. 洞口止水 9. 管道检测及试验 10. 集中防腐运输 11. 泥浆、土方外运

4.6.2 管件、阀门及附件安装

　　管件、阀门及附件安装的清单项目有各种材质管件、阀门、法兰、盲堵板、套管、消火栓等。工程量清单项目设置、项目特征描述的内容、计量单位及工程量计算规则,应按表 4.33 的规定执行。

表 4.33　管件、阀门及附件安装（编码:040502）

（摘自《市政工程工程量计算规范》（GB 50857—2013））

项目编号	项目名称	项目特征	计量单位	工程量计算规则	工程内容
040502001	铸铁管管件	1. 种类 2. 材质及规格 3. 接口形式	个	按设计图示数量计算	安装
040502002	钢管管件制作、安装				制作、安装
040502003	塑料管管件	1. 种类 2. 材质及规格 3. 连接形式			安装
040502004	转换件	1. 材质及规格 2. 接口形式			

续表

项目编号	项目名称	项目特征	计量单位	工程量计算规则	工程内容
040502005	阀门	1. 种类 2. 材质及规格 3. 连接形式 4. 试验要求	个	按设计图示数量计算	安装
040502006	法兰	1. 材质、规格、结构形式 2. 连接形式 3. 焊接方式 4. 垫片材质			安装
040502007	盲堵板制作、安装	1. 材质及规格 2. 连接形式			制作、安装
040502008	套管制作、安装	1. 形式、材质及规格 2. 管内填料材质			制作、安装
040502009	水表	1. 规格 2. 安装方式			安装
040502010	消火栓	1. 规格 2. 安装部位、方式			安装
040502011	补偿器（波纹管）	1. 规格 2. 安装方式			安装
040502012	除污器组成、安装		套		组成、安装
040502013	凝水缸	1. 材料品种 2. 型号及规格 3. 连接方式			1. 制作 2. 安装
040502014	调压器	1. 规格 2. 型号 3. 连接方式	组		安装
040502015	过滤器				
040502016	分离器				
040502017	安全水封	规格			
040502018	检漏（水）管				

注：040502013 项目的凝水井应按管道附属构筑物相关清单项目编码列项。

4.6.3　支架制作及安装

支架制作及安装的清单项目有砌筑支墩、混凝土支墩、金属支架、金属吊架等。工程量清单项目设置、项目特征描述的内容、计量单位及工程量计算规则,应按表 4.43 的规定执行。

表 4.34　支架制作及安装(编码 040503)

(摘自《市政工程工程量计算规范》(GB 50857—2013))

项目编号	项目名称	项目特征	计量单位	工程量计算规则	工程内容
040503001	砌筑支墩	1. 垫层材质、厚度 2. 混凝土强度等级 3. 砌筑材料、规格、强度等级 4. 砂浆强度等级、配合比	m^3	按设计图示尺寸以体积计算	1. 模板制作、安装、拆除 2. 混凝土拌和、运输、浇筑、养护 3. 砌筑 4. 勾缝、抹面
040503002	混凝土支墩	1. 垫层材质、厚度 2. 混凝土强度等级 3. 预制混凝土构件运距			1. 模板制作、安装、拆除 2. 混凝土拌和、运输、浇筑、养护 3. 预制混凝土支墩安装 4. 混凝土构件运输
040503003	金属支架制作、安装	1. 垫层、基础材质及厚度 2. 混凝土强度等级 3. 支架材质 4. 支架形式 5. 预埋件材质及规格	t	按设计图示质量计算	1. 模板制作、安装、拆除 2. 混凝土拌和、运输、浇筑、养护 3. 支架制作、安装
040503004	金属吊架制作、安装	1. 吊架形式 2. 吊架材质 3. 预埋件材质及规格			制作、安装

4.6.4　给水管道附属构筑物

给水管道附属构筑物清单项目通常有砌筑井、塑料检查井、混凝土井。

给水管道附属构筑物工程量清单项目设置、项目特征描述的内容、计量单位及工程量计算规则等按照表 4.35 规定执行。

给水管道附属构筑物为标准定型附属构筑物(如定型井)时,在项目特征中应标注标准图集编号及页码。

表 4.35　排水管道附属构筑物（编码 040504）

（摘自《市政工程工程量计算规范》（GB 50857—2013））

项目编号	项目名称	项目特征	计量单位	工程量计算规则	工程内容
040504001	砌筑井	1.垫层、基础材质及厚度 2.砌筑材料品种、规格、强度等级 3.勾缝、抹面要求 4.砂浆强度等级、配合比 5.混凝土强度等级 6.盖板材质、规格 7.井盖、井圈材质及规格 8.踏步材质、规格 9.防渗、防水要求	座	按设计图示数量计算	1.垫层铺筑 2.模板制作、安装、拆除 3.混凝土拌和、运输、浇筑、养护 4.砌筑、勾缝、抹面 5.井圈、井盖安装 6.盖板安装 7.踏步安装 8.防水、止水
040504002	混凝土井	1.垫层、基础材质及厚度 2.混凝土强度等级 3.盖板材质、规格 4.井盖、井圈材质及规格 5.踏步材质、规格 6.防渗、防水要求			1.垫层铺筑 2.模板制作、安装、拆除 3.混凝土拌和、运输、浇筑、养护 4.井圈、井盖安装 5.盖板安装 6.踏步安装 7.防水
040504003	塑料检查井	1.垫层、基础材质及厚度 2.检查井材质、规格 3.井筒、井盖、井圈材质及规格			1.垫层铺筑 2.模板制作、安装、拆除 3.混凝土拌和、运输、浇筑、养护 4.检查井安装 5.井筒、井圈、井盖安装

注：管道附属构筑物为标准定型附属构筑物时，在项目特征中应标注标准图集编号及页码。

学习单元 4.7　给水工程清单报价[①]

4.7.1　定额工程量计算规则

1)管道安装

①管道安装均按施工图中心线的长度计算(支管长度从主管中心开始计算到支管末端交接处的中心),管件、阀门所占长度已在管道施工损耗中综合考虑,计算工程量时均不扣除其所占长度。

②管道安装均不包括管件(指三通、弯头、异径管)、阀门的安装。管件安装执行《江苏省市政工程计价定额》(2014 版)有关定额。

③遇有新旧管连接时,管道安装工程量计算到碰头的阀门处,但阀门及与阀门相连的承(插)盘短管、法兰盘的安装均包括在新旧管连接定额内,不再另计。

2)管道防腐

管道防腐按施工图中心线长度计算,计算工程量时不扣除管件、阀门所占的长度,但管件、阀门的内防腐也不另行计算。

【例4.7】无缝钢管 $\phi325\times9$ 共 50 m,采用 IPN8710 防腐涂料进行管道内外防腐,试计算防腐工程。

【解】IPN8710 防腐涂料管道外防腐工程量 $=\pi\cdot\phi\cdot L=3.14\times0.325\times50=51.03(\text{m}^2)$。

IPN8710 防腐涂料管道内防腐工程量 $=\pi(\phi-2\delta)L=3.14\times(0.325-2\times0.009)\times50=48.20(\text{m}^2)$。

3)管件安装

管件、分水栓、马鞍卡子、二合三通、水表的安装按施工图数量以"个"或"组"为单位计算。

4)管道附属构筑物

①各种井均按施工图数量,以"座"为单位计算。
②管道支墩按施工图以实体积计算,不扣除钢筋、铁件所占的体积。

5)取水工程

大口井内套管、辐射井管安装按设计图中心线长度计算。

---

① 本单元内容依据《江苏省市政工程计价定额》(2014 版)。

6) 管道穿越工程及其他

①穿越管段拖管过河的宽度,应根据设计或施工组织设计确定的穿越管段长度计算。

②穿越管段的拖管质量,指管段总质量,包括管段本身质量及保护层质量。

4.7.2　预算定额的应用

《江苏省市政工程计价定额》(2014 版)第五册《给水工程》,包括管道安装、管道内外防腐、管件安装、管道附属构筑物和取水工程,共 6 章 607 子目。

本册定额使用范围:本定额使用于城镇范围内的新建、扩建市政给水工程。

本册定额与《江苏省安装工程计价定额》的界限划分:建筑小区及厂区,以区内建筑物入口变径或闸门处为界。

本册定额与其他相关册的关系:

①给水管道沟槽和给水构筑物的土石方工程、打拔工具桩、围堰工程、支撑工程、脚手架工程、拆除工程、井点降水、临时便桥等,执行《第一册 通用项目》有关定额。

②给水管过河工程及取水头工程中的打桩工程、桥管基础、承台、混凝土桩及钢筋的制作安装等,执行《第三册 桥涵工程》有关定额。

③给水工程中的沉井工程、构筑物工程、顶管工程、给水专用机械设备安装,均执行《第六册 排水工程》有关定额。

④钢板卷管安装、钢管件制作安装、法兰安装、阀门安装,均执行《第七册 燃气与集中供热工程》有关定额。

⑤管道除锈、外防腐缺项,执行《全国统一安装工程预算定额》的有关定额。

使用本册定额应注意的问题:

①本册定额管道、管件安装均按沟深 3 m 以内考虑,如超过 3 m 时,另行计算。

②本册定额均按无地下水考虑。

1) 管道安装

①本章定额内容包括铸铁管、混凝土管、塑料管安装,铸铁管及钢管新旧管连接、管道试压、消毒冲洗。

②本章定额管节长度是综合取定的,实际不同时不作调整。

③套管内的管道铺设按相应的管道安装人工、机械乘以系数 1.2。

④混凝土管安装不需要接口时,按《第六册 排水工程》相应定额执行。

⑤新旧管线连接项目中的管径是指新旧管中最大的管径。

⑥本章定额不包括以下内容:

a. 管道试压、消毒冲洗、新旧管道连接的排水工作内容,按批准的施工组织设计另计。

b. 新旧管连接所需的工作坑及工作坑垫层、抹灰,马鞍卡子、盲堵板安装中,工作坑及工作坑垫层、抹灰,执行《第六册 排水工程》有关定额。马鞍卡子、盲堵板安装执行本册有关定额。

⑦管道安装总工程量不足 50 m 时,管径小于等于 300 mm 的,其人工和机械耗用量均乘

以系数 1.67；管径大于 300 mm 的，其人工和机械耗用量均乘以系数 2.00；管径大于 600 mm 的，其人工和机械耗用量均乘以系数 2.50。

【例4.8】套管内安装球墨铸铁管（胶圈接口）DN300，试套用定额进行计价。

【解】套用定额编号5-61，单位：10 m。

基价 = 101.68×1.2+65.04+51.28×1.2 = 248.59（元）

其中人工费 = 101.68×1.2 = 122.01（元），机械费 = 51.28×1.2 = 61.54（元）。

其中未计价主材：球墨铸铁管（10.10 m）。

2）管道防腐

①本章定额内容包括铸铁管、钢管的离心机械内涂防腐、人工内涂防腐、高分子内外防腐。

②防腐综合考虑了现场和厂内集中防腐两种施工方法。

3）管件安装

① 本章定额内容包括铸铁管件、承插式预应力混凝土转换件、塑料管件、分水栓、马鞍卡子、二合三通、铸铁穿墙管、水表安装。

②铸铁管件安装适用于铸铁三通、弯头、套管、乙字管、渐缩管、短管的安装，并综合考虑了承口、插口、带盘的接口。与盘连接的阀门或法兰应另计。

③ 铸铁管件安装（胶圈接口）也适用于球墨铸铁管件的安装。

④马鞍卡子安装所列直径是指主管直径。

⑤法兰式水表组成与安装定额内无缝钢管、焊接弯头所采用壁厚与设计不同时，允许调整其材料预算价格，其他不变。

⑥本章定额不包括以下内容：与马鞍卡子相连的阀门安装，执行《第七册 燃气与集中供热工程》有关定额。分水栓、马鞍卡子、二合三通安装的排水内容，应按批准的施工组织设计另计。

4）管道附属构筑物

①本章定额内容包括砖砌圆形阀门井、砖砌矩形卧式阀门井、砖砌矩形水表井、圆形排泥湿井、消火栓井、管道支墩工程。

②砖砌圆形阀门井是按《给水排水标准图集》（S143）、砖砌矩形卧式阀门井是按《给水排水标准图集》（S144）、砖砌矩形水表井是按《给水排水标准图集》（S145）、圆形排泥湿井是按《给水排水标准图集》（S146）、消火栓井是按《给水排水标准图集》（S162）编制的，且全部按无地下水考虑。增加了直筒式砖砌圆形立式蝶阀井、闸阀井、砖砌圆形卧式蝶阀井；圆形排泥湿井，收口式圆形水表井、带旁通管的水表井和不带旁通管的水表井。增加的部分是按《国家建

筑标准设计图集》(07MS101)编制的。

③本章定额中的井深是指垫层顶面至铸铁井盖顶面的距离。井深大于 1.5 m 时,应按《第六册排水工程》有关项目计取脚手架搭拆费。按《国家建筑标准设计图集》(07MS101)编制的管道附属构筑物,所指井深是钢筋混凝土底板顶面至钢筋混凝土盖板底面的距离。

④本章定额是按普通铸铁井盖、井座考虑的,如设计要求采用球墨铸铁井盖、井座,其材料预算价格可以换算,其他不变。

⑤排气阀井,可套用阀门井的相应定额。

⑥矩形卧式阀门井筒每增 0.2 m 定额,包括 2 个井筒同时增 0.2 m。

⑦本章定额不包括以下内容:模板安装拆除、钢筋制作安装。如发生时,执行《第六册 排水工程》有关定额。圆形排泥湿井的进水管、溢流管的安装。

5)取水工程

①本章定额内容包括大口井内套管安装、辐射井管安装、钢筋混凝土渗渠管制作安装、渗渠滤料填充。

②大口井内套管安装:

a. 大口井套管为井底封闭套管,按法兰套管全封闭接口考虑。

b. 大口井底作反滤层时,执行渗渠滤料填充项目。

③本章定额不包括以下内容,发生时按对应规定执行:

a. 辐射井管的防腐,执行《全国统一安装工程预算定额》有关项目。

b. 模板的制作安装和拆除、钢筋制作安装、沉井工程,发生时执行《第六册排水工程》有关定额。其中,渗渠制作的模板安装、拆除人工按相应项目乘以系数 1.2。

c. 土石方开挖、回填、脚手架搭拆、围堰工程执行《第一册 通用项目》有关定额。

d. 船上打桩及桩的制作,执行《第三册 桥涵工程》有关项目。

e. 水下管线铺设,执行《第七册 燃气与集中供热工程》有关项目。

6)管道穿越工程及其他

①本章适用于管道穿跨越工程。

②拖管过河采用直线拖拉式。

③不论制作与吊装、牵引,本章确定的人工、材料、机械均不得调整。

④各种含量的确定:

a. 单拱跨管桥管段组焊:按每 10 m 含 4.494 个口综合取定,有出入时定额人工、材料、机械台班乘以下列调整系数:

$$调整系数 = 每 10 \text{ m 实际含口数}/4.494$$

b. 附件制作安装:包括固定支座、加强筋板,预埋钢板,每项单拱跨工程只允许套用一次

定额,管段组焊按设计长度套用定额。

c."门形"管桥制作:φ≤273 时,含 2 个 45°弯头(4D)及附件,基段 4 个口;φ≥325 时,含 4 个 45°弯头(4D)及附件,基段 8 个口。加强筋板制作及地脚螺栓安装的人工、材料、机械台班已列入基段定额,使用时不准调整。

⑤中小型穿跨越吊装:机械吊装管桥采用汽车式起重机起吊。

⑥超运距机械台班用量均已综合在相应项目内。

⑦小于 40 m 的穿越管段组焊及拖管过河,不包括水下稳管。

⑧制作穿越拖管头所用的主材钢管与穿越管段的钢管,管径、壁厚不同时可以换算,其余材料和人工、机械台班均不得换算。

⑨本章工作内容均不包括探伤检测,如需要可套用相关定额。

【例4.9】某给水管道工程穿越湖泊,采用膨润土泥浆护壁水平导向钻进工艺,土壤类别为:二类土,管道采用 DN800 的钢管,穿越距离为 600 m,接口形式为焊接,管道做消毒清洗、试压及管口焊缝超声波探伤试验。请列出清单。

【解】清单工程量计算见表 4.36。

表 4.36　清单工程量计算表

序号	项目编码	项目名称	项目特征	计算公式	单位	数量
1	040501008001	水平导向钻进	二类土;DN800 钢管;一次成孔长度 30 m;焊接方式接口;膨润土泥浆护壁;管道消毒清洗	600	m	600
2	040502002001	钢管管件制作、安装		600/12−1＝49	个	49

【例4.10】原始地面地坪标高 3.741 m,土方类别为三类干土,球墨铸铁给水管管径 DN200,尺寸如图 4.51 所示,施工完毕后球墨铸铁管做 0.8 MPa 水压试验,球墨铸铁管采用 T 形滑入式橡胶圈接口,素土夯实基础,阀门井采用地面操作立式阀门井,根据当地市场以独立费计价。请列出清单工程量和定额工程量。

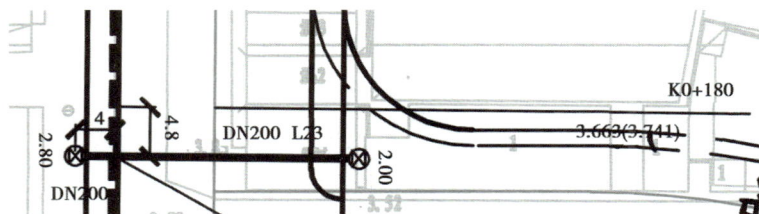

图 4.51　平面图

【解】清单工程量计算见表 4.37,定额计算见表 4.38。

表 4.37　清单工程量

序号	项目编号	项目名称	项目特征	计算式	单位	工程数量
1	040501003001	铸铁管	素土夯实基础 铸铁管 T 形滑入式橡胶圈接口	23+4	m	27
2	040101002001	挖沟槽土方	三类土 挖土深度 1.5 m 内	0.2×[3.741−(2.0+2.8)/2+0.1]×27	m³	7.781
3	040103001001	回填土	素土 运距 150 m	0.2×[3.741−(2.0+2.8)/2+0.1]×27−3.14×0.1×0.1×27	m³	6.934
4	040103002001	余土弃置	素土 运距 5 km	7.781−6.934	m³	0.847

表 4.38　定额计算表

序号	定额编号	项目名称	计算式	计量单位	数量
1	1-225	挖沟槽土方 反铲挖掘机 （斗容量 1.0 m³）装车	（0.3×2+0.2）×1.441×27×90%/1 000	1 000 m³	0.028
2	1-2	人工挖土方 三类土	（0.3×2+0.2）×1.441×27×10%/1 000	1 000 m³	0.003
3	1-389	沟槽填土夯实	（0.3×2+0.2）×1.441×27−3.14×0.1×0.1×27	m³	30.28
4	1-58	沟槽原土夯实	（0.3×2+0.2）×27/100	100 m²	0.22
5	1-120	余土弃置		1 000 m³	
6	5-47 换	承插铸铁管安装 （胶圈接口）	27/10	10 m	2.7
7	5-160	管道试压	27/100	100 m	0.27
8	5-178	管道消毒冲洗	27/100	100 m	0.27

技能训练

1. 请查找相关资料,填写下表。

管座做法	调整基数/材料	调整系数
135°水泥砂浆接口		
135°钢丝网水泥砂浆接口		
90°水泥砂浆接口		
90°钢丝网水泥砂浆接口		
90°企口管膨胀水泥砂浆接口		
120°企口管石棉水泥接口		

2. 请查找相关资料,填写下表。

井室平面形状	井身尺寸(mm)	每座井应扣长度(mm)
圆形井	$\phi 1\,000$	
圆形井	$\phi 1\,500$	
圆形井	$\phi 2\,000$	
矩形井		
阶梯式跌水井		

3. 排水工程中同时存在管道、顶管、排水沟渠等工程,且管道管径 $\phi 300 \sim \phi 1400$ 都有,如何确定工程类别?

4. 在新旧管连接中,有钢管曲管合口定额子目,其适用范围如何? 如有钢管直管的新旧管连接,如何套用定额?

5. 图 4.25 为某段 DN400 及 DN500 钢筋混凝土排水管道,排水井分别为砖砌圆形排水检查井 $\phi 700$ mm 和 $\phi 1\,000$ mm,试计算钢筋混凝土管道铺设及砌筑检查井的清单工程量。

6. 按照计价定额计算规则,计算图 4.52 所示钢筋混凝土管道铺设工程量。

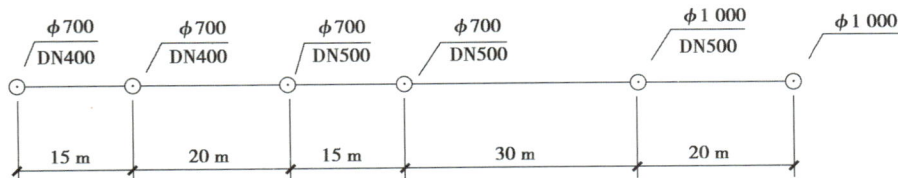

图 4.52　技能训练 6 图

7. 某 DN800 钢筋混凝土排水管道,180°混凝土基础,该管道基础结构宽度为 1 130 mm, 排水检查井基础直径为 ϕ1 930 mm,管沟挖土的平均深度为 2.2 m,求井位增加土方清单工程量。

8. 如图 4.53 所示,管道为直径 500 mm 的混凝土管,混凝土基础宽度 $B_1=0.7$ m,设沟槽长度 $L=150$ m,计算沟槽挖方计价工程量。

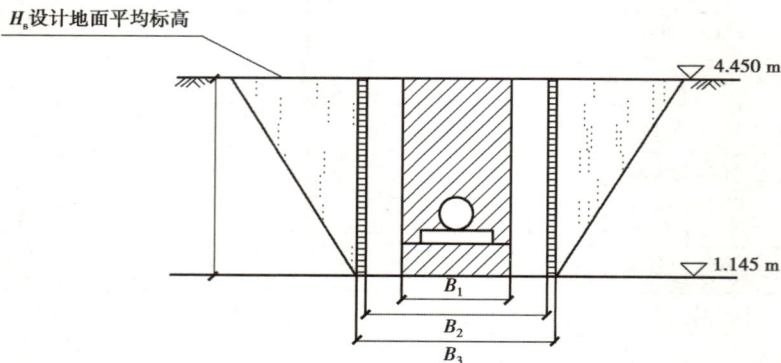

图 4.53　技能训练 8 图

9. 《建设工程工程量清单计价规范》(GB 50500—2013)附录"D.5 市政管网工程"主要设置了哪些清单项目?

10. "钢筋混凝土管道铺设"清单项目与定额子目有何不同?

11. "管道铺设"清单项目的清单工程量计算规则与计价定额工程量计算规则有何区别? 并按图 4.54 计算定额工程量。

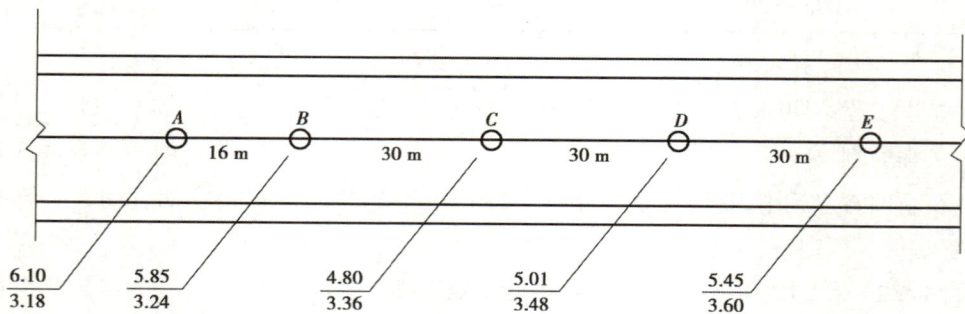

说明:1.图中管线长度为井中到井中长度,管径单位mm,其他单位为m;

2.排水管为DN600钢筋混凝土管;

3.○为排水检查井ϕ1 000,$\dfrac{\text{原地面标高}}{\text{排水管管底标高}}$。

图 4.54　技能训练 11 图

模块 5　市政桥涵工程计量计价

学习目标

(1)学会桥涵工程项目施工图识读;

(2)掌握桥涵工程项目清单工程量计算、清单编制方法;

(3)掌握桥涵工程项目清单报价编制方法,学会定额的应用。

桥涵工程
基础知识

在城市道路建设中,为了跨越(如河流、沟谷、其他道路、铁路等)障碍,必须修建各种类型的桥梁和涵洞。随着城市建设的高速发展,城市新型桥梁不断涌现,促进了新的施工机械、施工工艺、施工方法的形成与发展。

学习单元 5.1　基础知识

5.1.1　桥梁的分类

1)按桥梁结构分类

桥梁的分类方法很多,可按照用途、建造材料、使用性质、行车道部分位置、桥梁跨越障碍物的不同条件分类。最基本的方法是按照桥梁的基本结构分类,主要有梁桥、拱桥、刚架桥、悬索桥(吊桥)、斜拉桥。

(1)梁式桥

梁式桥是我国古代最普遍、最早出现的桥梁,古人称平桥。它的结构简单,外形平直,比较容易建造。桥梁以受弯矩为主的主梁作为承重构件的桥梁。主梁可以是实腹或空腹。按主梁的静力体系分为简支梁桥、连续梁桥和悬臂梁桥。

①简支梁桥:主要以孔为单元,两端设有橡胶支座,是静定结构。一般适用于中小跨度。其结构简单、制造安装方便、造价低,也可工厂化施工,因此被广泛使用。

②连续梁桥:主梁由若干孔为一联,连续支承在几个支座上,是超静定结构。当跨度较大时,采用连续梁较省材料,更适合悬臂拼装法或悬臂浇筑法施工。

③悬臂梁桥:上部结构由锚固孔、悬臂和悬挂孔组成,悬挂孔支承在悬臂上,用绞相联,有

单悬臂梁桥和双悬臂梁桥。

梁式桥是桥梁的基本体系之一,使用广泛,在桥梁建造中占有很大的比例,其上部结构可以是木、钢、钢筋混凝土、预应力混凝土、钢混组合等结构,如图5.1所示。

图5.1 梁式桥

(2)拱桥

拱桥是指在竖直平面以内拱作为上部结构主要承重构件的桥梁。拱桥的主要承重构件是拱圈或拱肋。在竖向荷载作用下,主要承受压力,同时也承受弯矩。

拱桥可用砖、石、混凝土等抗压强度良好的材料建筑,大跨度拱桥用钢筋混凝土或钢材建造,以承受发生的力矩。近年来,拱桥施工方法有所创新:如中小跨径拱桥以预制拱肋为拱架,少支架施工为主,或采用悬砌方法。大跨径拱桥采取分段纵向分条,横向分段,预制拱肋,无支架吊装,组合拼装与现浇相结合的施工方法。此外,在采用无支架转体施工方法建造拱桥也有不少成功的经验。如图5.2所示为传统拱桥和组合拱桥。

(a)传统拱桥   (b)组合拱桥

图5.2 拱桥

(3)刚架桥

刚架桥的主要承重结构是梁或板和立柱或竖墙整体结合在一起的刚架结构,是一种介于梁与拱之间的一种结构体系,它是由受弯的上部梁(或板)结构与承压的下部柱(或墩)整体结合在一起的结构。由于梁和柱的刚性连接,梁因柱的抗弯刚度而得到卸荷作用,整个体系是压弯结构,也是有推力的结构。刚架桥施工较复杂,一般用于跨度不大的城市或公路的跨

线桥和立交桥。如图 5.3 所示为刚架桥。

图 5.3　刚架桥

（4）悬索桥（吊桥）

悬索桥，又名吊桥，是指以通过索塔悬挂并锚固于两岸的缆索座位上部结构主要承重构件的桥梁。其缆索几何形状由力的平衡条件决定，一般接近抛物线。从缆索垂直下许多吊杆，把桥面吊住，在桥面和吊杆之间常设置加劲梁，同缆索形成组合体系，以减少活载引起的挠度变形。

由于悬索桥可以充分利用材料的强度，并且有用料省、自重轻的特点，因此悬索桥在各种体系桥梁中的跨度能力最大，理论跨径可达 1 000 m 以上，如图 5.4 所示。

图 5.4　悬索桥

（5）斜拉桥

斜拉桥是将主梁用许多拉索直接拉在桥塔上的一种桥梁。它由承压的塔、受拉的索和承弯的梁体组合起来的一种结构体系。其可看作拉索代替支墩的多跨弹性支承连续梁。可使梁体内弯矩减小，降低建筑高度，减轻了结构自重，节省材料。斜拉桥的主梁形式：混凝土以箱式、板式、边箱中板为主。钢梁以正交异性极钢箱为主，也有边箱中板。一般来说，斜拉桥跨径 300～1 000 m 是比较合理的，在这样的跨径范围，斜拉桥与悬索桥相比，斜拉桥（图 5.5）有较明显优势。

图 5.5　斜拉桥

思政小贴士

党的十八大以来,以习近平同志为核心的党中央高瞻远瞩、战略谋划,"中国号"巨轮乘风破浪扬帆远航,中国桥、中国路、中国港、中国车等不断攀越世界高度,成为精彩中国的新名片。从江河湖海到悬崖峭壁,中国桥不断刷新世界纪录,不论是桥梁数量,还是桥梁技术,中国桥已享誉世界,成为一张亮丽的"中国名片"。中国桥梁建设者们凭借严谨认真、务实肯干、追求卓越、勇于创新的工匠精神让"中国桥"不断迈向新的征程,实现新的跨越。从"中国制造"到"中国创造",桥梁建设者所展现的工匠精神是人们工作伦理的集中体现。对待工作一丝不苟、勇于创造、精益求精,这不仅是建设者们需要具备的优良品质,也是落实社会主义核心价值观所倡导的"敬业"精神的实践要求。我们应当将工匠精神融入我们的血液,学习中国桥梁建设者们逢山开路、遇水架桥的斗志,培养专业精神和敬业品格。

中国桥梁

2)按桥梁跨径分类

根据桥梁的长度和跨径大小,将桥梁分为特大桥、大桥、中桥、小桥和涵洞。其划分标准见表5.1。

表 5.1　桥梁按总长或跨径分类

桥梁分类	多孔跨径总长 $L_d(m)$	单孔跨径总长 $L_d(m)$
特大桥	$L_d \geqslant 500$	$L_d \geqslant 100$
大桥	$100 \leqslant L_d < 500$	$40 \leqslant L_d < 100$
中桥	$30 \leqslant L_d < 100$	$20 \leqslant L_d < 40$
小桥	$8 \leqslant L_d < 30$	$5 \leqslant L_d < 20$
涵洞	$L_d < 8$	$L_d < 5$

注:1.单孔跨径系指标准跨径而言;
　　2.多孔跨径总长,仅作为划分特大、大、中、小桥的一个指标,梁式桥、板式桥涵为多孔标准跨径的总长;拱式桥涵为两岸桥台内起拱线间的距离;其他形式的桥梁为桥面系车道长度。
　　3.圆管涵及箱涵不论管径或跨径大小、孔数多少,均称为涵洞。

5.1.2　桥梁的基本组成

桥梁由桥跨结构、桥墩、桥台、基础、锥坡等五大部件和桥面铺装、排水系统、栏杆、伸缩缝、支座等五小部件组成。梁桥和拱桥的组成分别如图 5.6 和图 5.7 所示。

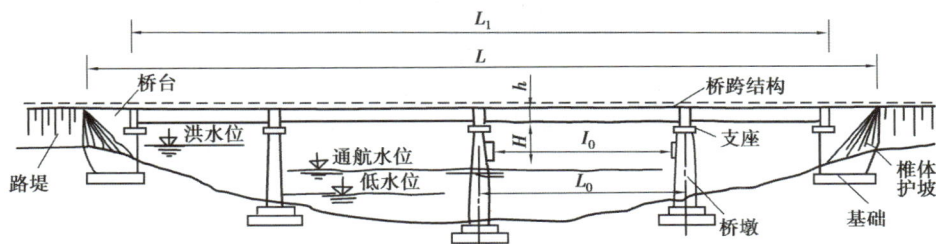

图 5.6　梁桥的基本组成

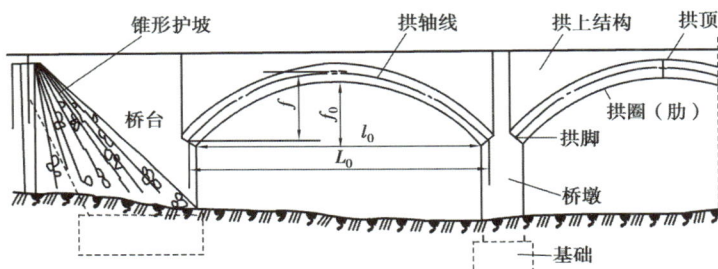

图 5.7　拱桥的基本组成

1)五大部件

五大部件是指桥梁承受汽车或其他运输车辆荷载的桥垮上部结构与下部结构,它们必须通过承载力计算与分析,是桥梁结构安全性的保证。

①桥跨结构:线路跨越障碍(如江河、山谷或其他路线等)的结构物。

②支座系统:在桥跨结构与桥墩或桥台的支承处所设置的传力装置。它不仅要传递很大的荷载,并且还要保证桥跨结构能产生一定的变位。

③桥墩:是在河中或岸上支承桥跨结构的结构物。

④桥台:设在桥的两端,一边与路堤相接,以防止路堤滑塌;另一边则支承桥跨结构的端部。为保护桥台和路堤填土,桥台两侧常做锥形护坡、挡土墙等防护工程。

⑤墩台基础:是保证桥梁墩台安全并将荷载传至地基的结构。

上述前两个部件是桥跨上部结构,后三个是桥跨下部结构。桥梁五大部件如图 5.8 所示。

图 5.8 桥梁五大部件示意图

2）五小部件

五小部件是直接与桥梁服务功能有关的部件，过去总称为桥面构造。

（1）桥面铺装

桥面铺装又称行车道铺装，指的是为保护桥面板和分布车轮的集中荷载，用沥青混凝土、水泥混凝土、高分子聚合物等材料铺筑在桥面板上的保护层，如图 5.9 所示。桥面铺装的形式有水泥混凝土或沥青混凝土铺装。为使铺装层具有足够的强度和良好的整体性，一般宜在混凝土中铺设直径为 4~6 mm 的钢筋网。

（2）排水防水系统

排水防水系统应能迅速排出桥面积水，并使渗水的可能性降至最小限度，如图 5.10 所示。城市桥梁排水系统应保持桥下无滴水和结构上无漏水现象。

①桥面排水。在桥梁设计时要有一个完整的排水系统，在桥面上除设置纵横坡排水外，常常需要设置一定数量的泄水管。当桥面纵坡大于 2% 而桥长大于 50 m 时，就需要设置泄水管，一般顺桥长方向每隔 12~15 m 设置一个。泄水管可以沿行车道左右对称排列，也可以交错排列，其离缘石的距离为 200~500 mm。泄水管也可布置在人行道下面。

②桥面防水。桥面防水层设置在桥面铺装层下面，它将透过铺装层渗下来的雨水汇集到排水设施（泄水管）排出。国内常用的为贴式防水层，由两层卷材（如油毡）和三层黏结材料（沥青砂胶）相间组合而成，一般厚 10~20 mm。桥面伸缩处应连续铺设，不可切断；桥面纵向应铺过桥台背；截面横向两侧，则应伸过缘石底面从人行道与缘石切缝里向上迭起 100 mm。

（3）栏杆

栏杆（或防撞栏杆），既是维护安全的构造措施，又是有利于观赏的最佳装饰件，是桥梁和建筑上的安全设施，如图 5.11 所示。栏杆要求坚固且美观。常见种类有：木制栏杆、石栏杆、不锈钢栏杆、铸铁栏杆、水泥栏杆、组合式防撞栏杆。

（4）伸缩缝

伸缩缝是指桥跨上部结构之间或桥跨上部结构与桥台端墙之间所设的缝隙，以保证结构

在各种因素作用下的变位,如图 5.12 所示。为使行车舒适、不颠簸,桥面上要设置伸缩缝构造。为满足桥面变形的要求,通常在两梁端之间、梁端与桥台之间或桥梁的铰接位置上设置伸缩缝。要求伸缩缝在平行、垂直于桥梁轴线的两个方向,均能自由收缩,牢固可靠,车辆驶过桥面时应平顺、无突跳与噪声;要能防止雨水和垃圾、泥土渗入阻塞;安装、检查、养护、消除污物都要简易方便。在设置伸缩缝处,栏杆与桥面铺装都要断开。伸缩缝的类型有钢型伸缩缝、镀锌薄钢板伸缩缝、橡胶伸缩缝等。

（5）灯光照明

现代城市中,大桥跨桥梁通常是一个城市的标志性建筑,大多数装置了灯光照明系统,构成了城市夜景的重要组成部分,如图 5.13 所示。

图 5.9　桥面铺装

图 5.10　桥梁排水系统

图 5.11　桥梁栏杆

图 5.12　桥梁伸缩缝

图 5.13　桥梁灯光照明

5.1.3 涵洞

涵洞是指设于路基下、修筑于路面以下的排水孔道（过水通道），通过这种结构可以让水从公路的下面流过。用于跨越天然沟谷洼地的排泄洪水，或横跨大小道路作为人、畜和车辆的立交通道，或作为农田灌溉的水渠。涵洞主要由洞身、基础、端和翼墙等组成。按中国公路桥涵设计规范中规定：多跨桥梁的总长小于 8 m，或单孔跨度小于 5 m 者，也称涵洞。桥梁按总长或跨径分类，详见表 5.1。

涵洞按照构造形式分为圆管涵（图 5.14）、箱涵（图 5.15）、拱涵（图 5.16）和盖板涵（图 5.17）。涵洞截面上的最大水平尺寸为涵洞的孔径，如圆涵是以其内径为孔径，而箱涵、拱涵的孔径为其两侧边墙间的净距。

过水涵洞进出口两端设圬工端墙、翼墙和用片石铺成的锥体，沟床和附近路堤坡面也要铺砌以防冲刷。

圆涵可用不同材料的管节铺设在基础上。预制钢筋混凝土管、铸铁管、波纹铁管等，均可作为圆涵管节。箱涵孔径较小时也可用预制钢筋混凝土箱型节段建成。孔径较大的箱涵和各种孔径的拱涵，通常都先用砌石或灌注混凝土修筑基础和边墙，而后在边墙上铺设预制钢筋混凝土盖板形成涵箱（称盖板箱涵），或砌筑拱圈形成拱涵。

图 5.14 管涵

图 5.15 钢筋混凝土箱涵图

图 5.16 石砌拱涵

图 5.17 盖板涵

5.1.4　桥涵工程定额说明

1)本章说明

本章包括打桩工程、钻孔灌注桩工程、砌筑工程、钢筋及钢结构工程、现浇混凝土工程、预制混凝土工程、立交箱涵工程、安装工程、临时工程和装饰工程,共 10 章 593 个子目。

2)本章定额适用范围

①单跨 100 m 以内的城镇桥梁工程;

②单跨 5 m 以内的各种板涵、拱涵工程;

③穿越城市道路及铁路的立交箱涵工程。

3)定额有关说明

(1)《第三册　桥涵工程》

本册定额(以下简称"本定额",包括打桩工程、钻孔灌注桩工程、砌筑工程、钢筋工程、现浇混凝土工程、预制混凝土工程、立交箱涵工程、安装工程、临时工程、装饰工程及省补充项目。)

(2)本定额适用范围

①单跨 100 m 以内的城镇桥梁工程;

②单跨 5 m 以内的各种板涵、拱涵工程(圆管涵套用《第六册　排水工程》定额,其中管道铺设及基础项目人工、机械费乘以系数 1.25);

③穿越城市道路及铁路的立交箱涵工程。

(3)本定额编制依据

①现行的设计、施工及验收技术规范;

②《江苏省市政工程计价表》(2014 年);

③《市政工程预算定额》;

④《全国统一市政工程劳动定额》;

⑤《全国统一建筑工程基础定额》(GJD-101—95);

⑥《公路工程预算定额》(JTG/T B06-02—2007);

⑦《上海市市政工程预算定额》(2000 年)。

(4)本册定额有关说明

①预制混凝土及钢筋混凝土构件均属现场预制,不适用于独立核算、执行产品出厂价格的构件厂所生产的构配件。

②本册定额现浇混凝土均按现场拌制考虑。如需采用商品混凝土,按总说明中的有关办

法计算。

③本册定额中提升高度按原地面标高至梁底标高 8 m 为界,若超过 8 m,超过部分其定额人工和机械台班数量乘以系数 1.25;本册定额河道水深取定为 3 m,若水深超过 3 m 时,超过部分其定额人工和机械台班数量乘以系数 1.25。

④过水涵定额的套用:如过水涵顶板直接作为桥面板,则过水涵套用本册相应子目计价,否则套用《第六册 排水工程》相应子目计价。

⑤本册定额场内水平运距,除各章、节另有规定外,均已按 150 m 运距计算。

⑥本册定额中均未包括各类操作脚手架,发生时套用《第一册 通用项目》有关项目。

学习单元 5.2　打桩工程

5.2.1　打桩工程基础知识

"打桩"就是制作桩基础,桩基础就是桩和桩顶承台构成的深基础。桩根据受力情况分为摩擦桩和端承桩,摩擦桩是利用桩壁与周围泥沙的摩擦来承受上部建筑结构的重量;端承桩是将桩打到地下坚实的地层,并把上部建筑结构的荷载通过桩身传到坚实地层。

本章讲的"打桩",特指在预制场预制桩,在工点通过施打或者静力压桩的方式把桩打入土层中,构成深基础的过程。用常见的钢筋混凝土预制桩施工举例,其施工工艺流程如图 5.18 所示。

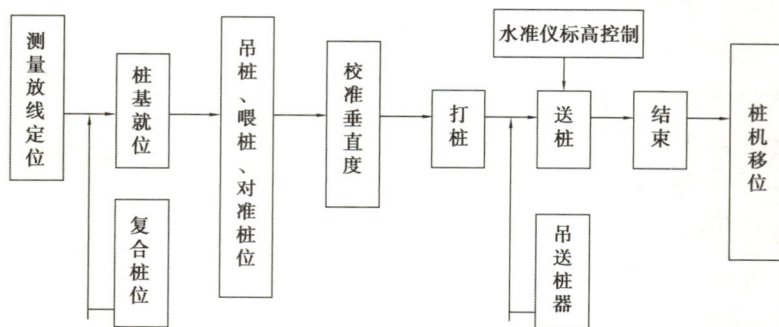

图 5.18　钢筋混凝土预制桩施工工艺图

1)桩的形式

桩的形式有圆木桩、木板桩、钢筋混凝土方桩、钢筋混凝土板桩、钢筋混凝土管桩、钢管桩,如图 5.19 所示。

（a）圆木桩　　　　　　　　　　　　　（b）木板桩

（c）钢筋混凝土方桩　　　　　　　　　（d）钢筋混凝土板桩

（e）钢筋混凝土管桩　　　　　　　　　（f）钢管桩

图 5.19　桩的形式

2）打桩机械

施打的机械主要有简易打拔桩机、起重机械、静力压桩机、柴油打桩机等，如图 5.20 所示。

3）送桩

在打桩时，打桩架底盘离地面有一定距离，因此不能将桩打入地面以下设计位置，而需要用打桩机和送桩机将预制桩共同送入土中,这一过程称为送桩。

送桩和打桩
的区别

（a）简易打拔桩机

（b）履带式起重机

（c）静力压桩机

（d）柴油打桩机

图 5.20　打桩机械

接桩方法

在设计桩顶低于目前地面,且场地限制无法大面积开挖后再打桩时打桩机械及交通无法开展的情况下,在现地面处打桩,用送桩器将桩顶打至地面以下。也有桩送桩的做法,但在一些地方是限制的。

4）接桩

由于一根桩的长度打不到设计规定的深度,所以需要将预制桩一根一根地连接起来继续向下打,直至打入设计的深度为止。将已打入的前一根桩顶端与后一根桩的下端连接在一块的过程,称为接桩。接桩的方式常用的有浆锚接桩、焊接接桩、法兰接桩。

（1）浆锚接桩

浆锚法是指接桩时,首先将上节桩对准下节桩,使四根锚筋插入筋孔,下落压梁并套住桩顶的方法。

（2）焊接接桩

电焊焊接施工时焊前须清理接口处砂浆、铁锈和油污等杂质,坡口表面要呈金属光泽,加上定位板。接头处如有孔隙,应用锲形铁片全部填实焊牢。焊接坡口槽应分 3~4 层焊接,每层焊渣应彻底清除,焊接采用人工对称堆焊,预防气泡和夹渣等焊接缺陷。焊缝应连续饱满,焊好接头自然冷却 15 分钟后方可施压,禁止用水冷却或焊好即压。

（3）法兰螺栓接桩

法兰螺栓连接法就是把两根桩先各自固定在一个法兰盘上,在两个法兰盘之间加上法兰垫,用螺栓紧固在一起,就完成了连接,如图 5.21 所示。

采用法兰接桩应符合下列规定：

①法兰结合处,可加垫沥青纸等材料,如法兰有不密贴处,应用薄钢片塞紧。

②法兰螺栓应逐个拧紧,并加设弹簧垫圈或加焊,防止锤击时螺栓松动。

③桩的连接应按设计要求或有关规定进行。

（a）　　　　　（b）

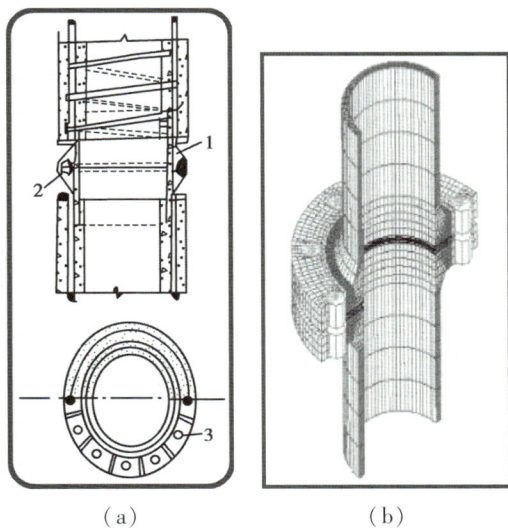

图 5.21　法兰螺栓接桩

5）按打拔工具桩的施工环境分类

按照水上、陆上等不同施工环境分类,见表 5.2。

表 5.2　水上、陆上打拔工具桩划分表

项目名称	说明
水上作业	距岸线>1.5 m,水深>2 m
陆上作业	距岸线≤1.5 m,水深≤1 m
水、陆作业各占 50%	1 m<水深≤2 m

注：①岸线指施工期间最高水位时,水面与河岸的相交线。

②水深指施工期间最高水位时的水深度。

③水上打拔工具桩是按二艘驳船捆扎成船台作业。

5.2.2　打桩工程清单编制

桩基工程量清单项目设置、项目特征描述的内容、计量单位及工程量计算规则,应按表 5.3 的规定执行。

表 5.3　桩基(编号:040301,GB 50857—2013 中表 C.1)

项目编码	项目名称	项目特征	计量单位	工程量计算规则	工作内容
040301001	预制钢筋混凝土方桩	1. 地层情况 2. 送桩深度、桩长 3. 桩截面 4. 桩倾斜度 5. 混凝土强度等级	1. m 2. m³ 3. 根	1. 以米计量,按设计图示尺寸以桩长(包括桩尖)计算 2. 以立方米计量,按设计图示桩长(包括桩尖)乘以桩的断面积计算 3. 以根计量,按设计图示数量计算	1. 工作平台搭拆 2. 桩就位 3. 桩机移位 4. 沉桩 5. 接桩 6. 送桩
040301002	预制钢筋混凝土管桩	1. 地层情况 2. 送桩深度、桩长 3. 桩外径、壁厚 4. 桩倾斜度 5. 桩尖设置及类型 6. 混凝土强度等级 7. 填充材料种类			1. 工作平台搭拆 2. 桩就位 3. 桩机移位 4. 桩尖安装 5. 沉桩 6. 接桩 7. 送桩 8. 桩芯填充
040301003	钢管桩	1. 地层情况 2. 送桩深度、桩长 3. 材质 4. 管径、壁厚 5. 桩倾斜度 6. 填充材料种类 7. 防护材料种类	1. t 2. 根	1. 以吨计量,按设计图示尺寸以质量计算 2. 以根计量,按设计图示数量计算	1. 工作平台搭拆 2. 桩就位 3. 桩机移位 4. 沉桩 5. 接桩 6. 送桩 7. 切割钢管、精割盖帽 8. 管内取土、余土弃置 9. 管内填芯、刷防护材料

①地层情况按《市政工程工程量计算规范》(GB 50857—2013)表 A.1-1 和表 A.2-1 的规定(见表 5.4 和表 5.5),并根据岩土工程勘察报告按单位工程各地层所占比例(包括范围值)进行描述。对无法准确描述的地层情况,可注明由投标人根据岩土工程勘察报告自行决定报价。

表 5.4　土壤分类表(GB 50857—2013 中表 A.1-1)

土壤分类	土壤名称	开挖方法
一、二类土	粉土、砂土(粉砂、细砂、中砂、粗砂、砾砂)、粉质黏土、弱中盐渍土、软土(淤泥质土、泥炭、泥炭质土)、软塑红黏土、冲填土	用锹,少许用镐、条锄开挖。机械能全部直接铲挖满载者
三类土	黏土、碎石土(圆砾、角砾)、混合土、可塑红黏土、硬塑红黏土、强盐渍土、素填土、压实填土	主要用镐、条锄,少许用锹开挖。机械需部分刨松方能铲挖满载者或可直接铲挖但不能满载者
四类土	碎石土(卵石、碎石、漂石、块石)、坚硬红黏土、超盐渍土、杂填土	全部用镐、条锄挖掘,少许用撬棍挖掘。机械需普遍刨松方能铲挖满载者

注:本表上的名称及其含义按现行国家标准(岩土工程勘察规范)GB 50021—2001(2009 年局部修订版)定义。

表 5.5　岩石分类表(GB 50857—2013 中表 A.2-1)

岩石分类		代表性岩石	开挖方法
极软岩		1. 全风化的各种岩石 2. 各种半成岩	部分用手凿工具、部分用爆破法开挖
软质岩	软岩	1. 强风化的坚硬岩或较硬岩 2. 中等风化—强风化的较软岩 3. 未风化—微风化的页岩、泡岩、泥质砂岩等	用风镐和爆破法开挖
	较软岩	1. 中等风化—强风化的坚硬岩或较硬岩 2. 未风化—微风化的凝灰岩、千枚岩、泥灰岩、砂质泥岩等	
硬质岩	较硬岩	1. 微风化的坚硬岩 2. 未风化—微风化的大理岩、板岩、石灰岩、白云岩、钙质砂岩等	用爆破法开挖
	坚硬岩	未风化—微风化的花岗岩、内长岩、辉绿岩、玄武岩、安山岩、片麻岩、石英岩、石英砂岩、硅质砾岩、硅质石灰岩等	

注:本表依据现行国家标准《工程岩体分级标准)GB 50218—94 和《岩土工程勘察规范》(GB 50021—2001,2009 年局部修订版)整理。

②各类混凝土预制桩以成品桩考虑,应包括成品桩购置费,如果用现场预制,应包括现场预制桩的所有费用。

③项目特征中的桩截面、混凝土强度等级、桩类型等可直接用标准图代号或设计桩型进行描述。

④打试验桩和打斜桩应按相应项目编码单独列项,并应在项目特征中注明试验桩或斜桩

（斜率）。

⑤项目特征中的桩长应包括桩尖,空桩长度=孔深-桩长,孔深为自然地面至设计桩底的深度。

5.2.3　打拔工具桩清单报价

1)打桩工程工程量计算

（1）打桩

①钢筋混凝土方桩、板桩按桩长度(包括桩尖长度)乘以桩横断面面积计算;

②钢筋混凝土管桩长度(包括桩尖长度)乘以桩横断面面积,减去空心部分体积计算;

③钢管桩按成品桩考虑,以"t"计算。

计算公式:$W=(D-\delta)\times\delta\times0.024\ 6\times L/1\ 000$

式中　W——钢管桩质量,t;

D——钢管桩直径,mm;

δ——钢管桩壁厚,mm;

L——钢管桩长度,m。

（2）焊接桩

焊接桩型钢用量可按实调整。

（3）送桩

①陆上打桩时,以原地面平均标高增加1 m为界线,界线以下至设计桩顶标高之间的打桩实体积为送桩工程量;

②支架上打桩时,以当地施工期间的最高潮水位增加0.5 m为界线,界线以下至设计桩顶标高之间的打桩实体积为送桩工程量;

③船上打桩时,以当地施工期间的平均水位增加1 m为界线,界线以下至设计桩顶标高之间的打桩实体积为送桩工程量。

2)打桩工程定额应用

① 定额内容包括打木制桩、打钢筋混凝土桩、静压预制钢筋混凝土方桩、打拔钢板桩、打管桩、送桩、接桩等项目。

②定额中土质类别均按甲级土考虑。乙级土按甲级土定额人工乘以系数1.3,机械乘以系数1.43。丙级土按甲级土定额人工乘以系数1.75,机械乘以系数2.00。参数选择查看土质划分表。

③本章定额均为打直桩,如打斜桩(包括俯打、仰打)斜率在1:6以内时,人工乘以系数1.33,机械乘以系数1.43。

④本章定额均考虑在已搭置的支架平台上操作,但不包括支架平台,其支架平台的搭设与拆除应按本册第 9 章有关项目计算。

⑤陆上打桩采用履带式柴油打桩机时,不计陆上工作平台费,可计 20 cm 碎石垫层,面积按陆上工作平台面积计算。

⑥船上打桩定额按两艘船只拼搭、捆绑考虑。

⑦打板桩定额中,均已包括打、拔导向桩内容,不得重复计算。

⑧陆上、支架上、船上打桩定额中均未包括运桩。

⑨送桩定额按送 4 m 为界,如实际超过 4 m 时,按相应定额乘以下列调整系数:送桩 5 m 以内,乘以系数 1.2;送桩 6 m 以内,乘以系数 1.5;送桩 7 m 以内,乘以系数 2.0;送桩 7 m 以上,以调整后 7 m 为基础,每超过 1 m 递增系数 0.75。

⑩静压桩定额中土壤级别已综合考虑,执行中不换算。预制钢筋混凝土方桩制作费,另按第 6 章有关规定计算。

⑪截除余桩可套用本册第 9 章临时工程凿除桩顶钢筋混凝土相应子目。

【例 5.1】如图 5.22 所示,自然地坪标高 0.6 m,桩顶标高 -0.3 m,设计桩长 20 m(包括桩尖,单根桩长 10 m)。桥台基础共 6 个,每个基础设 4 根预制钢筋混凝土方桩,采用浆锚接桩,试计算陆上打桩、接桩与送桩的直接工程费。

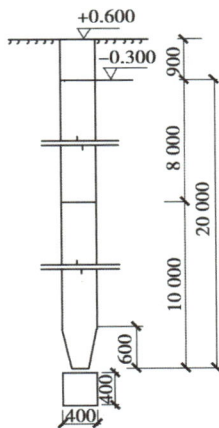

【解】(1)打桩:$V=0.4\times0.4\times20\times6\times4=76.8$ m^3

套定额 3-19　基价 $=1\,607$ 元/10 m^3

直接工程费 $=160.7\times76.8=12\,341.76$ 元

(2)接桩:$n=1\times6\times4=24$ 个

套定额 3-64　基价 $=157.12$ 元/个

直接工程费 $=157.12\times24=3\,770.88$ 元

(3)送桩:$V=0.4\times0.4\times(1+0.6+0.3)\times24=7.296$ m^3

套定额 3-84　基价 $=4\,757.69$ 元/10 m^3

直接工程费 $=475.8\times13.25=3\,471.21$ 元

图 5.22　桩断面图

【例 5.2】某单跨小型桥梁,采用桥梁桩基础如图 5.23 所示,混凝土强度等级均为 C30,土层均为黏土,请列项并计算桩基清单工程量。

【解】由图 5.23 可知,该桥梁两侧桥台下均采用 C30 钢筋混凝土方桩。但由于桩截面尺寸不同,故该桥梁工程桩基有两个清单项目,应分别计算其工程量。

（a）柱基平面图

（b）横剖面图

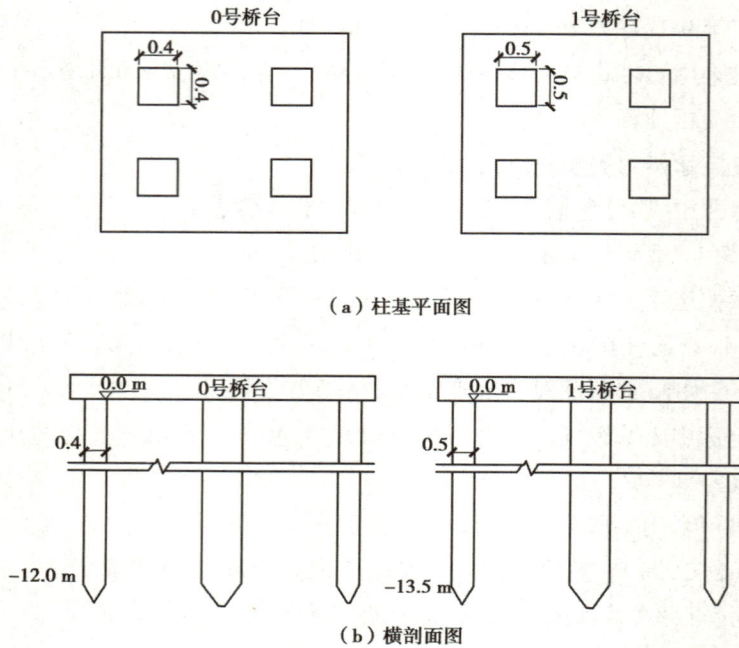

图 5.23　桥梁桩基基础面

项目编码	项目名称	项目特征	计量单位	工程数量
040301001001	预制钢筋混凝土方桩	1. 地层情况：黏土 2. 桩长：15 m 3. 桩截面：0.4 m×0.4 m 4. 桩倾斜度：垂直 5. 混凝土强度等级：C30	m	12 m×4＝48 m
040301001001	预制钢筋混凝土方桩	1. 地层情况：黏土 2. 桩长：15.5 m 3. 桩截面：0.5m×0.5 m 4. 桩倾斜度：垂直 5. 混凝土强度等级：C30	m	13.5 m×4＝54 m

学习单元 5.3　钻孔灌注桩工程

冲孔灌注桩
施工工艺

5.3.1　钻孔灌注桩工程基础知识

钻孔灌注桩是指采用不同的钻孔方法,在土中形成一定直径的井孔,达到设计标高后,将钢筋骨架(笼)吊入井孔中,灌注混凝土形成的桩基础。

1)埋设钢护筒

在钻孔灌注桩中,常埋设钢护筒来定位需要钻的桩位,如图 5.24 所示。护筒壁厚 10 mm,护筒定位时,先以桩位中心为圆心,根据护筒半径在土上定出护筒位置,护筒就位后,施加压力将护筒埋入约 50 cm。如下压困难,可先将孔位处的土体挖出一部分,然后安放护筒埋入地下。在埋入过程中应检查护筒是否垂直,若发现偏斜,应及时纠正。陆上护筒埋放就位后,将护筒外侧用黏土回填压实,以防止护筒四周出现漏水现象,回填厚度 40～45 cm,顶端高度高出(水面)地面 0.4～0.6 m,筒位距孔心偏差不得大于 50 mm。

埋设钢护筒的作用:定位;保护孔口,以及防止地面石块掉入孔内;保持泥浆水位(压力),防止坍孔;桩顶标高控制依据之一;防止钻孔过程中的沉渣回流。

一般来说,护筒顶标高采用反循环钻时其顶部应高出地下水位 2.0 m;采用正循环钻时应高出地下水位 1.0～1.5 m;处于旱地时,护筒在满足上述条件的基础上还应高出地面 0.3 m。

图 5.24　埋设钢护筒

2)人工挖孔桩

人工挖孔桩
人工挖孔桩,是指用人力挖土、现场浇筑的钢筋混凝土桩。人工挖孔桩一般直径较粗,最细的也在 800 mm 以上,能够承载楼层较少且压力较大的结构主体,目前应用比较普遍,如图 5.25 所示。桩的上面设置承台,再用承台梁拉结、连系起来,使各个桩的受力均匀分布,用以支承整个建筑物。人工挖孔灌注桩是指桩孔采用人工挖掘方法进行成孔,然后安放钢筋笼,浇注混凝土而成的桩。

人工挖孔桩施工方便、速度较快、不需要大型机械设备,挖孔桩要比木桩、混凝土打入桩抗震能力强,造价比冲锥冲孔、冲击锥冲孔、冲击钻机冲孔、回旋钻机钻孔、沉井基础节省,应用广泛。但挖孔桩井下作业条件差、环境恶劣、劳动强度大,安全和质量显得尤为重要。

图 5.25　人工挖孔桩

3)回旋钻机钻孔

回旋钻机(图 5.26)钻孔灌注桩技术被誉为"绿色施工工艺",其特点是工作效率高、施工质量好、尘土泥浆污染少。旋挖钻机是一种多功能、高效率的灌注桩桩孔的成孔设备,可以实现桅杆垂直度的自动调节和钻孔深度的计量;旋挖钻孔施工是利用钻杆和钻斗的旋转,以钻斗自重并加液压作为钻进压力,使土屑装满钻斗后提升钻斗出土。通过钻斗的旋转、挖土、提升、卸土和泥浆置换护壁,反复循环而成孔。吊放钢筋笼、灌注砼、后压浆等同其他水下钻孔灌注桩工艺。

旋挖钻机一般适用黏土、粉土、砂土、淤泥质土、人工回填土及含有部分卵石、碎石的地层。目前,旋挖钻机的最大钻孔直径为 3m,最大钻孔深度达 120 m,最大钻孔扭矩为 620 kN·m。

图 5.26　回旋钻机

4)冲击锤成孔

冲击式钻机(图 5.27)是灌注桩基础施工的一种重要钻孔机械,它能适应各种不同地质情况,特别是卵石层中钻孔,冲击式钻机较之其他形式钻机适应性强。同时,用冲击式钻机造孔,成孔后,孔壁四周形成一层密实的土层,对稳定孔壁,提高桩基承载能力,均有一定作用。

冲机钻孔是利用钻机的曲柄连杆机构,将动力的回转运动改变为往复运动,通过钢丝绳带动冲锤上下运动。通过冲锤自由下落的冲击作用,将卵石或岩石破碎,钻渣随泥浆(或用掏渣筒)排出。

图5.27　冲击式钻机

5)泥浆池的建造

泥浆护壁成孔灌注桩

现场设泥浆池(含回浆用沉淀池及泥浆储备池,见图5.28)一般为钻孔容积的1.5~2.0倍,要有较好的防渗能力。在沉淀池的旁边设置渣土区,沉渣采用反铲清理后放在渣土区,保证泥浆的巡回空间和存储空间。

制备泥浆的设备有两种,一是用泥浆搅拌机,二是用水力搅拌器。使用黏土粉造浆时最好用水力搅拌器;使用膨润土造浆时用泥浆搅拌机。

护壁泥浆再生处理:施工中采用重力沉降除渣法,即利用泥浆与土渣的相对密度差使土渣产生沉淀以排除土渣的方法。现场设置回收泥浆池用作回收护壁泥浆使用,泥浆经沉淀净化后,输送到储浆池中,在储浆池中进一步处理(加入适量纯碱和CMC改善泥浆性能)经测试合格后重复使用。

为了环保要求,泥浆需要集中处理,不能直接排往天然水体。

图5.28　泥浆池

6)钻孔桩灌注混凝土

灌注混凝土从工艺上来说,人工挖孔桩不需要水下灌注混凝土,回旋钻孔和冲击锤成孔都需要浇筑水下混凝土。泥浆护壁成孔灌注混凝土的浇筑是在水中或泥浆中进行的,故称为浇筑水下混凝土。水下混凝土宜比设计强度提高一个强度等级,必须具备良好的和易性,配合比应通过试验确定。水下混凝土浇筑常用导管法。

5.3.2 钻孔灌注桩工程清单编制

桩基工程量清单项目设置、项目特征描述的内容、计量单位及工程量计算规则,应按表5.6的规定执行。

桩基础工程
清单编制

表5.6 桩基(编号:040301,GB 50857—2013 中表 C.1)

项目编码	项目名称	项目特征	计量单位	工程量计算规则	工作内容
040301004	泥浆护壁成孔灌注桩	1. 地层情况 2. 空桩长度、桩长 3. 桩径 4. 成孔方法 5. 混凝土种类、强度等级	1. m 2. m³ 3. 根	1. 以米计量,按设计图示尺寸以桩长(包括桩尖)计算 2. 以立方米计量,按不同截面在桩长范围内以体积计算 3. 以根计量,按设计图示数量计算	1. 工作平台搭拆 2. 桩机移位 3. 护筒埋设 4. 成孔、固壁 5. 混凝土制作、运输、灌注、养护 6. 土方、废浆外运 7. 打桩场地硬化及泥浆池、泥浆沟
040301005	沉管灌注桩	1. 地层情况 2. 空桩长度、桩长 3. 复打长度 4. 桩径 5. 沉管方法 6. 桩尖类型 7. 混凝土种类、强度等级		1. 以米计量,按设计图示尺寸以桩长(包括桩尖)计算 2. 以立方米计量,按设计图示桩长(包括桩尖)乘以桩的断面积计算 3. 以根计量,按设计图示数量计算	1. 工作平台搭拆 2. 桩机移位 3. 打(沉)拔钢管 4. 桩尖安装 5. 混凝土制作、运输、灌注、养护
040301006	干作业成孔灌注桩	1. 地层情况 2. 空桩长度、桩长 3. 桩径 4. 扩孔直径、高度 5. 成孔方法 6. 混凝土种类、强度、等级			1. 工作平台搭拆 2. 桩机移位 3. 成孔、扩孔 4. 混凝土制作、运输、灌注、振捣、养护

续表

项目编码	项目名称	项目特征	计量单位	工程量计算规则	工作内容
040301007	挖孔桩土(石)方	1. 土(石)类别 2. 挖孔深度 3. 弃土(石)运距	m³	按设计图示尺寸(含护壁)截面积乘以挖孔深度以立方米计算	1. 排地表水 2. 挖土、凿石 3. 基底钎探 4. 土(石)方外运
040301008	人工挖孔灌注桩	1. 桩芯长度 2. 桩芯直径、扩底直径、扩底高度 3. 护壁厚度、高度 4. 护壁材料种类、强度等级 5. 桩心混凝土种类、强度等级	1. m³ 2. 根	1. 以立方米计量,按桩心混凝土体积计算 2. 以根计量,按设计图示数量计算	1. 护壁制作、安装 2. 混凝土制作、运输、灌注、振捣、养护
040301009	钻孔压浆桩	1. 地层情况 2. 桩长 3. 钻孔直径 4. 骨料品种、规格 5. 水泥强度等级	1. m 2. 根	1. 以米计量,按设计图示尺寸以桩长计算 2. 以根计量,按设计图示数量计算	1. 钻孔、下注浆管、投放骨料 2. 浆液制作、运输、压浆
040301010	灌注桩后注浆	1. 注浆导管材料、规格 2. 注浆导管长度 3. 单孔注浆量 4. 水泥强度等级	孔	按设计图示以注浆孔数计	1. 注浆导管制作、安装 2. 浆液制作、运输、压浆
040301011	截桩头	1. 桩类型 2. 桩头截面、高度 3. 混凝土强度等级 4. 有无钢筋	1. m³ 2. 根	1. 以立方米计量,按设计桩截面乘以桩头长度以体积计算 2. 以根计量,按设计图示数量计算	1. 截桩头 2. 凿平 3. 废料外运
040301012	声测管	1. 材质 2. 规格型号	1. t 2. m	1. 按设计图示尺寸以质量计算 2. 按设计图示尺寸以长度计算	1. 检测管截断、封头 2. 套管制作、焊接 3. 定位、固定

①泥浆护壁成孔灌注桩是指在泥浆护壁条件下成孔,采用水下灌注混凝土的桩。其成孔方法包括冲击钻成孔、冲抓锥成孔、回旋钻成孔、潜水钻成孔、泥浆护壁的旋挖成孔等。

②沉管灌注桩的沉管方法包括锤击沉管法、振动沉管法、振动冲击沉管法、内夯沉管法等。

③干作业成孔灌注桩是指不用泥浆护壁和套管护壁的情况下,用钻机成孔后,下钢筋笼,灌注混凝土的桩,适用于地下水位以上的土层。其成孔方法包括螺旋钻成孔、螺旋钻成孔扩底、干作业的旋挖成孔等。

④混凝土灌注桩的钢筋笼制作、安装,按附录J钢筋工程中相关项目编码列项。

⑤本表工作内容未含桩基础的承载力检测、桩身完整性检测。

5.3.3 钻孔灌注桩清单报价

①本章定额包括埋设钢护筒,人工挖孔、卷扬机带冲抓锥、冲击钻机、回旋钻机四种成孔方式及泥浆制作运输、灌注混凝土、灌注混凝土桩接桩等项目。

②本章定额适用于桥涵工程钻孔灌注桩基础工程。

③本章定额钻孔土质分为八种:

a. 砂土:粒径不大于2 mm的砂类土,包括淤泥、轻亚黏土。

b. 黏土:亚黏土、黏土、黄土,包括土状风化岩。

c. 砂砾:粒径2～20 mm的角砾、圆砾含量小于或等于50%,包括礓石黏土及粒状风化。

d. 砾石:粒径2～20 mm的角砾、圆砾含量大于50%,有时还包括粒径为20～200 mm的碎石、卵石,其含量在50%以内,包括块状风化。

e. 卵石:粒径20～200 mm的碎石、卵石含量大于10%,有时还包括块石、漂石,其含量在10%以内,包括块状风化。

f. 软石:各种松软、胶结不紧、节理较多的岩石及较坚硬的块石土、漂石土。

g. 次坚石:硬的各类岩石,包括粒径大于500 mm、含量大于10%的较坚硬的块石、漂石。

h. 坚石:坚硬的各类岩石,包括粒径大于1 000 mm、含量大于10%的坚硬的块石、漂石。

④成孔定额按孔径、深度和土质划分项目,若超过定额使用范围,应另行计算。

⑤埋设钢护筒定额中钢护筒按摊销量计算,若在深水作业,钢护筒无法拔出时,经建设单位签证后,可按钢护筒实际用量(或参考表5.7)减去定额数量一次增列计算,但该部分费用作为独立费。

表 5.7 钢护筒延米用量计算表

桩径(mm)	800	1 000	1 200	1 500	2 000
每米护筒质量(kg/m)	155.37	184.96	286.06	345.09	554.99

⑥灌注桩混凝土均考虑混凝土水下施工,按机械搅拌,在工作平台上导管倾注混凝土。

定额中已包括设备(如导管等)摊销及扩孔增加的混凝土数量,不得另行计算。

⑦截除余桩可套用本册第9章临时工程凿除桩顶钢筋混凝土相应子目。

⑧定额中不包括在钻孔中遇到障碍必须清除的工作,发生时另行计算。

⑨泥浆制作定额按普通泥浆考虑,使用其他材料制作者,不予调整。

⑩泥浆池、泥浆罐根据施工组织设计另行考虑。

⑪钻孔桩成孔工程量按成孔长度乘以设计桩截面积以"m³"计算。成孔长度:陆上时,为原地面至设计桩底的长度;水上时,为水平面至设计桩底的长度减去水深。岩石层增加费工程量按实际入岩数量以"m³"计算。

⑫冲孔桩机冲抓(击)锤冲孔工程量分别按进入各类层土、岩石层的成孔长度乘以设计桩截面积以"m³"计算。

⑬人工挖桩孔工程量按护壁外围的面积乘以深度以"m³"计算,孔深按自然地坪至设计桩底标高的长度计算。挖淤泥、流沙、入岩增加费按实际挖、凿数量以"m³"计算。

⑭钻孔灌注桩混凝土工程量按桩长乘以设计桩截面积计算,桩长＝设计桩长+设计加灌长度。设计未规定加灌长度时,加灌长度按不同设计桩长确定:25 m以内按0.5 m;35 m以内按0.8 m;35 m以上按1.2 m计算。

⑮桩孔回填土工程量按加灌长度顶面至自然地坪的长度乘以桩孔截面积以"m³"计算。

⑯泥浆池建造和拆除、泥浆运输工程量按成孔工程量以"m³"计算。

⑰钻孔灌注桩如需搭设工作平台,按本册第九章相应定额执行。

⑱钻孔灌注桩钢筋笼按设计图纸计算,套用本册第四章相应定额。

⑲钻孔灌注桩需使用预埋铁件时,套用本册第四章相应定额。

【例5.3】某桥梁钻孔灌注桩基础,土层均为砂性土,采用泥浆护壁回旋钻成孔桩工艺,桩径为1.2 m,桩顶设计标高0.00 m,桩底设计标高为−28 m,共计24根桩,桩身采用C25钢筋混凝土。请根据以上描述列清单项,并计算清单工程量。

【解】

项目编码	项目名称	项目特征	计量单位	工程量计算
040301004001	泥浆护壁成孔灌注桩	1. 地层情况:砂土 2. 桩长:28 m 3. 桩径:1.2 m 4. 成孔方法:回旋钻 5. 混凝土强度等级:C25	m	28×24＝672 m

续表

项目编码	项目名称	项目特征	计量单位	工程量计算
040301011001	截桩头	1. 桩径:1.2 m 2. 高度:1.5 m 3. 混凝土强度等级:C25 4. 有无钢筋:有	根	24 根

【例5.4】某高架桥基础打桩工程,陆上成孔。需打 $\phi1\,500$ mm 钻孔灌注桩40根,设计桩长为 30 m,采用回旋钻机钻孔,二类黏土,护筒设为 2 m,泥浆现场施工点制备,废料运输至 3 km 外丢弃,桩身采用 C25 水下混凝土,试计算工程量并套用定额。

【解】(1)埋设钢护筒:40×2=80(m)

套3-115　基价=5 984.79 元/10 m

直接工程费=80×5 984.79/10=47 878.32(元)

(2)钻孔桩成孔:30×40=1 200(m)

套3-148　基价=3 231.72 元/10 m

直接工程费=1 200×3 231.72/10=387 806.40(元)

(3)泥浆制作:工程量(成孔体积的两倍)=2×30×3.14×(1.5÷2)²×40=4 239(m³)

套3-212　基价=301.96 元/10 m³

直接工程费=4 239×301.96/10=128 000.84(元)

(4)泥浆运输:工程量(等于成孔体积)=4 239 m³

套3-213　基价=1 527.5 元/10 m³

直接工程费=4 239×1 527.5/10=647 507.25(元)

(5)灌注混凝土 C25:需要考虑超灌 1 m

(30+1)×3.14×(1.5÷2)²×40=2 190.15(m³)

套3-216　基价=5 991.44 元/10 m³

直接工程费=2 190.15×5 991.44/10=13 122 152.32(元)

学习单元5.4　砌筑工程

5.4.1　砌筑工程基础知识

1)浆砌块石、料石

浆砌石是使用胶结材料的块石砌体。石块依靠胶结材料的粘结力、摩擦力和石块本身重

量,保持建筑物稳定。

块石指的是符合工程要求的岩石,经开采并加工而成的形状大致方正的石块,主要有花岗石块石、砂石块石等。在桥梁工程中浆砌块石,常用于桥墩台身、拱圈、锥坡、挡墙等,如图5.29—图5.32所示。

料石(也称条石)是由人工或机械开采出的较规则的六面体石块,按其加工后的外形规则程度可分为毛料石、粗料石、半细料石和细料石四种。按形状可分为条石、方石和拱石。料石按加工面的平整程度分为细料石、半细料石、粗料石和毛料石四种。料石的宽度、厚度均不宜小于200mm,长度不宜大于厚度的4倍。在桥梁工程中浆砌块石,常用于桥墩台身、挡墙、侧墙、栏杆、帽石、缘石、拱圈等。

图5.29　浆砌块桥墩

图5.30　浆砌石拱圈

图5.31　浆砌石锥坡

图5.32　浆砌石挡墙

砌筑砂浆分为现场配制砂浆和预拌砌筑砂浆。现场配制砂浆又分为水泥砂浆(M30、M25、M20、M15、M10、M7.5、M5 七个强度等级)和水泥混合砂浆(M15、M10、M7.5、M5 四个强度等级)。

2)浆砌混凝土预制块

混凝土预制块是将干硬混凝土通过挤压、振动等方法在专用模具中成型后形成的混凝土预制块,常用于护坡等,如图5.33所示。

图 5.33　浆砌混凝土预制块护坡

5.4.2　砌筑工程清单编制

砌筑工程量清单项目设置、项目特征描述的内容、计量单位及工程量计算规则,应按表5.8的规定执行。

表 5.8　砌筑(GB 50857—2013 中表 C.5)

项目编码	项目名称	项目特征	计量单位	工程量计算规则	工作内容
040305001	垫层	1. 材料品种、规格 2. 厚度	m³	按设计图示尺寸以体积计算	垫层铺筑
040305002	干砌块料	1. 部位 2. 材料品种、规格 3. 泄水孔材料品种、规格 4. 滤水层要求 5. 沉降缝要求			1. 砌筑 2. 砌体勾缝 3. 砌体抹面 4. 泄水孔制作、安装 5. 滤层铺设 6. 沉降缝
040305003	浆砌块料	1. 部位 2. 材料品种、规格 3. 砂浆强度等级 4. 泄水孔材料品种、规格 5. 滤水层要求 6. 沉降缝要求			
040305004	砖砌体				
040305005	护坡	1. 材料品种 2. 结构形式 3. 厚度 4. 砂浆强度等级	m²	按设计图示尺寸以面积计算	1. 修整边坡 2. 砌筑 3. 砌体勾缝 4. 砌体抹面

①干砌块料、浆砌块料和砖砌体应根据工程部位不同,分别设置清单编码。

②本节清单项目中"垫层"指碎石、块石等非混凝土类垫层。

5.4.3　砌筑工程清单报价

1)砌筑工程量计算

①砌筑工程量按设计粉砌体尺寸以"m^3"体积计算,嵌入砌体中的钢管、沉降缝、伸缩缝以及单孔面积在 $0.3\ m^2$ 以内的预留孔所占体积不予扣除。

②拱圈底模工程量按模板接触砌体的面积计算。

2)砌筑工程定额应用

①本章定额包括浆砌块石、料石、混凝土预制块和砖砌体等项目。

②本章定额适用于砌筑高度在 $8\ m$ 以内的桥涵砌筑工程。本章定额未列的砌筑项目,可套用《第一册　通用项目》有关定额。

③砌筑定额中未包括垫层、拱背和台背的填充项目,如发生上述项目,可套用有关定额。

④拱圈底模定额中不包括拱盔和支架,可套用本册第 9 章有关项目。

⑤定额中调制砂浆,均按砂浆拌和机拌和,如采用人工拌制时,定额不予调整。

⑥本章挡墙适用于桥涵及其引道范围。

【例 5.5】某工程 M10 水泥砂浆、块石砌筑墩台,试确定定额编号及基价。

【解】套用 3-227

基价 $= 4\ 028.5$ 元/10 m^3

学习单元 5.5　钢筋及钢结构工程

5.5.1　钢筋及钢结构工程基础知识

1)钢筋制作、安装

钢筋加工工序多,包括钢筋调直、冷拔、切断、除锈、弯制、焊接或绑扎成型等,而且钢筋的规格和型号尺寸也比较多。

①钢筋混凝土结构所用钢筋的品种、规格、性能等均应符合设计要求和现行国家标准《钢筋混凝土用钢 第 1 部分:热轧光圆钢筋》(GB 1499.1—2008),《钢筋混凝土用钢第 2 部分:热轧带肋钢筋》(GB 1499.2—2008),《冷轧带肋钢筋》(GB 13788—2008)和《环氧树脂涂层钢筋》(JG 3042—997)等的规定。

②钢筋应按不同钢种、等级、牌号、规格及生产厂家分批验收,确认合格后方可使用。

③钢筋在运输、储存、加工过程中应防止锈蚀、污染和变形。

④钢筋的级别、种类和直径应按设计要求采用。当需要代换时,应由原设计单位作变更设计。

⑤圆钢(图5.34)和螺纹钢(图5.35)是对不同种类钢筋的通俗叫法,它们之间的不同主要有以下5点:第一,外形不同。圆钢的外表面是光滑的;螺纹钢的外表面带有螺旋形的肋。第二,生产标准不同。在现行标准中,圆钢指HPB235级钢筋,它的生产标准是《钢筋混凝土用热轧光面钢筋》(GB 13013);螺纹钢一般指HRB335及HRB400级钢筋,它的生产标准是《钢筋混凝土用热轧带肋钢筋》(GB 1499)。第三,强度不同。圆钢(HPB235)的设计强度为210MPa;螺纹钢的强度较圆钢要高,HRB335的设计强度为300MPa;HRB400的设计强度为360MPa。第四,钢种不同,也就是说化学成份不同。圆钢(HPB235)属碳素钢,钢种是Q235;螺纹钢属低合金钢,HRB335级钢筋是20MnSi(20锰硅);HRB400级钢筋是20MnSiV或20MnSiNb或20MnTi等。第五,物理力学性能不同。由于钢筋的化学成份和强度不同,因此在物理力学性能方面也有所不同。圆钢的冷弯性能较好,可以做180度的弯钩,螺纹钢只能做90度的直钩;圆钢的可焊性较好,用普通碳素焊条即可,螺纹钢须用低合金焊条;螺纹钢在韧性、抗疲劳性能方面较圆钢好。

图5.34　圆钢

图5.35　螺纹钢

⑥钻孔灌注桩的钢筋笼(图5.36),一般由螺纹钢和圆钢配合制作而成。

2)预应力钢筋制作、安装

预应力混凝土是预应力钢筋混凝土的简称,此项技术在桥梁工程中得到普遍应用。按照施加混凝土预应力的方法分为先张法和后张法。

①先张法是在混凝土浇筑之前张拉预应力钢筋,在混凝土达到规定强度后放张,预应力通过混凝土对预应力钢筋的握裹力传递和建立。后张法是在混凝土达到强度后,在混凝土预设的孔道中穿入预应力钢筋,然后张拉,通过锚具对混凝土施加预应力。先张法、后张法用来保持预应力的工具是夹具、锚具(图5.37)。

图 5.36　钢筋笼

②预应力混凝土结构所采用预应力筋的质量应符合现行国家标准《预应力混凝土用钢丝》(GB/T 5223—2014),《预应力混凝土用钢绞线》(GB/T 5224—2014),《无粘结预应力钢绞线》(JG/T 161—2016)等规范的规定。每批钢丝、钢绞线(图 5.38)、钢筋应由同一牌号、同一规格、同一生产工艺的产品组成。

图 5.37　夹具、锚具

图 5.38　钢绞线

③后张有粘结预应力混凝土结构中,预应力筋的孔道一般由浇筑在混凝土中的刚性或半刚性孔道构成。一般工程可由钢管抽芯、胶管抽芯或金属伸缩套管抽芯预留压浆孔道(图 5.39)。浇筑在混凝土中的管道应具有足够强度和刚度,不允许有漏浆现象,且能按要求传递粘结力。

5.5.2　钢筋及钢结构工程清单编制

钢结构工程量清单项目设置、项目特征描述的内容、计量单位及工程量计算规则,应按表5.9 的规定执行。

图 5.39　后张法预留压浆孔道

表 5.9　钢结构(编码:040307,GB 50857—2013 中表 C.7)

项目编码	项目名称	项目特征	计量单位	工程量计算规则	工作内容
040307001	钢箱梁	1. 材料品种、规格 2. 部位 3. 探伤要求 4. 防火要求 5. 补刷油漆品种、色彩、工艺要求	t	按设计图示尺寸以质量计算。不扣除孔眼的质量,焊条、螺钉、螺栓等不另增加质量	1. 拼装 2. 安装 3. 探伤 4. 涂刷防火涂料 5. 补刷油漆
040307002	钢板梁				
040307003	钢和梁				
040307004	钢拱				
040307005	劲性钢结构				
040307006	钢结构叠合梁				
040307007	其他钢构件				
040307008	悬(斜拉)索	1. 材料品种、规格 2. 直径 3. 拉强度 4. 防护方式		按设计图示尺寸以质量计算	1. 拉索安装 2. 张拉、索力调整、锚固 3. 防护壳制作、安装
040307009	钢拉杆				1. 连接、紧锁件安装 2. 钢拉杆安装 3. 钢拉杆防腐 4. 钢拉杆防护壳制作、安装

　　钢筋工程量清单项目设置、项目特征描述的内容、计量单位及工程量计算规则,应按表 5.10 的规定执行。

表 5.10　钢筋工程(GB 50857—2013 中表 J.1)

项目编码	项目名称	项目特征	计量单位	工程量计算规则	工作内容
040901001	现浇构件钢筋	1.钢筋种类 2.钢筋规格	t	按设计图示尺寸以质量计算	1.制作 2.运输 3.安装
040901002	预制构件钢筋				
040901003	钢筋网片				
040901004	钢筋笼				
040901005	先张法预应力钢筋(钢丝、钢绞线)	1.部位 2.预应力筋种类 3.预应力筋规格			1.张拉台座制作、安装、拆除 2.预应力筋制作、张拉
040901006	后张法预应力钢筋(钢丝束、钢绞线)	1.部位 2.预应力筋种类 3.预应力筋规格 4.锚具种类、规格 5.砂强度等级 6.压浆管材质、规格			1.预应力筋孔道制作、安装 2.锚具安装 3.预应力筋制作、张拉 4.安装压浆管道 5.孔道压浆
040901007	型钢	1.材料种类 2.材料规格			1.制作 2.运输 3.安装、定位
040901008	植筋	1.材料种类 2.材料规格 3.植入深度 4.植筋胶品种	根	按设计图示数量计算	1.定位、钻孔、清孔 2.钢筋加工成型 3.注胶、植筋 4.抗拔试验 5.养护
040901009	预埋铁件	1.材料种类 2.材料规格	t	按设计图示尺寸以质量计算	1.制作 2.运输 3.安装
040901010	高强螺栓		1.t 2.套	1.按设计图示尺寸以质量计算 2.按设计图示以数量计算	

①现浇构件中伸出构件的锚固钢筋、预制构件的吊钩和固定位置的支撑钢筋等,应并入钢筋工程量内。除设计标明的搭接外,其他施工搭接不计算工程量,由投标人在报价中综合考虑。

②钢筋工程所列"型钢"是指劲性骨架的型钢部分。

③凡型钢与钢筋组合(除预埋铁件外)的钢格栅,应分别列项。

④钢筋清单项目应先区别非预应力钢筋、预应力钢筋,其中预应力钢筋还应区别先张法预应力钢筋、后张法预应力钢筋;其次以部位、规格、材质等项目特征划分不同的具体清单项目,并分别计算工程量。

5.5.3　钢筋及钢结构工程清单报价

桥涵钢筋工程清单编制

1)钢筋及钢结构工程工程量计算

①钢筋按设计数量套用相应定额计算(损耗已包括在定额中)。设计未包括的施工用钢筋经建设单位签证后可另计。

②T形梁连接钢板项目按设计图纸以"t"为单位计算。

③锚具工程量按设计用量乘以下列系数计算:锥形锚,1.02;OVM锚,1.02;墩头锚,1.00。

④管道压浆不扣除预应力钢筋体积。

2)预算定额的应用

①本章定额包括桥涵工程各种钢筋、高强钢丝、钢绞线、预埋铁件的制作及安装等项目。

②定额中钢筋按$\phi 10$以内及$\phi 10$以外两种分列,钢板均按Q235B钢板计列,预应力筋采用Ⅳ级钢、钢绞线和高强钢丝。因设计要求采用钢材与定额不符时,可予调整。

③因束道长度不等,故定额中未列锚具数量,但已包括锚具安装的人工费。

④先张法预应力筋制作、安装定额,未包括张拉台座,该部分可套相应定额。

⑤压浆管道定额中的铁皮管、波纹管均已包括套管及三通管安装费用,但未包括三通管费用,可另行计算。

⑥本章定额中钢绞线按$\phi s15.20$、束长在40 m以内考虑,如规格不同或束长超过40 m时,应另行计算。

学习单元 5.6　现浇混凝土工程

5.6.1　现浇混凝土工程基础知识

1)实体桥墩(台)

实体桥墩(台)是指依靠自身重量来平衡外力而保持稳定的桥墩,如图 5.40 所示。它一般适宜荷载较大的大、中型桥梁,或流冰、漂浮物较多的江河之中。此类桥墩的最大缺点是圬工体积较大,因而其自重大、阻水面积也较大。

特点:

①利用自身重量(包括桥跨结构重)平衡外力,从而保证桥墩的稳定。

②圬工结构:砖、石、砼结构,不设受力钢筋仅配构造钢筋。

③缺点:圬工体积大,自重和阻水面积大,要求地基土承载力较高。

桥墩的类型

图 5.40　实体桥墩

2)轻型桥墩(台)

针对重力式桥墩的缺点而出现的桥墩,具有外形轻盈美观,圬工量少,可减轻地基负荷,节省基础工程,便于用拼装结构或用滑升模板施工,有利于加快施工进度,提高劳动生产率等优点。实现轻型桥墩的主要途径为:改用强度较高的材料,改变桥墩的结构形式和桥墩受力情况。

(1)空心桥墩

空心桥墩外形似重力式桥墩,但它是中空的薄壁墩(图 5.41),可采用钢筋混凝土现浇或为预应力混凝土拼装结构,适用于高桥墩。

（2）构架式桥墩

构架式桥墩是以桁架、刚架为主体的轻型桥墩。在城市、公路桥上常采用 X 形、Y 形（图5.42）、V 形等刚架式桥墩，外形优美，结构新颖。

图 5.41　空心桥墩

图 5.42　Y 形桥墩

（3）薄壁桥墩

薄壁桥墩多为采用滑模施工的钢筋混凝土结构。因薄壁墩顺桥方向的尺寸纤细，受纵向水平力时易产生挠曲变形，故又称柔性桥墩。利用桥跨结构将若干个柔性桥墩顶和邻近的刚性桥墩（台）顶以铰或固结相连，形成多跨超静定结构，可使全桥纵向水平力主要由刚性桥墩（台）承担，极大地改善了柔性墩的受力情况。

（4）桩柱式桥墩

桩柱式桥墩（图5.43）为桩式、双柱式、单柱式桥墩的统称，多采用就地灌筑钢筋混凝土建造，也有采用预制构件拼装，或将打入桩组成排架式墩的。在桩式或双柱墩中，桩（柱）的长细比较大时，也具有上述薄壁桥墩的特点，是柔性桥墩的另一种结构形式。

图 5.43　桩柱桥墩

3）台帽、墩帽

台帽位于桥台上,上部荷载通过台帽传递给台身;墩帽位于桥墩上,上部荷载通过墩帽传递给墩身(图 5.44)。

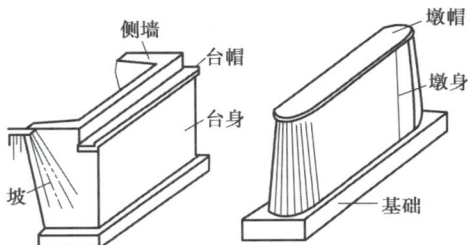

图 5.44　台帽、墩帽

4）盖梁

盖梁指的是为支承、分布和传递上部结构的荷载,在排架桩墩顶部设置的横梁,如图 5.45 所示。盖梁又称帽梁。在桥墩(台)或在排桩上设置钢筋混凝土或少筋混凝土的横梁。主要作用是支撑桥梁上部结构,并将全部荷载传到下部结构。

图 5.45　盖梁

5.6.2　现浇混凝土工程清单编制

现浇混凝土工程,工程量清单项目设置、项目特征描述的内容、计量单位及工程量计算规则按照表 5.11 规定执行。

表 5.11　现浇混凝土构件(编号:040303,GB 50857—2013 中表 C.3)

项目编码	项目名称	项目特征	计量单位	工程量计算规则	工作内容
040303001	混凝土垫层	混凝土强度等级	m³	按设计图示尺寸以体积计算	1. 模板制作、安装、拆除 2. 混凝土拌和、运输、浇筑 3. 养护
040303002	混凝土基础	1. 混凝土强度等级 2. 嵌料(毛石)比例			
040303003	混凝土承台	混凝土强度等级			
040303004	混凝土墩(台)帽	1. 部位 2. 混凝土强度等级			
040303005	混凝土墩(台)身				
040303006	混凝土支撑梁及横梁				
040303007	混凝土墩(台)盖梁				
040303008	混凝土拱桥拱座	混凝土强度等级			
040303009	混凝土拱桥拱肋				
040303010	混凝土拱上构件	1. 部位 2. 混凝土强度等级			
040303011	混凝土箱梁				
040303012	混凝土连续板	1. 部位 2. 结构形式 3. 混凝土强度等级			
040303013	混凝土板梁				
040303014	混凝土板拱	1. 部位 2. 混凝土强度等级			

续表

项目编码	项目名称	项目特征	计量单位	工程量计算规则	工作内容
040303015	混凝土挡墙墙身	1.混凝土强度等级 2.泄水孔材料品种、规格 3.滤水层要求 4.沉降缝要求	m³	按设计图示尺寸以体积计算	1.模板制作、安装、拆除 2.混凝土拌和、运输、浇筑 3.养护 4.抹灰 5.泄水孔制作、安装 6.滤水层铺筑 7.沉降缝
040303016	混凝土挡墙压顶	1.混凝土强度等级 2.沉降缝要求			
040303017	混凝土楼梯	1.结构形式 2.底板厚度 3.混凝土强度等级	1. m² 2. m³	1.以平方米计量,按设计图示尺寸以水平投影面积计算 2.以立方米计量,按设计图示尺寸以体积计算	1.模板制作、安装、拆除 2.混凝土拌和、运输、浇筑 3.养护
040303018	混凝土防撞护栏	1.断面 2.混凝土强度等级	m	按设计图示尺寸以长度计算	
040303019	桥面铺装	1.混凝土强度等级 2.沥青品种 3.沥青混凝土种类 4.厚度 5.配合比	m²	按设计图示尺寸以面积计算	1.模板制作、安装、拆除 2.混凝土拌和、运输、挠筑 3.养护 4.沥青混凝土铺装 5.碾压

续表

项目编码	项目名称	项目特征	计量单位	工程量计算规则	工作内容
040303020	混凝土桥头搭板	混凝土强度等级	m³	按设计图示尺寸以体积计算	1. 模板制作、安装、拆除 2. 混凝土拌和、运输、浇筑 3. 养护
040303021	混凝土搭板枕梁	混凝土强度等级			
040303022	混凝土桥塔身	1. 形状 2. 混凝土强度等级			
040303023	混凝土连系梁				
040303024	混凝土其他构件	1. 名称、部位 2. 混凝土强度等级			
040303025	钢管拱混凝土	混凝土强度等级			混凝土拌和、运输、压注

①桥梁现浇混凝土清单项目应区别现浇混凝土的结构部位、混凝土强度等级、碎石的最大粒径,划分设置不同的清单项目,并分别计算工程量。

②现浇混凝土项目包括的工程内容主要有泥凝土浇筑、养生,不包括混凝土结构的钢筋制作安装、模板工程。钢筋制作、安装按《计算规范》J.1 钢筋工程另列清单项目计算,现浇混凝土结构的模板列入施工措施项目计算。

5.6.3　现浇混凝土工程清单报价

1)现浇混凝土工程工程量计算

①预制桩工程量按桩长度(包括桩尖长度)乘以桩横断面面积计算。

②预制空心构件按设计图尺寸扣除空心体积,以实体积计算。空心板梁的堵头板体积不计入工程量内,其消耗量已在定额中考虑。

③预制空心板梁,凡采用橡胶囊做内模的,考虑其压缩变形因素,可增加混凝土数量,当

桥涵现浇混凝土工程清单编制

梁长在 16 m 以内时,可按设计计算体积增加 7% ,若梁长大于 16 m 时,则增加 9% 计算。若设计图已注明考虑橡胶囊变形,不得再增加计算。

④预应力混凝土构件的封锚混凝土数量并入构件混凝土工程量计算。

⑤预制构件中预应力混凝土构件及 T 形梁、箱形梁、I 形梁、双曲拱、桁架拱等构件均按模板接触混凝土的面积(包括侧模、底模)计算。

⑥灯柱、端柱、栏杆等小型构件按平面投影面积计算。

⑦预制构件中非预应力构件按模板接触混凝土的面积计算,不包括胎、地模。

⑧空心板梁中空心部分,本定额均采用橡胶囊抽拔,其摊销量已包括在定额中,不再计算空心部分模板工程量。

⑨预制箱梁中空心部分,可按模板接触混凝土的面积计算工程量。

2)现浇混凝土工程定额应用

①本章定额包括预制桩、柱、板、梁及小型构件等项目。

②本章定额适用于桥涵工程现场制作的预制构件。

③本章定额中均未包括预埋铁件,如设计要求预埋铁件时,可按设计用量套用砌筑工程有关项目。

④本章定额不包括地模、胎模费用,需要时可套用安装工程有关定额计算。胎、地模的占用面积按施工组织设计方案确定。

【例 5.6】某城市高架桥梁,采用支架上现浇混凝土箱梁 C40,采用泵送商品混凝土,请确定定额编号及基价。

【解】3-385 箱型梁混凝土

基价 = 6 106.23 元/10 m³

3-386 箱型梁模板

基价 = 1 495.82 元/10 m²

【例 5.7】某桥梁桥台为 U 形桥台,与桥台台帽为一体,现场浇筑施工如图 5.46 所示。已知:$H = 4$ m,$B = 3$ m,$A = 10$ m,$a_1 = 6$ m,$a_2 = 5$ m,$b_1 = 2$ m,$b_2 = 1$ m,$h_1 = 0.7$ m,$b_3 = 1.0$ m,求该桥梁桥台混凝土工程量,并套用定额计算直接工程费。

【解】混凝土工程量:

大长方体体积:$V_1 = A \times B \times H = 4 \times 3 \times 10 = 120$ m³

截头方锥体体积:$V_2 = \dfrac{H}{6}[a_1 b_1 + a_2 b_2 + (a_2 + b_1)(a_1 + b_2)]$

$$= 4/6 \times [6 \times 2 + 5 \times 1 + (5 + 2) \times (6 + 1)] = 44 \text{ m}^3$$

台帽处的长方体体积:$V_3 = A \times b_3 \times h_1 = 10 \times 1 \times 0.7 = 7$ m³

桥台体积:$V = V_1 - V_2 - V_3 = 120 - 44 - 7 = 69$ m³

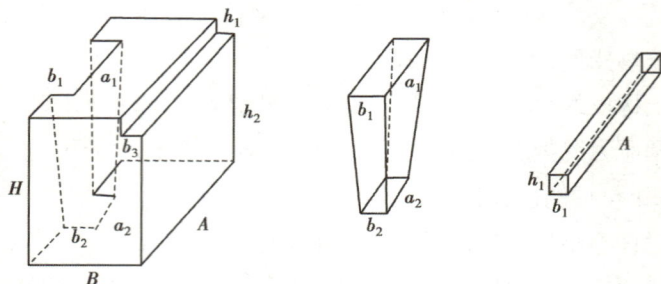

图 5.46 桥梁设计图

学习单元 5.7 预制混凝土工程

5.7.1 预制混凝土工程基础知识

1)预制混凝土 T 形梁

T 形梁指横截面形式为 T 形的梁。两侧挑出部分称为翼缘,中间部分称为梁肋(或腹板)。T 形梁是将矩形梁中对抗弯强度不起作用的受拉区混凝土挖去后形成的。T 形梁与原有矩形抗弯强度完全相同,但不仅可以节约混凝土,又减轻构件的自重,提高了跨越能力。

图 5.47 T 形梁

图 5.48 T 形梁吊装

(1)预制混凝土板梁

板梁指的是桥梁主梁断面形式,其中根据形态包括实心板梁,空心板梁等。

图 5.49　板梁吊装

图 5.50　空心板梁

（2）预制混凝土箱梁

桥箱梁内部为空心状，上部两侧有翼缘，因形状类似箱子而得名，分为单箱、多箱等。

钢筋混凝土结构的箱梁分为预制箱梁和现浇箱梁。在独立场地预制的箱梁结合架桥机可在下部工程完成后进行架设，可加快工程进度、节约工期；现浇箱梁多用于大型连续桥梁。目前常见的以材料区分主要有两种，预应力钢筋混凝土箱梁和钢箱梁。其中，预应力钢筋混凝土箱梁为现场施工，除了有纵向预应力外，有些还设置横向预应力；钢箱梁一般是在工厂中加工好后再运至现场安装，有全钢结构，也有部分加钢筋砼铺装层。

图 5.51　预制混凝土箱梁

图 5.52　钢箱梁

2）预制混凝土工程清单编制

现浇混凝土工程，工程量清单项目设置、项目特征描述的内容、计量单位及工程量计算规则按照表 5.12 的规定执行。

桥涵预制混凝土
工程清单编制

表 5.12 预制混凝土构件(编码:040304,GB 50857—2013 中表 C.4)

项目编码	项目名称	项目特征	计量单位	工程量计算规则	工作内容
040304001	预制混凝土梁	1.部位 2.图集、图纸名称 3.构件代号、名称 4.混凝土强度等级 5.砂浆强度等级	m³	按设计图示尺寸以体积计算	1.模板制作、安装、拆除 2.混凝土拌和、运输、浇筑 3.养护 4.构件安装 5.接头灌缝 6.砂浆制作 7.运输
040304002	预制混凝土柱				
040304003	预制混凝土板				
040304004	预制混凝土挡土墙墙身	1.图集、图纸名称 2.构件代号、名称 3.结构形式 4.混凝土强度等级 5.泄水孔材料种类、规格 6.滤水层要求 7.砂浆强度等级			1.模板制作、安装、拆除 2.混凝土拌和、运输、浇筑 3.养护 4.构件安装 5.接头灌缝 6.泄水孔制作、安装 7.滤水层铺设 8.砂浆制作 9.运输
040304005	预制混凝土其他构件	1.部位 2.图集、图纸名称 3.构件代号、名称 4.混凝土强度等级 5.砂浆强度等级			1.模板制作、安装、拆除 2.混凝土拌和、运输、浇筑 3.养护 4.构件安装 5.接头灌浆 6.砂浆制作 7.运输

5.7.2　预制混凝土工程清单报价

1)预制混凝土工程工程量计算

①预制桩工程量按桩长度(包括桩尖长度)乘以桩横断面面积计算。

②预制空心构件按设计图尺寸扣除空心体积,以实体积计算。空心板梁的堵头板体积不计入工程量内,其消耗量已在定额中考虑。

③预制空心板梁,凡采用橡胶囊做内模的,考虑其压缩变形因素,可增加混凝土数量,当梁长在16 m以内时,可按设计计算体积增加7%,若梁长大于16 m时,则增加9%计算。若设计图已注明考虑橡胶囊变形,不得再增加计算。

④预应力混凝土构件的封锚混凝土数量并入构件混凝土工程量计算。

⑤预制构件中预应力混凝土构件及T形梁、箱形梁、I形梁、双曲拱、桁架拱等构件均按模板接触混凝土的面积(包括侧模、底模)计算。

⑥灯柱、端柱、栏杆等小型构件按平面投影面积计算。

⑦预制构件中非预应力构件按模板接触混凝土的面积计算,不包括胎、地模。

⑧空心板梁中空心部分,本定额均采用橡胶囊抽拔,其摊销量已包括在定额中,不再计算空心部分模板工程量。

⑨预制箱梁中空心部分,可按模板接触混凝土的面积计算工程量。

2)预制混凝土工程定额说明

①本章定额包括预制桩、柱、板、梁及小型构件等项目。

②本章定额适用于桥涵工程现场制作的预制构件。

③本章定额中均未包括预埋铁件,如设计要求预埋铁件时,可按设计用量套用砌筑工程有关项目。

④本章定额不包括地模、胎模费用,需要时可套用本册第九章有关定额计算。胎、地模的占用面积按施工组织设计方案确定。

【例5.8】某城市高架桥工程二标段长度为96 m,桥面宽度26 m,简支梁结构。采用预制小箱梁架设,每根小箱梁长度为16 m,小箱梁之间横向联系采用C50混凝土后浇带,后浇带宽0.25 m,如图5.53所示。请计算预制箱梁的混凝土工程量和模板工程量。

【解】由图所知,小箱梁的宽度为3.5 m,桥面总宽为26 m,后浇带宽度为0.25 m,所以在横断面上需要的箱梁数目为:$3.5x+(x-1)\times0.25=26$,故$x=7$根。桥梁总长为96 m,纵断面上需要$96\div16=6$根,所以该标段共需小箱梁42根。

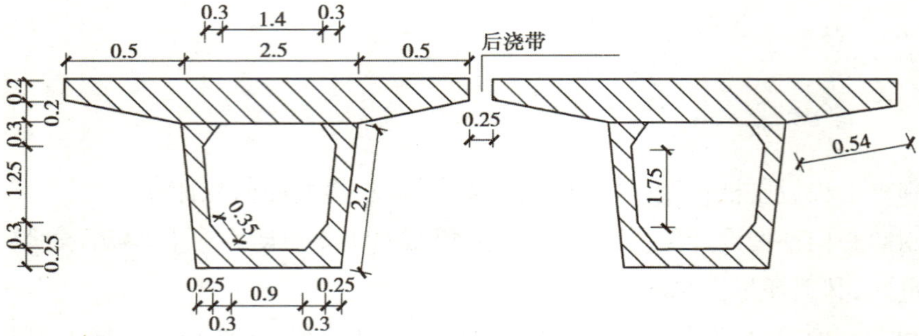

图 5.53　箱梁布置图

（1）制箱梁的混凝土工程量：

$$V = [3.5×0.2+(3.5+2.5)×0.5×0.2+(2.5+2.0)×0.5×2.1-(1.5+2.0)×0.5×1.85+4× \\ 0.5×0.3×0.3]×16×42$$

$$= 1\ 994.16(m^3)$$

（2）模板工程量：

$$S = (3.5+2.0+2.7×2+0.54×2+0.2×2+0.9+1.4+0.35×4+1.75×2)×16×42$$

$$= 13\ 157.76(m^2)$$

学习单元 5.8　立交箱涵工程

5.8.1　立交箱涵工程基础知识

当新建道路下穿铁路、公路、城市道路路基施工时，通常采用箱涵顶进施工技术。箱涵顶进主要是应用在已建造好的铁路或者公路的路基下面，顶进完成后类似于隧道。由于顶进箱涵施工法不影响既有铁路或者公路的通行，因此近年来应用非常广泛。如图 5.54 所示为立交箱涵完工后实景。

图 5.54　立交箱涵完工后实景

　　箱涵顶进的施工步骤为:现场调查→工程降水→工作坑开挖→后背制作→滑板制作→铺设润滑隔离层→箱涵制作→顶进设备安装→既有线加固→箱涵试顶进→吃土顶进→监控量测→箱体就位→拆除加固设施→拆除后背及顶进设备→工作坑恢复。

1)箱涵制作

　　为了避免不均匀沉降,在基坑需要施做滑板,在滑板上涂刷好润滑隔离层,即可进行箱涵制作。预制箱涵的内容及其先后程序为:安装模板(钢模或木模)→绑扎箱涵底板钢筋和一部分竖墙钢筋→浇筑底板和一部分竖墙混凝土→混凝土养护→支护内模→接高竖墙和顶板钢筋→支护外模→浇筑接高竖墙和顶板混凝土→混凝土养护→拆除所有外模→安装钢刃角和挖土工作台→涂刷箱涵外墙面及顶板部分的防水层。

2)箱涵顶进

(1)箱涵顶进前检查工作

①箱涵主体结构混凝土强度必须达到设计强度,防水层级保护层按设计完成。

②顶进作业面包括路基下地下水位已降至基底 500 mm 以下,并宜避开雨期施工,若在雨期施工,必须做好防洪及防雨排水工作。

③后背施工、线路加固达到施工方案要求;顶进设备及施工机具符合要求。

④顶进设备液压系统安装及预顶试验结果符合要求。

⑤工作坑内与顶进无关人员、材料、物品及设施撤出现场。

⑥所穿越的线路管理部门的配合人员、抢修设备、通信器材准备完毕。

(2)箱涵顶进启动

①启动时,现场必须有主管施工技术人员专人统一指挥。

②液压泵站应空转一段时间,检查系统、电源、仪表无异常情况后试顶。

③液压千斤顶顶紧后(顶力在 0.1 倍结构自重),应暂停加压,检查顶进设备、后背和各部位,无异常时可分级加压试顶。

④每当油压升高 5 ~ 10 MPa 时,需停泵观察,应严密监控顶镐、顶柱、后背、滑板、箱涵结构等部位的变形情况,如发现异常情况,立即停止顶进,找出原因采取措施解决后方可重新加压顶进。

⑤当顶力达到 0.8 倍结构自重时箱涵未启动,应立即停止顶进,找出原因采取措施解决后方可重新加压顶进。

⑥箱涵启动后,应立即检查后背、工作坑周围土体稳定情况,无异常情况,方可继续顶进。

(3)顶进挖土

①根据箱涵的净空尺寸、土质情况,可采取人工挖土或机械挖土。一般宜选用小型反铲按设计坡度开挖,每次开挖进尺 0.4 ~ 0.8 m,配装载机或直接用挖掘机装汽车出土。顶板切

土,侧墙刃脚切土及底板前清土须由人工配合。挖土顶进应三班连续作业,不得间断。

②两侧应欠挖 50 mm,钢刃脚切土顶进。当属斜涵时,前端锐角一侧清土困难应优先开挖。如没有中刃脚时应紧切土前进,使上下两层隔开,不得挖通漏天,平台上不得积存土料。

③列车通过时严禁继续挖土,人员应撤离开挖面。当挖土或顶进过程中发生塌方,影响行车安全时,应迅速组织抢修加固,做出有效防护。

④挖土工作应与观测人员密切配合,随时根据箱涵顶进轴线和高程偏差,采取纠偏措施。

(4)顶进作业

①每次顶进应检查液压系统、顶柱(铁)安装和后背变化情况等。

②挖运土方与顶进作业循环交替进行。每前进一顶程,即应切换油路,并将顶进千斤顶活塞回复原位;按顶进长度补放小顶铁,更换长顶铁,安装横梁。

③箱涵身每前进一顶程,应观测轴线和高程,发现偏差及时纠正。

④箱涵吃土顶进前,应及时调整好箱涵的轴线和高程。在铁路路基下吃土顶进,不宜对箱涵敝较大的轴线、高程调整动作。

(5)监控与检查

①箱涵顶进前,应对箱涵原始(预制)位置的里程、轴线及高程测定原始数据进行记录。顶进过程中,每一顶程要观测并记录各观测点左、右偏差值,高程偏差值和顶程及总进尺。观测结果要及时报告现场指挥人员,用于控制和校正。

②箱涵自启动起,对顶进全过程的每一个顶程都应详细记录千斤顶开动数量、位置,油泵压力表读数、总顶力及着力点。如出现异常应立即停止顶进,检查分析原因,采取措施处理后方可继续顶进。

③箱涵顶进过程中,每天应定时观测箱涵底板上设置的观测标钉高程,计算相对高差,展图,分析结构竖向变形。对中边墙应测定竖向弯曲,当底板侧墙出现较大变位及转角时应及时分析研究采取措施。

④顶进过程中要定期观测箱涵裂缝及开展情况,重点监测底板、顶板、中边墙,中继间牛腿或剪力铰和顶板前、后悬臂板,发现问题应及时研究采取措施。

⑤顶进基坑布置图和立交箱涵顶进现场情况分别如图 5.55 和图 5.56 所示。

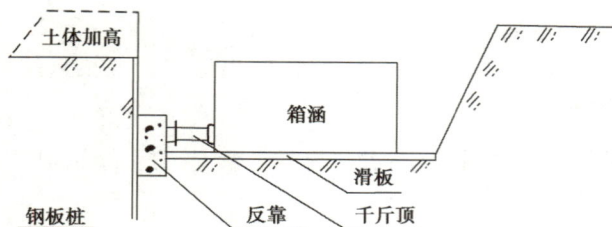

图 5.55　顶进基坑布置图

图 5.56　立交箱涵顶进现场图

（6）季节性施工技术措施

①箱涵顶进应尽可能避开雨期。需在雨期施工时，应在汛期之前对拟穿越的路基、工作坑边坡等采取切实有效的防护措施。

②雨期施工时应做好地面排水，工作坑周边应采取挡水围堰、排水截水沟等防止地面水流入工作坑的技术措施。

③雨期施工开挖工作坑（槽）时，应注意保持边坡稳定。必要时可适当放缓边坡坡度或设置支撑；经常对边坡、支撑进行检查，发现问题要及时处理。

④冬雨期现浇箱涵场地上空宜搭设固定或活动的作业棚，以免受天气影响。

⑤冬雨期施工应确保混凝土入模温度满足规范规定或设计要求。

5.8.2　立交箱涵工程清单编制

立交箱涵工程，工程量清单项目设置、项目特征描述的内容、计量单位及工程量计算规则按照表 5.13 规定执行。

5.8.3　立交箱涵工程清单报价

1）立交箱涵工程量计算

①箱涵滑板下的肋楞，其工程量并入滑板内计算。

②箱涵混凝土工程量，不扣除单孔面积 $0.3\ \mathrm{m}^2$ 以下的预留孔洞体积。

③顶柱、中继间护套及挖土支架均属专用周转性金属构件，定额中已按摊销量计列，不得重复计算。

④箱涵顶进定额分空顶、无中继间实土顶和有中继间实土顶三类，其工程量计算如下：空顶工程量按空顶的单节箱涵重量乘以箱涵位移距离计算；实土顶工程量按被顶箱涵的重量乘以箱涵位移距离分段累计计算。

⑤气垫只考虑在预制箱涵底板上使用，按箱涵底面积计算。气垫的使用天数由施工组织设计确定。但采用气垫后在套用顶进定额时应乘以系数 0.7。

表 5.13　立交箱涵（编码：040306，GB 50857—2013 中表 C.6）

项目编码	项目名称	项目特征	计量单位	工程量计算规则	工作内容
040306001	透水管	1. 材料品种、规格 2. 管道基础形式	m	按设计图示尺寸以长度计算	1. 基础铺筑 2. 管道铺设、安装

续表

项目编码	项目名称	项目特征	计量单位	工程量计算规则	工作内容
040306002	滑板	1.混凝土强度等级 2.石蜡层要求 3.塑料薄膜品种、规格	m³	按设计图示尺寸以体积计算	1.模板制作、安装、拆除 2.混凝土拌和、运输、浇筑 3.养护 4.涂石蜡层 5.铺塑料薄膜
010306003	箱涵底板	1.混凝土强度等级 2.混凝土抗渗要求 3.防水层工艺要求			1.模板制作、安装、拆除 2.混凝土拌和、运输、浇筑 3.养护 4.防水层铺涂
010306004	箱涵侧墙				1.模板制作、安装、拆除 2.混凝土拌和、运输、浇筑 3.养护 4.防水砂浆 5.防水层铺涂
010306005	箱涵顶板				
040306006	箱涵顶进	1.断面 2.长度 3.弃土运距	kt·m	按设计图示尺寸以被顶箱涵的质量,乘以箱涵的位移距离分节累计计算	1.顶进设备安装、拆除 2.气垫安装、拆除 3.气垫使用 4.钢刃角制作、安装、拆除 5.挖土实顶 6.土方场内外运输 7.中继间安装、拆除
040306007	箱涵接缝	1.材质 2.工艺要求	m	按设计图示止水带长度计算	接缝

2)立交箱涵工程定额应用

①本章定额包括箱涵制作、顶进、箱涵内挖土等项目。

②本章定额适用于现浇箱涵工程、穿越城市道路及铁路的顶推现浇立交箱涵工程。

③本章定额顶进土质按Ⅰ、Ⅱ类土考虑。

④定额中未包括箱涵顶进的后靠背设施等,其发生费用另行计算。

⑤定额中未包括深基坑开挖、支撑及井点降水的工作内容,可套用有关定额计算。

⑥立交桥引道的结构及路面铺筑工程,根据施工方法套用有关定额计算。

学习单元5.9　安装工程

5.9.1　安装工程工程基础知识

1)安装排架立柱

排架是下面两排柱子,上面屋架,在这两排柱子上面的屋架之间放上一块板子形成一个空间连续的结构。桥梁排架是桥梁下由排架支撑的一种结构。

安装桥梁排架的施工步骤为:施工准备→轴线、标高放测→排架立柱放线立柱施工→扫地杆施工→设置纵横向水平牵杆→立杆接高→设置纵横向水平牵杆→交替施工→加设垂直剪刀撑。

2)安装梁

(1)扒杆

扒杆式起重机制作简单、装拆方便,起重量较大(可达100t以上),能用于其他起重机械不能安装的一些特殊、大型构件或设备。缺点:起重半径小、移动困难,需拉设较多的缆风绳。常用的桅杆式起重机有:独脚扒(把)杆(图5.57)、人字扒(把)杆、悬臂扒(把)杆和牵缆式扒(把)杆。

(2)双导梁

导梁式架桥机是以导梁作为承载移动支架利用起重装置与移动机具来吊装预制梁的机械设备。双导梁架桥机(图5.58)由双主导梁、支腿、吊梁小车、走向机构、横移机构、电控系统组成。主导梁一般采用箱型结构。主梁具有结构轻、易于加工、安全可靠、抗扭刚度大的特点。

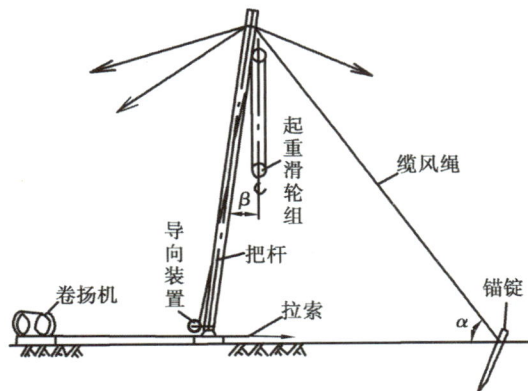

图5.57　独角扒杆

图5.58　双导梁架桥机

3）安装伸缩缝

①安装伸缩缝时要根据温度情况确定相应的宽度，根据现场情况适当进行调整。

②在沥青铺装前用砂袋或底标号混凝土填充，缝内用泡沫塑料填充，沥青铺装后放线用锯缝机切缝，填充物清除。施工时特别注意，一定要把缝中所有垃圾清空，如有杂物，会给桥梁带来终生隐患。

③伸缩缝的安装严格按规定进行（图5.59），安装前，应先对上部构造端部间的空隙宽度和预埋钢筋位置进行检查，并将预留凹槽内混凝土打毛，清扫干净。安装时要确定好中心线和高程，使其准确就位。对不符合设计要求的缝应重新处理。

图 5.59　桥梁伸缩缝安装

5.9.2　安装工程清单编制

安装工程量清单项目设置、项目特征描述的内容、计量单位及工程量计算规则按照表5.14规定执行。

桥涵安装工程
清单编制

表 5.14　预制混凝土构件（编码:040304,GB 50857—2013 中表 C.4）

项目编码	项目名称	项目特征	计量单位	工程量计算规则	工作内容
040304001	预制混凝土梁	1.部位 2.图集、图纸名称 3.构件代号、名称 4.混凝土强度等级 5.砂浆强度等级	m³	按设计图示尺寸以体积计算	1.模板制作、安装、拆除 2.混凝土拌和、运输、浇筑 3.养护 4.构件安装 5.接头灌缝 6.砂浆制作 7.运输
040304002	预制混凝土柱				
040304003	预制混凝土板				
040304004	预制混凝土挡土墙墙身	1.图集、图纸名称 2.构件代号、名称 3.结构形式 4.混凝土强度等级 5.泄水孔材料种类、规格 6.滤水层要求 7.砂浆强度等级			1.模板制作、安装、拆除 2.混凝土拌和、运输、浇筑 3.养护 4.构件安装 5.接头灌缝 6.泄水孔制作、安装 7.滤水层铺设 8.砂浆制作 9.运输
040304005	预制混凝土其他构件	1.部位 2.图集、图纸名称 3.构件代号、名称 4.混凝土强度等级 5.砂浆强度等级			1.模板制作、安装、拆除 2.混凝土拌和、运输、挠筑 3.养护 4.构件安装 5.接头灌浆 6.砂浆制作 7.运输

5.9.3　安装工程清单报价

1)安装工程工程量计算

本章定额安装预制构件以立方米为计量单位的,均按构件混凝土实体积(不包括空心部分)计算。

2)安装工程工程定额应用

①本章定额包括安装排架立柱、墩台管节、板、梁、小型构件、栏杆扶手、支座、伸缩缝等项目。

②本章定额适用于桥涵工程混凝土构件的安装等项目。

③小型构件安装已包括150 m场内运输,其他构件均未包括场内运输。

④安装预制构件定额中,均未包括脚手架,如构件安装需要用脚手架时,可套用通用项目相应定额项目。

⑤安装预制构件,应根据施工现场具体情况,采用合理的施工方法,套用相应定额。

⑥除安装梁分陆上、水上安装外,其他构件安装均未考虑船上吊装,发生时可增计船只费用。

【例5.9】起重机安装板梁,起重机 L≤10 m陆上安装,请确定定额编号及基价。

【解】3-463　基价=649.09 元/10 m^3

【例5.10】某桥梁,采用梳型钢板伸缩缝,请确定定额编号及基价。

【解】3-537　基价=1 821.80 元/10 m

学习单元 5.10　临时工程

5.10.1　临时工程基础知识

1)桥梁支架

采用支架法施工时,修建的临时用于承担桥梁荷载的支架,通常用钢管或竹子搭建的脚手架。对安装完成的支架宜采用等载预压消除支架的非弹性变形,并观测支架顶面的沉落量;同时,当在软弱地基上设置满布现浇支架时,应对地基进行处理,使地基的承载力满足现浇混凝土的施工荷载要求,浇筑混凝土时地基的沉降量不宜大于5 mm。无法确定地基承载力时,应对地基进行预压(图5.60),并进行部分荷载试验。

图 5.60 桥梁支架预压

2)挂篮

挂篮是桥梁悬臂施工中的主要设备,按结构形式可分为桁架式、斜拉式、型钢式及混合式4种。根据混凝土悬臂施工工艺要求及设计图纸对挂篮的要求,综合比较各种形式挂篮特点、重量、采用钢材类型、施工工艺等。挂篮设计原则:自重轻、结构简单、坚固稳定、前移和装拆方便、具有较强的可重复利用性,受力后变形小等特点,并且挂篮下空间充足,可提供较大施工作业面,利于钢筋模板施工操作。

所谓挂篮施工,是指浇筑较大跨径的悬臂梁桥时,采用吊篮方法,就地分段悬臂作业,如图 5.61 所示。它不需要架设支架和使用大型吊机。挂篮施工较其他方法,具有结构轻、拼制简单方便、无压重等优点。挂篮在厂内进行制作,现场安装后进行预压,经过检查挂篮的安全性和检测导梁挠度,即可立箱梁的模板、绑扎钢筋、安装波纹管、浇筑混凝土。每浇完一对梁段,就进行预应力铺固,然后向前移动挂篮,进行下一段箱梁的浇筑,直到悬臂端为止。挂篮施工的主要特点:

①能承受梁段自重及施工荷载;

②刚度大,变形小;

③结构轻巧,便于前移;

④适应范围大,底模架便于升降,适应不同的梁高。

图 5.61 挂篮施工

5.10.2　临时工程清单编制

临时工程清单编制,应根据桥梁施工组织设计,在 GB 50857—2013 表 C.1 桩基工程、表 C.3 现浇混凝土构件表中合理选择对应清单项,并进行组价。

【例5.11】某泥浆护壁成孔灌注桩组价见表5.15。

表5.15　某泥浆护壁成孔灌注桩组价表

项目清单	项目特征		单位	工程量
040301004001 泥浆护壁成孔灌注桩	地层情况:黏土,亚黏土 桩长:58.5 m 桩径:120 cm 成孔方法:回旋钻机 混凝土强度等级:C25 水下混凝土		m	1 058.4
定额编号	名称		单位	
3-108	钻孔灌注桩埋设钢护筒 陆上 $\phi \leq 1\ 200$		m	54
3-517	搭、拆桩基础陆上支架平台 锤重 2 500 kg		m²	160.55
3-129	回旋钻孔机成孔 桩径 $\phi 1\ 200$ mm 以内		m³	1 294.90
3-149	回旋钻孔灌注混凝土		m³	1 202.51
3-144	泥浆池建造、拆除		m³	1 294.90
3-145	泥浆运输运距 5 km 以内		m³	1 294.90

根据例 5.11 可以看出,桩基工程的清单组价中,可能会用到临时工程的相关定额。在实际应用中,要考虑施工组织,合理组价。

5.10.3　临时工程清单报价

1)临时工程工程量计算

①桥梁打桩 $F = N_1 F_1 + N_2 F_2$

每座桥台(桥墩) $F_1 = (5.5 + A + 2.5) \times (6.5 + D)$

每条通道 $F_2 = 6.5 \times [L - (6.5 + D)]$

②钻孔灌注桩 $F = N_1 F_1 + N_2 F_2$

每座桥台(桥墩) $F_1 = (A + 6.5) \times (6.5 + D)$

每条通道 $F_2 = 6.5 \times [L - (6.5 + D)]$

上述公式中:

F——工作平台总面积,m²;

F_1——每座桥台(桥墩)工作平台面积,m^2;

F_2——桥台至桥墩间或桥墩至桥墩间通道工作平台面积,m^2;

N_1——桥台和桥墩总数量;

N_2——通道总数量;

D——两排桩之间距离,m;

L——桥梁跨径或护岸的第一根桩中心至最后一根桩中心之间的距离,m;

A——桥台(桥墩)每排桩的第一根桩中心至最后一根桩中心之间的距离,m。

工作平台面积计算如图5.62所示,图中尺寸均为m,桩中心距为D,通道宽6.5 m。

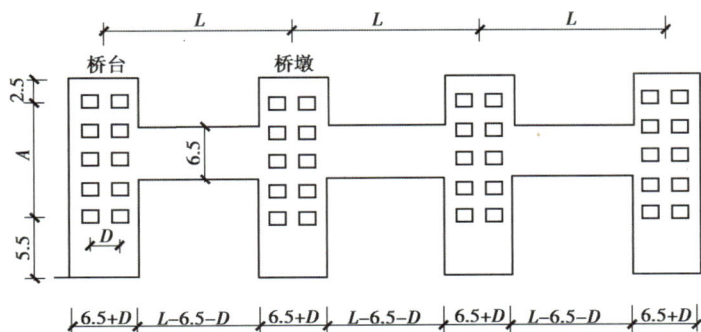

图 5.62　工作平台面积计算示意图

③凡台与墩或墩与墩之间不能连续施工时(如不能断航、断交通或拆迁工作不能配合),每个墩、台可计一次组装、拆卸柴油打桩架及设备运输费。

④桥涵拱盔、支架空间体积计算:桥涵拱盔体积按起拱线以上弓形侧面乘以(桥宽+2 m)计算;桥涵支架体积为结构底至原地面(水上支架为水上支架平台顶面)平均标高乘以纵向距离再乘以(桥宽+2 m)计算;现浇盖梁支架体积为盖梁底至承台顶面高度乘以长(盖梁长+1 m)再乘以宽度(盖梁宽+1 m)计算并扣除立柱所占体积;支架堆载预压工程量按施工组织设计要求计算,设计无要求时,按支架承载的梁体设计重量乘以系数1.1计算。

2)临时工程定额应用

①本章定额内容包括桩基础支架平台、木垛、支架的搭拆,打桩机械、船排、万能杆件的组拆,挂篮的安拆和推移,胎、地模的筑拆及桩顶混凝土凿除、安拆临时支座及锚筋等项目。

②本章定额支架平台适用于陆上、支架上打桩及钻孔灌注桩。支架平台分陆上平台与水上平台两类,其划分范围如下:

a.水上支架平台:凡河道施工期河岸线向陆地延伸2.5m范围,均可套用水上支架平台。

b.陆上支架平台:除水上支架平台以外的陆地部分均可套陆上支架平台。

③桥涵拱盔、支架均不包括底模及地基加固在内。

④组装、拆卸船排定额中未包括压舱费用。压舱材料取定为大石块,并按船排总吨位的

30% 计取(包括装、卸在内 150 m 的二次运输费)。

⑤打桩机械锤重的选择见表 5.16。

表 5.16　打桩机械锤重选择表

桩类别	桩长度(m)	桩截面积 $S(m^2)$ 或管径 ϕ	柴油桩机锤重(kg)
钢筋混凝土方桩及板桩	$L \leq 8$	$S \leq 0.05$	600
	$L \leq 8$	$0.05 < S \leq 0.250$	1 200
	$8 < L \leq 16$	$0.105 < S \leq 0.125$	1 800
钢筋混凝土方桩及板桩	$16 < L \leq 24$	$0.125 < S \leq 0.160$	2 500
	$24 < L \leq 28$	$0.160 < S \leq 0.225$	4 000
	$28 < L \leq 32$	$0.225 < S \leq 0.250$	5 000
	$32 < L \leq 40$	$0.250 < S \leq 0.300$	7 000
钢筋混凝土管桩	$L \leq 25$	$\phi 400$	2 500
	$L \leq 25$	$\phi 550$	4 000
	$L \leq 25$	$\phi 600$	7 000
	$L \leq 25$	$\phi 600$	5 000
	$L \leq 25$	$\phi 800$	7 000
	$L \leq 25$	$\phi 1\,000$	7 000
	$L \leq 25$	$\phi 1\,000$	8 000

注:钻孔灌注桩工作平台按孔径 $\phi \leq 1\,000$,套用锤重 1 800 kg 打桩工作平台,$\phi > 1\,000$,套用锤重 2 500 kg 打桩工作平台。

⑥桥梁装配式支架套用万能杆件定额。

⑦搭、拆水上工作平台定额中,已综合考虑了组装、拆卸船排及组装、拆卸打拔桩架工作内容,不得重复计算。

【例 5.12】某桥梁为 10+12+10 m 三孔简支梁桥结构,桥梁基础均采用 $\phi 1\,200$ 钻孔灌注桩,均为双排平行桩布置每排 5 根,桩距 200 cm,排距 200 cm。试计算支架搭设工程量。

【解】该桥梁的基本情况分析,0 号桥台距 1 号墩 10 m,1 号墩距 2 号墩 12 m,2 号墩距 3 号桥台 10 m,即为 L 的取值。双排平行桩布置,排距 200 cm,即为 D 的取值。根据题意和工程量计算规则可知:

(1)每座工作平台面积

$A = 2 \times (5-1) = 8$ m　　　$D = 2$ m

$F_1 = (A+6.5) \times (6.5+D) = (8+6.5) \times (6.5+2) = 123.25$ m^2

(2)0 号桥台—1 号桥墩,2 号桥墩—3 号桥台通道面积

$F_2 = 6.5 \times [10 - (6.5+2)] = 9.75$ m^2

（3）2号桥墩—3号桥墩通道面积

$F_2 = 6.5 \times [12 - (6.5+2)] = 22.75 \text{ m}^2$

（4）全桥搭拆平台总面积

$F = 123.25 \times 4 + 9.75 \times 2 + 22.75 = 535.25 \text{ m}^2$

学习单元5.11 装饰工程

5.11.1 装饰工程基础知识

桥涵装饰工程主要是指桥梁外立面的装饰工程,所用的材料主要有水刷石、剁斧石等。

1）水刷石

水刷石,是一项传统的施工工艺,它能使墙面具有天然质感,而且色泽庄重美观,饰面坚固耐久,不褪色,也比较耐污染。水刷石号称"没有接缝的地板",经过抛光打磨后平滑如镜,经济实用。制作过程是用水泥、石屑、小石子或颜料等加水拌和,抹在建筑物的表面,半凝固后用硬毛刷蘸水刷去表面的水泥浆,使石屑或小石子半露,形成水刷石。

2）剁斧石

剁斧石是一种人造石料。其制作过程是用石粉、石屑、水泥等加水拌和,抹在建筑物的表面,半凝固后,用斧子剁出像经过细凿的石头那样的纹理,如图5.64所示。剁斧石也称为剁假石或斩假石。

图5.63 水刷石施工

图5.64 剁斧石墙面

5.11.2 装饰工程清单编制

工程量清单项目设置、项目特征描述的内容、计量单位及工程量计算规则按照表5.17规定执行。

表 5.17 装饰(编码:040308,GB 50857—2013 中表 C.8)

项目编码	项目名称	项目特征	计量单位	工程量计算规则	工作内容
040308001	水泥砂浆抹面	1. 砂浆配合比 2. 部位 3. 厚度	m²	按设计图示尺寸以面积计算	1. 基层清理 2. 砂浆抹面
040308002	剁斧石饰面	1. 材料 2. 部位 3. 形式 4. 厚度			1. 基层清理 2. 饰面
040308003	镶贴面层	1. 材质 2. 规格 3. 厚度 4. 部位			1. 基层清理 2. 镶贴面层 3. 勾缝
040308004	涂料	1. 材料品种 2. 部位			1. 基层清理 2. 涂料涂刷
040308005	油漆	1. 材料品种 2. 部位 3. 工艺要求			1. 除锈 2. 刷油漆

如遇本清单项目缺项时,可按现行国家标准《房屋建筑与装饰工程工程量计算规范》(GB 50851)中相关项目编码列项。

5.11.3 装饰工程清单报价

1)装饰工程工程量计算

①本章定额除金属面油漆以"t"计算外,其余项目均按装饰面积计算。

②栏板的抹灰不扣除 0.3 m² 以内的孔洞所见面积,按立面投影面积乘以 1.1 系数。

③桥梁栏杆柱水泥砂浆抹面按设计图示尺寸以柱断面周长乘以高度计算,套用栏杆子目。

④花岗岩(大理石)镶贴块料装饰面面积按图示外围饰面面积计算。

2)装饰工程定额应用

①本章定额包括砂浆抹面、水刷石、剁斧石、拉毛、水磨石、镶贴面层、涂料、油漆等共 8 节 45 个子目。

②本章定额适用于桥、涵构筑物的装饰项目。

③镶贴面层定额中,贴面材料与定额不同时,可以调整换算,但人工与机械台班消耗量不变。

④水质涂料不分面层类别,均按本定额计算,由于涂料种类繁多,如采用其他涂料时,可以调整换算。

⑤水泥白石子浆抹灰定额,均未包括颜料费用,如设计需要颜料调制时,应增加颜料费用。

⑥油漆定额按手工操作计取,如采用喷漆时,应另行计算。定额中油漆种类与实际不同时,可以调整换算。

⑦定额中均未包括施工脚手架,发生时可按第一册《通用项目》相应定额执行。

【例 5.13】某立交桥,桥柱采用水刷石饰面,请确定定额编号及基价。

【解】套用 3-604

基价 = 5 863.23 元/100 m²

【例 5.14】某桥台栏杆水泥砂浆抹面,请确定定额编号及基价。

【解】套用 3-602

基价 = 3 323.42 元/100 m²

技能训练

一、选择题

1.拱(弧)形混凝土盖板的安装,按相应体积的矩形板定额人工、机械乘以系数(　　)执行。

　　A.1.15　　　　　　　B.1.10　　　　　　　C.1.13　　　　　　　D.1.20

2.筑岛的清单计量单位是(　　)。

　　A.m　　　　　　　　B.m²　　　　　　　　C.m³　　　　　　　　D.t

3.临时便桥搭、拆按桥面工程量的计算规则是(　　)。

A. 按面积计算　　　　　　　　　　B. 按体积计算

C. 按浇筑混凝土体积计算　　　　　D. 按预制构件个数计算

4. 装配式钢桥工程量计算正确的是(　　　)。

A. 按桥长计算　　　　　　　　　　B. 按钢材质量(t)计算

C. 按桥面积计算　　　　　　　　　D. 按钢桥体积计算

5. (　　　)桥跨度能力最大,理论跨径可达1 000 m以上。

A. 斜拉桥　　　　B. 悬索桥　　　　C. 梁式桥　　　　D. 刚构桥

6. 管道压浆(　　　)预应力钢筋体积。

A. 扣除　　　　B. 扣除0.1 m²　　　　C. 不扣除　　　　D. 扣除1 m²

7. 桥梁和涵洞的划分界点为总长(　　　)m,单孔跨径(　　　)m,大于等于这个数值就是桥,否则是涵洞。

A. 8,5　　　　B. 10,4　　　　C. 7,3　　　　D. 8,6

8. 预制构件中非预应力构件按模板接触混凝土的面积计算,(　　　)胎、地模。

A. 包括　　　　B. 未包括　　　　C. 看图纸确定　　　　D. 根据现场情况确定

9. 起重机安装板梁,起重机$L \leqslant 10$ m,陆上安装,定额编号为(　　　)。

A. 3-463　　　　B. 3-464　　　　C. 3-361　　　　D. 3-362

10. 预制空心构件按设计图尺寸(　　　)空心体积,以实体积计算。

A. 扣除　　　　B. 扣除0.1 m²　　　　C. 不扣除　　　　D. 扣除1 m²

11. 制备泥浆的数量按钻机所钻孔体积的(　　　)倍计算。

A. 2　　　　B. 3　　　　C. 4　　　　D. 1

12. 桥梁按基本结构形式,分为(　　　)、拱桥、梁式桥。(多选题)

A. 斜拉桥　　　　B. 悬索桥　　　　C. 钢构桥　　　　D. 刚构桥

13. 圆管涵套用(　　　)定额。

A. 通用工程　　　　B. 排水工程　　　　C. 道路工程　　　　D. 桥涵工程

14. 按照桥梁的基本结构分类,桥梁分为(　　　)类。

A. 1　　　　B. 3　　　　C. 5　　　　D. 4

15. 某城市高架桥梁,采用支架上现浇混凝土箱梁C40,泵送商品混凝土,定额编号为(　　　)。

A. 3-384　　　　B. 3-385　　　　C. 3-383　　　　D. 3-381

16. 小型构件安装已包括(　　　)m场内运输,其他构件均未包括场内运输。

A. 50　　　　B. 100　　　　C. 150　　　　D. 200

17. 栏板的抹灰(　　　)0.3 m²以内的孔洞所见面积,按立面投影面积乘以系数(　　　)。

A. 不扣除,1.1　　　　B. 扣除,1.1　　　　C. 不扣除,1.2　　　　D. 扣除,1.2

二、案例题

某桥梁采用泥浆护壁钻孔灌注桩:单根桩基长度范围21~30 m,共12根。

(1)12根桩基长度共计305.1 m;

(2)其中,地质为卵石的长度为160 m,地质为软石的长度为145.1 m;

(3)护筒单根长度设置为3 m;

(4)桩基直径为1.5 m;

(5)废弃泥浆运输至3 km处处理;

(6)钢筋用量见下表:

桩基础	C30 混凝土	R235 钢筋	HRB335 钢筋	声测管
	m³	kg	kg	kg
	613.5	6 109.8	57 261.3	4 330.2

请列清单项,并计算综合单价。

模块 6　市政道路工程计量软件应用

学习目标

（1）熟悉广联达 BIM 市政算量 GMA2021 基本功能；

（2）掌握道路路面建模基本流程，能够完成路面模型构建；

（3）掌握道路路基建模基本流程，能够通过横断面与纵断面图进行路基模型构建。

学习单元6.1　软件基础知识

软件功能及界面介绍

6.1.1　软件介绍

广联达 BIM 市政计量平台是一款基于三维一体化建模技术，集成多地区、多专业的专业化算量产品，主要解决城市道路、排水两大专业工程量计算问题。目前，广联达 BIM 市政算量 GMA 软件经历了 2014 版本、2018 版本，目前 2021 版本正在进行推广使用。

GMA2021 产品安装与授权：首先，GMA2021 产品可以与 GMA2018 产品共存于一台电脑，无须卸载 GMA2018；其次，GMA2021 正式版产品有独立加密锁 ID，需联系当地销售增加节点，方可使用。

GMA2021 版本新增及优化内容主要包括：第一，优化了软件界面，使得建模更加简洁适用，比如取消了图纸添加窗口，改成标签形式，优化了界面，更有利于建模；第二，识别更加智能化，原先需要多次操作，优化后一次操作即可完成；第三，增加小区排水塑料检查井 08SS523 图集；第四，增加软基与沟槽、基坑扣减计算设置；第五，增加部分同槽计算设置；第六增加同槽按系数计算设置；第七，优化软件效率问题，修改多个产品 BUG；第八，GMA2021 版本暂未添加桥梁、管廊、构筑物模块，目前仅可以实现道路和排水工程建模。

思政小贴士

以改革创新精神培育中国智慧建造

智慧建造是未来建筑领域的发展方向，培育智慧建造需要不断创新。习近平总书记高度重视创新发展，他指出"我们必须把创新摆在国家发展全局的核心位置""中国如果不走创新驱动道路，新旧动能不能顺利转换，是不可能真正强大起来的，只能是大而不强。"新时代中国建设者们要弘扬以改革创新为核心的时

北京大兴机场历时5年建设

代精神,不断突破陈规、大胆探索、敢于创造,大力推进建筑工业化、数字化、智能化升级,加快建造方式转变,以改革创新精神培育中国智慧建造,用智慧建造推进建筑行业高质量发展。改革开放四十多年来党带领人民取得举世瞩目的巨大成就,靠的就是这种不断改革创新的进取精神。

6.1.2　软件界面简介

①工程设置包括工程信息、计算设置、钢筋计算设置、比重设置。

②广联达 GMA2021 界面由:菜单栏、导航栏、构建列表、属性、绘图区域、状态栏等构成。如图 6.1 所示。

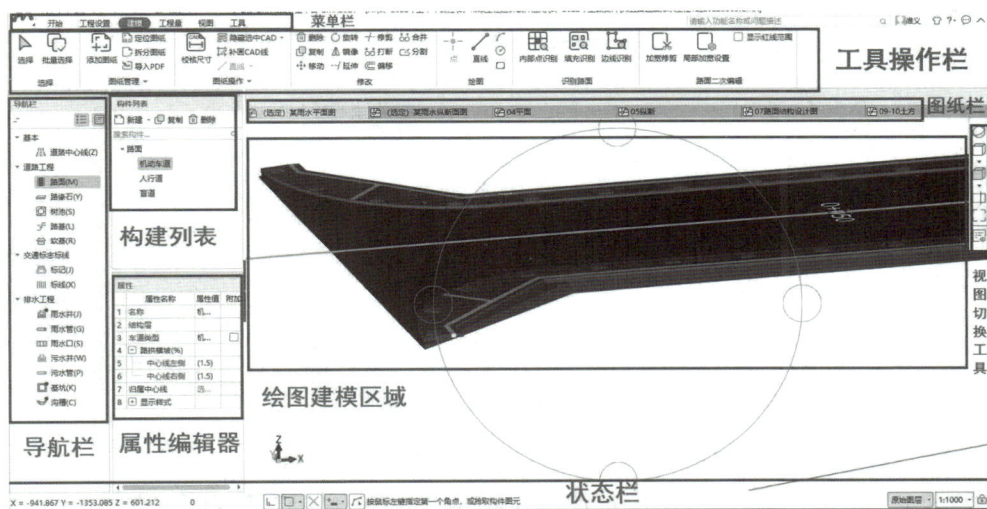

图 6.1　GMA2021 界面图

学习单元 6.2　道路工程建模

6.2.1　路面工程建模

路面工程操作顺序:新建工程→添加图纸→校核尺寸→新建中心线→新建路面→识别结构层→内部点识别→新建路缘石→绘制路缘石→新建树池→绘制树池→汇总计算→查看工程量→查看报表并导出。

新建路面:根据工程图纸路面类型新建人行道、机动车道、非机动车道、绿化带等路面结构。识别结构层:路面工程需要按照不同材料出量,路面结构层多,材料厚度不同,路面基层需要考虑加宽和坡度。按照实际工程新建路面,并修改好路面类型,路面之间自动扣减。不同路面重叠,按优先级扣减,优先级:机动车道>非机动车道>人行道>绿化带>中央分隔带。

1）建模前准备工作

①首先,我们打开广联达 BIM 市政算量 GMA2021 软件,点击文件→新建,会弹出对话框。这时候,我们需要填写工程名称并选择工程地区、清单规则、定额规则,如图 6.2 所示。

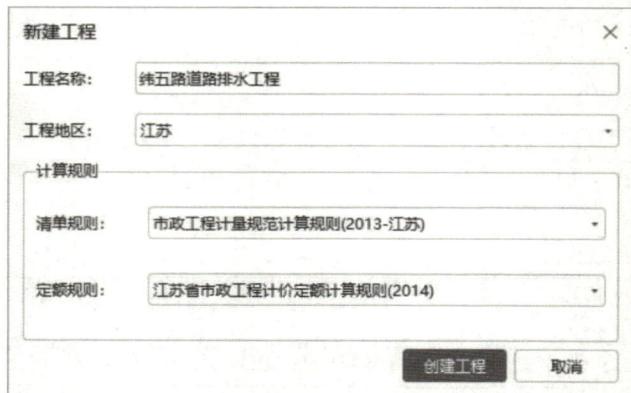

图 6.2　新建工程界面

②进行基本设置、算量设置和钢筋设置,如图 6.3 所示。

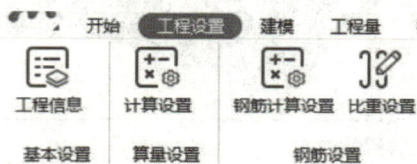

图 6.3　工程设置界面

③图纸管理。工程设置完成后,添加道路图纸。目前 GMA2021 可以导入 CAD 图纸和 PDF 格式图纸。图纸管理功能菜单主要有添加图纸、定位图纸、拆分图纸、导入 PDF、插入图纸和保存图纸等。点击定位图纸时绘图窗口上会出现选择模块栏,分别有部分移动、旋转和图元随图纸移动等旋转按钮,如图 6.4 所示。

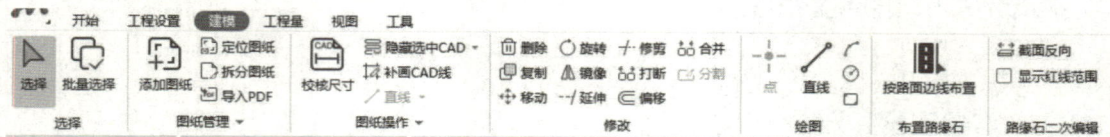

图 6.4　菜单栏

a.三个选项都不选择,可以实现图纸平移。

b.点选部分移动按钮,则需框选需要移动的部分图纸,再进行平移。

c.选择旋转按钮,当需要移动的图纸和目标位置有角度时,则选择旋转按钮,可以实现两点定位。

d.选择图元随图纸移动按钮,则已经绘制的图元,如道路结构、路缘石、井、管等图元,会随着图纸一起移动。

④校核尺寸。在软件菜单图纸操作工具栏中,点选校核尺寸按钮,如图6.5所示,此时,在绘图区域选择已知长度的线段,分别点击两点,右键确认后会弹出实际尺寸对话框,根据图纸标注长度与弹出对话框中的长度进行核对,如果一致,点击确定即可,如果不一致,修改后点击确定即可完成校核尺寸。特别注意图纸尺寸单位和软件尺寸单位的换算,导入的每一幅图纸都必须在识别前进行校核尺寸。校核尺寸也可以根据具体的图纸比例在右下角比例设置中直接进行调整。

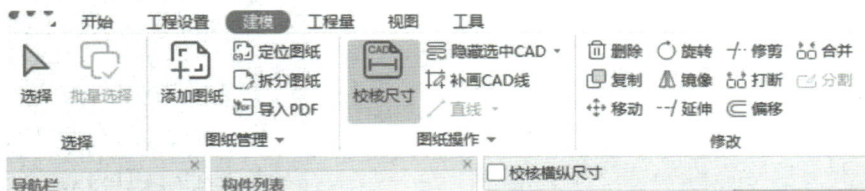

图6.5 校核尺寸

校核图纸尺寸

2)路面建模

(1)建立及识别道路中心线

①校核图纸尺寸:点击菜单栏校核尺寸按钮,选择任意相邻桩号进行测量校核,确定尺寸,测量单位以 mm 显示。如果一致,点击确定即可,如果不一致,修改后点击确定即可完成校核尺寸。

②新建道路中心线:在构建列表中新建道路中心线。

③识别中心线:点击菜单栏中识别中心线按钮,会弹出对话框。如图6.6所示。

图6.6 识别中心线对话框

选择任意桩号→选择该桩号对应点→选择中心线→单击右键确定,完成中心线的识别,系统会自动识别图纸中的中心线。

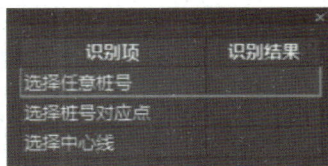

(2)路面结构建模

①定义道路结构层。点击模块导航栏的路面,在构建列表中新建路面,根据道路断面结构形式可分别新建机动车道、非机动车道、人行道、绿化带、中央分隔带等五种类型,将图纸切换到路面结构图。点击新建机动车道,软件会自动弹出路面结构识别对话框。如图6.7所示。

然后点击识别路面结构层按钮,在图纸区域框选机动车道路面结构层信息,单击鼠标右键确定,机动车道路面结构自动生成,此时主要核对每层结构层名称、结构层厚度,根据图纸具体情况填写加宽值以及放坡等信息。

这个结构层,可以直接在导入 CAD 图纸中识别,也可以根据 PDF 图纸直接修改或添加。这里需输入结构层厚度、名称、超宽、坡度等信息。如果结构层有多种,也可以通过插入行增加结构层层数。以此类推,根据图纸断面情况分别

新建中心线

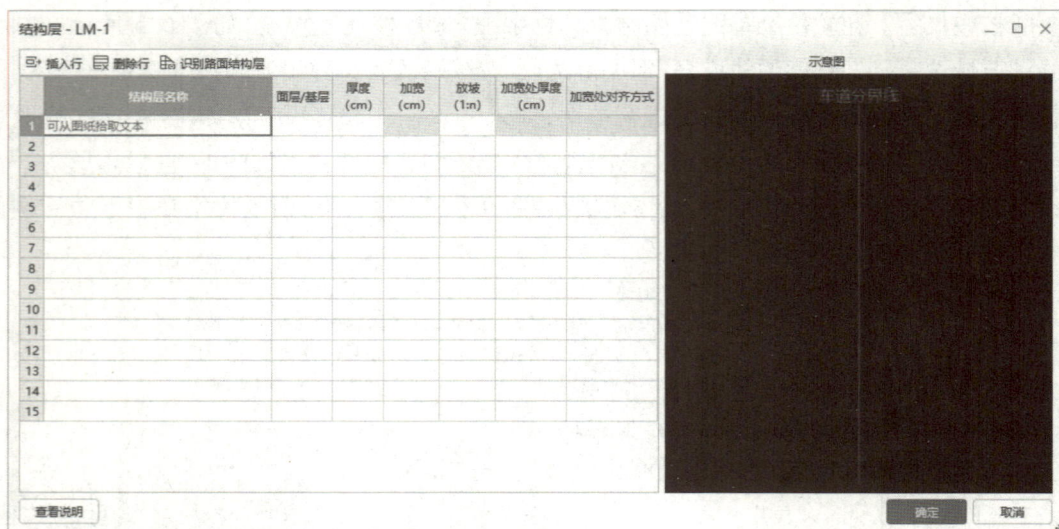

图 6.7　结构层识别对话框

识别相应的非机动车道、人行道、绿化带、中央分隔带等结构。

②提取边线。在识别路面之前,首先将图纸切换到道路平面设计图,在 GMA2018 版本中识别路面前一步操作为提取边线,在 GMA2021 版本中更改为隐藏选中 CAD 和隐藏未选中 CAD。点击图纸操作菜单栏中的隐藏未选中 CAD 按钮,会弹出对话框。如图 6.8 所示。

识别结构层

先点击按图层选择,分别选择横向的机动车道、非机动车道、人行道、绿化带、中央分隔带等边线,然后点击单图元分别选择纵向的道路分界线,特别要注意,道路边线选择后每个道路面层都要处于一个封闭的区域,这样软件才能够进行识别。如果提取的 CAD 线不封闭,则需要根据路面的范围进行 CAD 线的补划。确保封闭后方可进行路面识别。

③识别路面。提取边线后,首先点击构建列表中的路面构建,如机动车道,然后点击菜单栏中的内部点识别,在平面图中分别针对机动车道进行点选,确保全部选中识别后方可进行下一路面的识别。在识别过程中可能存在无法识别的区域,这可能是提取边线不封闭导致,可以通过寻找不封闭点进行补划 CAD 边线解决或者通过放大缩小误差进行解决,内部点识别状态下,绘图区域左上角会有按住 Ctrl 键手动调整误差提示,可以按住该键弹出对话框(图 6.9)。

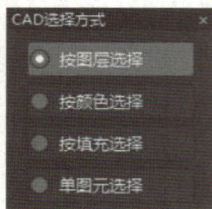

图 6.8　CAD 选择方式对话框

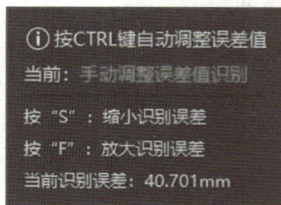

图 6.9　误差值调整对话框

通过按"S""F"键,分别可以进行缩小和放大误差,直到可以识别。以此类推,分别识别:机动车道、非机动车道、人行道、绿化带、中央分隔带等区域。

结构层加宽修剪

路面结构层中设置了加宽值,识别出的路面的每个边都会有加宽,实际算量中起点和终点是不需要加宽的,所以加宽修剪可以去掉多余的加宽。具体操作如下:点击菜单栏中加宽修剪按钮,绘图区域中会出现加宽线条,鼠标点击加宽线条,即可完成修剪。

（3）路缘石建模

路缘石建模与路面大同小异,我们点击导航栏中的路缘石菜单,同时将图纸切换到路面结构设计图,点击构建列表中的新建,会出现选择自定义路缘石还是参数化路缘石,因有些路缘石结构简单,我们直接自定义,不需要去识别结构做法,非常快速。如有路缘石结构比较复杂,无对应参数化路缘石规格时,可使用自定义路缘石。

①新建参数化路缘石,如图 6.10 所示。

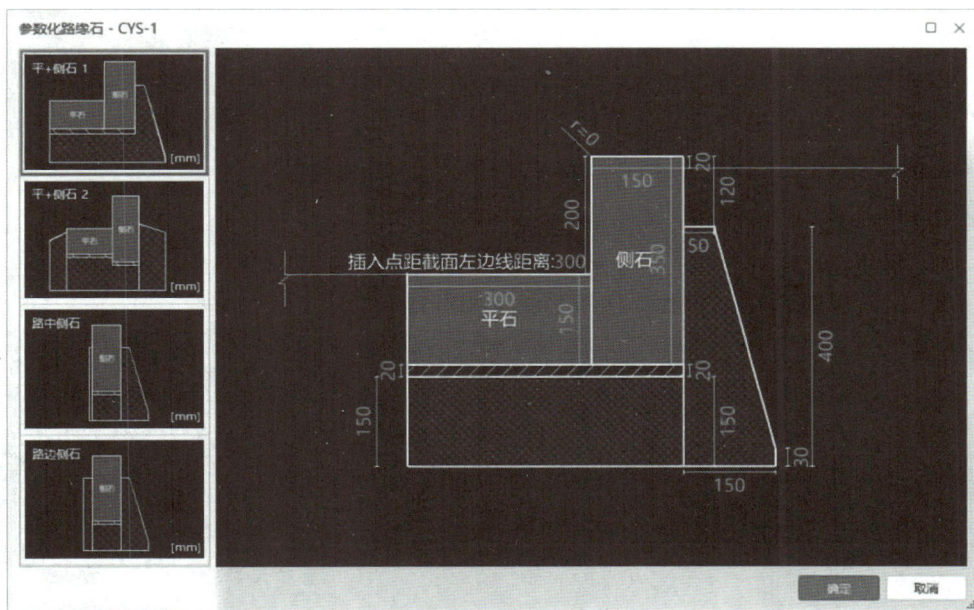

图 6.10　新建参数化路缘石

根据图纸机动车道、非机动车道、绿化带以及人行道路缘石规格种类分别新建路缘石,并进行命名,根据图纸路缘石形式选择相应的参数化路缘石种类,并更改路缘石、平石、垫层、基础、靠背、与路面高度差等相关数据。

②新建自定义路缘石,如图 6.11 所示。

首先,提取 CAD 图,根据路缘石结构,在路面结构图中进行提取,如图 6.12 所示,路缘石结构尽量提取全面包括尺寸标注,完成提取后提取部分会在绘图区域中显示,第一步首先要

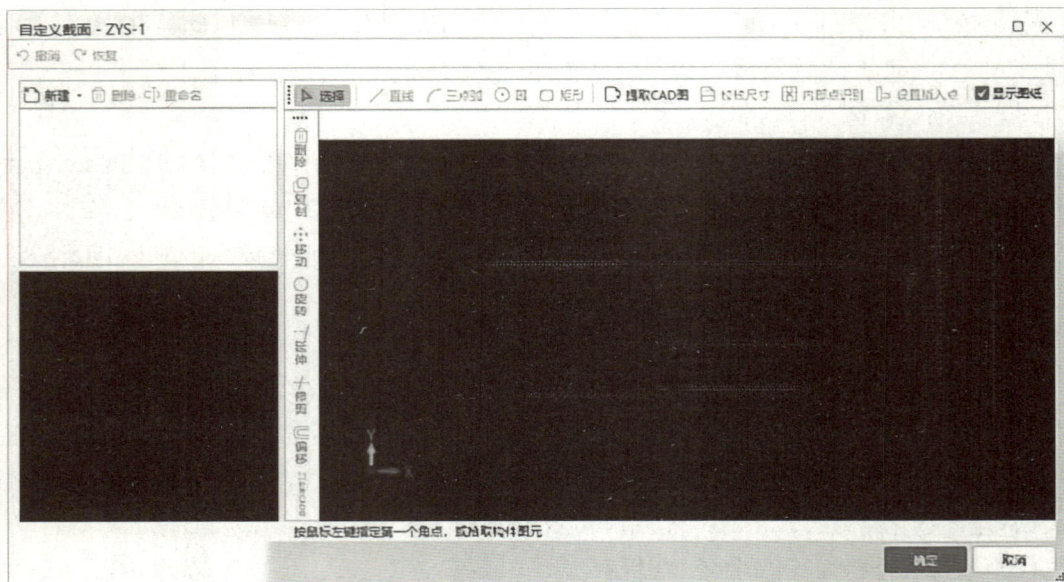

图 6.11　新建自定义路缘石

校核尺寸,确保路缘石尺寸正确。其次,在导航栏中分别根据具体路缘石图纸情况新建平石、侧石、砂浆垫层、基础、靠背、模板。新建后进行内部点识别,分别识别各个结构,形成路缘石主体。最后,点击确定。如图 6.13 所示。

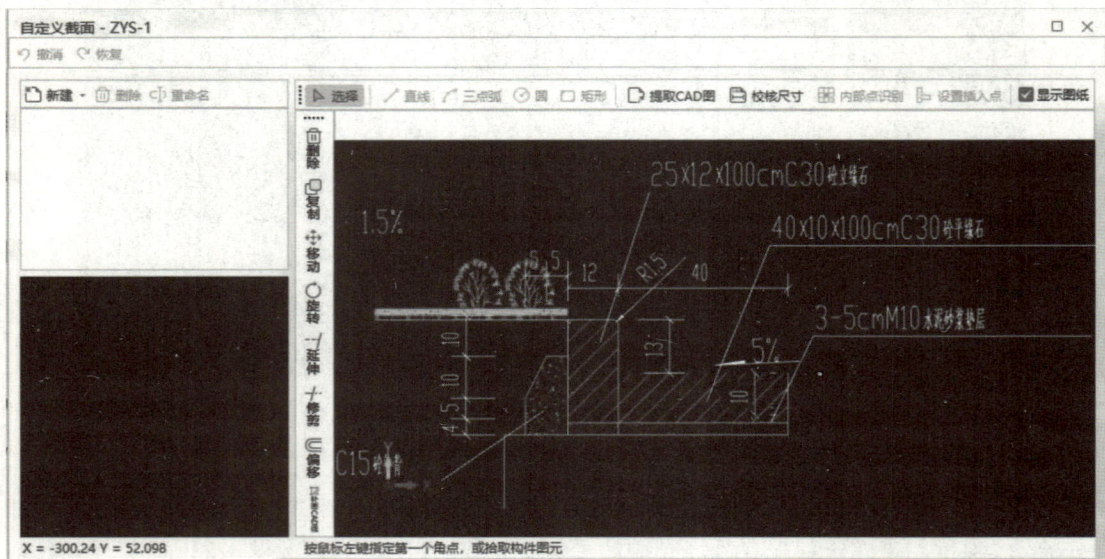

图 6.12　提取路缘石 CAD 图

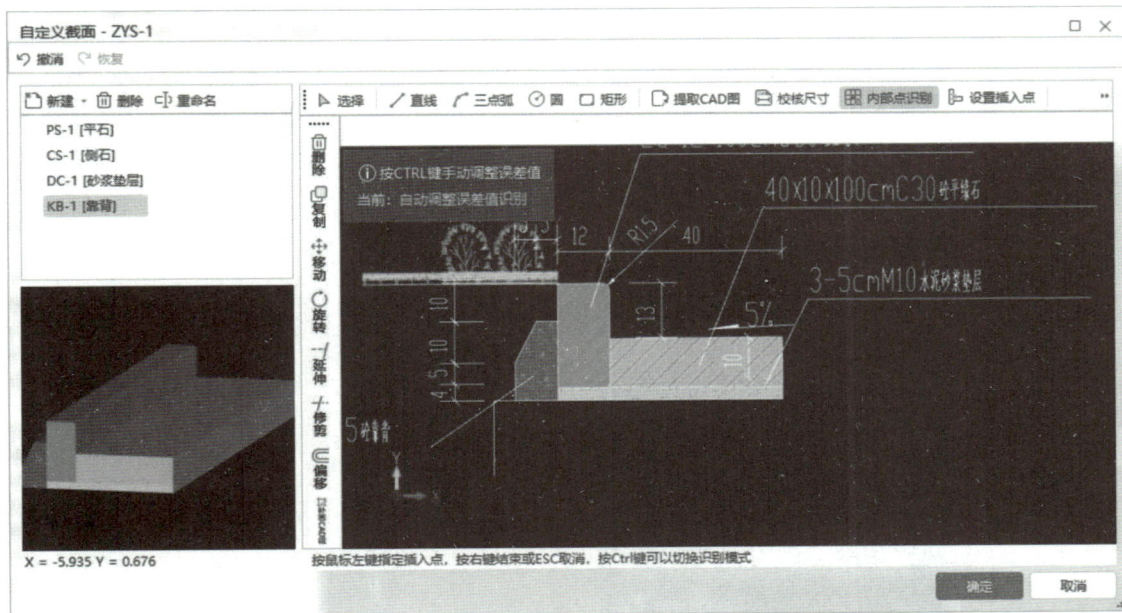

图 6.13　新建路缘石及内部点识别

（4）树池建模

点击导航栏的树池，在构件列表中根据图纸树池具体情况新建矩形（圆形）树池，如果树池有大样图，则可以通过识别树池进行识别，如果没有则根据树池尺寸进行设置。设置完成后，按路缘石布置树池，输入树池间距与树池边缘到路云山轴线的距离等数据，然后点识别树池，再在导入的图纸中点击树池对应位置就行了。

6.2.2　路基工程建模

路基的识别有横断面法和纵断面法，横断面法需要有 CAD 土方横断面图，纵断面法需要道路 CAD 纵断面图且有详细的高程数据。

1）横断面法路基建模

在进行横断面路基建模识别之前，首要任务是对图纸尺寸进行校核，确保尺寸正确，之后点击导航栏中的路基，在构建列表中点击新建，新建路基，然后将图纸切换到道路土方横断面图，在工具栏中选择识别路基中的识别横断面按钮，绘图区域会弹出识别窗口，根据窗口提示信息在土方横断面图中进行逐一选择。

首先点选路面设计中桩点（图 6.14），其次依次在图中选择中桩线或中桩点标识、路面设计标高、桩号、路床设计线、原地面线、选择识别范围。最后点击右键确认。所有识别的土方横断面图都在绘图区域显示，然后进行核对是否识别正确，如果道路不连续，存在分段的情况，那么路基需要分段新建和识别，如果路基桩号间隔比较大，为确保土方量计算准确需加密路口断面设置。

全部识别完成后,将图纸切换到平面图中点击动态观察,即可观察路基模型。如果有准确的断面标高和散点坐标也可以导入,进行路基建模,在十字交口处需要加密的,可以在路基二次编辑中对路口进行加密断面。如需对路基属性进行调整,可以在属性窗口中(图 6.15)对名称、路基编辑、地面标高基准、归属中心线、散点地貌等进行调整。

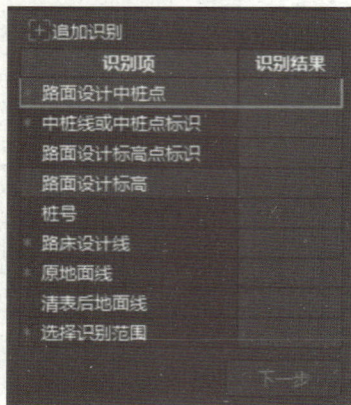

图 6.14　路基横断面识别对话框　　　　图 6.15　路基属性对话框

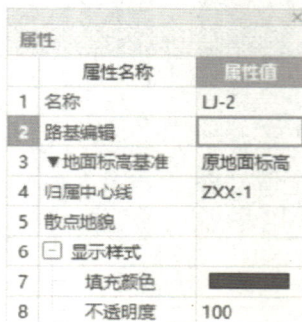

路基编辑需点击后部出现三点按钮后方可进入,如图 6.16 所示。

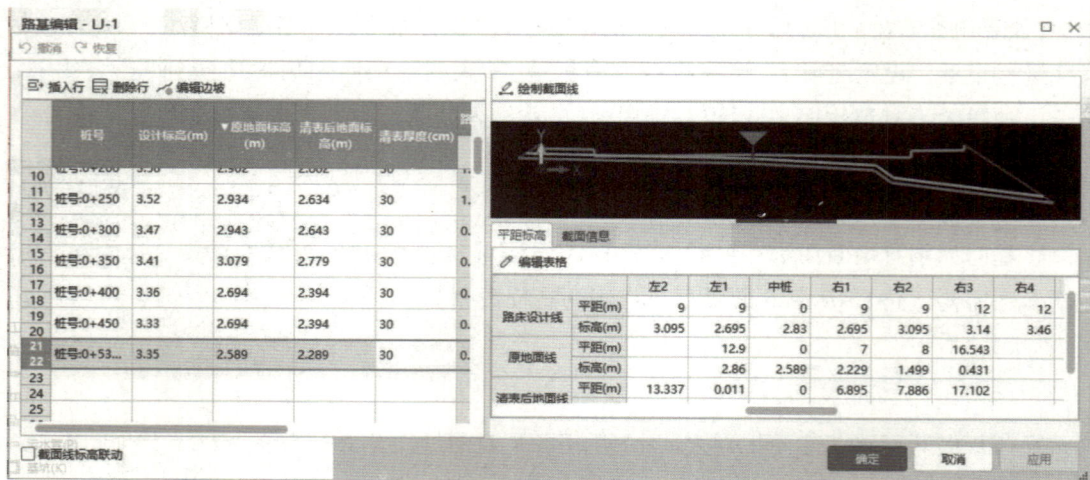

图 6.16　路基编辑窗口

横断面法正确率高低,取决于导入图纸的土方横断面画得是否规范,大多数情况,识别后都有不足,需要后期手动调整,十分麻烦,路基土方量还可以用纵断面法进行计算。

横断面法路基
建模

2）纵断面法路基建模

纵断面虽然操作上麻烦些，但是每个数据都好把控，正确率高，后期调整也小，容易一步到位。

首先将图纸切换到道路纵断面图，点击导航栏中的路基，新建→新建路基，然后点击新建的路基项，点击识别纵断面，框选导入的纵断面图，点击右键确定，出现对话框，如图6.17所示。在弹出的对话框的第一栏中，选择桩号、设计标高、原地面标高三个数据，注意选择的桩号、原地面、设计标高要与识别出来的数据对应，然后点击确定。如果出现识别错误，可以进入属性对话框中的路基编辑，如图6.18所示，点击三点按钮，进入路基编辑对话框进行更改。在十字交口处需要加密的，可以在路基二次编辑中对路口进行加密断面。全部识别完成后，将图纸切换到平面图中点击动态观察，即可观察路基模型。

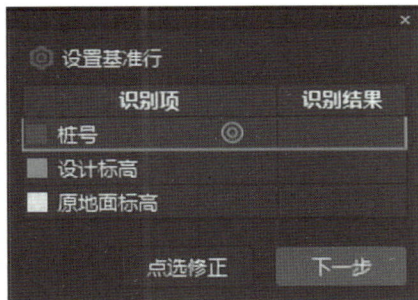

图6.17 路基信息识别对话框

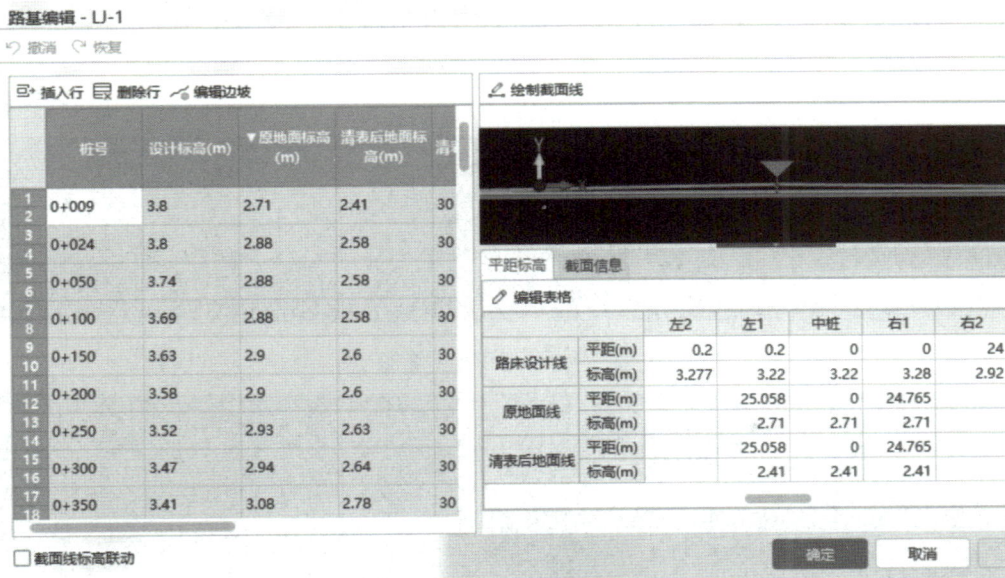

图6.18 路基编辑窗口

模块 7　市政排水工程计量软件应用

学习目标

熟悉广联达 BIM 市政算量 GMA2021 基本功能；

掌握排水工程井管、基坑、沟槽建模与工程量计算汇总输出。

学习单元 7.1　排水图纸基础知识

排水管网主要包括雨水管网、污水管网,俗称"下水道"。雨水一般就近排入江河,污水排入污水处理厂。排水主要计算工程量包括:附属构筑物,包括雨水井、污水井计算,进、出水口计算;管道铺设,包括不同管径的混凝土、PVC 等管道长度计算、管道基础计算;土方,包括沟槽/基坑挖、填、运土方计算。

计算排水工程量一般需要用到排水平面图(图 7.1)和排水纵断面图(图 7.2)两部分。

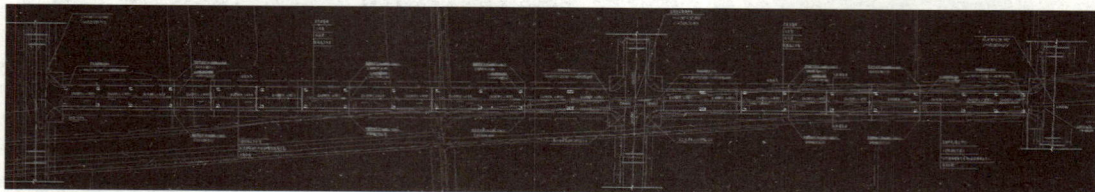

图 7.1　道路排水平面图

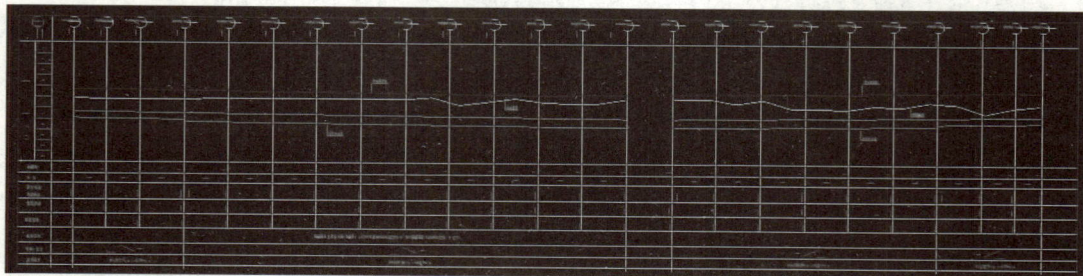

图 7.2　道路排水纵断面图

雨水平面图主要包括井管的位置、井编号、管径、管长、坡度等。如图 7.3 所示。

雨水纵断面图主要包括井型、桩号、井编号、管长、管底标高、设计标高、原地面标高、沟管结构、管径(坡度)、水利元素。通过纵断面图(图 7.4、图 7.5)可以计算出井深及填挖方高度。

图 7.3　道路排水平面图信息标注

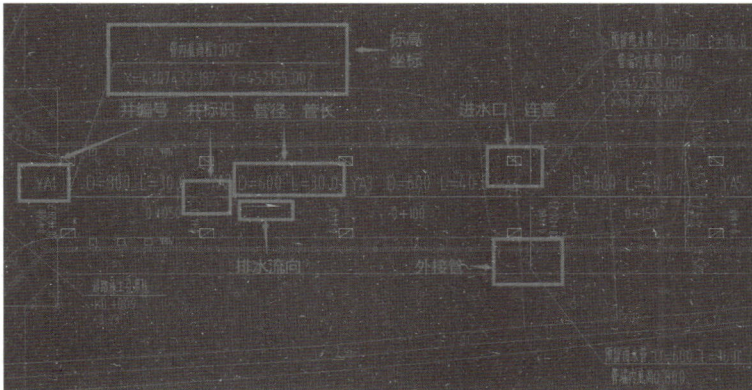

图 7.4　道路排水纵断面图信息标注

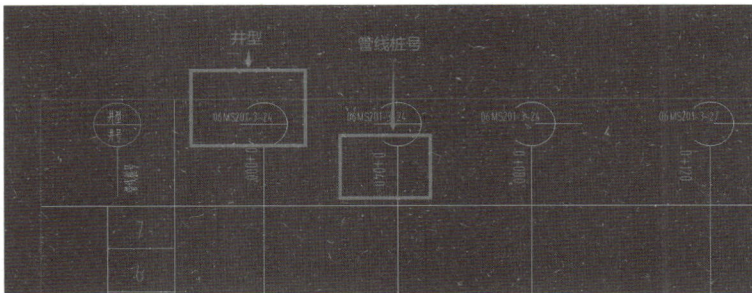

图 7.5　道路纵断面图基本信息

学习单元 7.2　排水工程建模

7.2.1　井管建模

1）添加 CAD 图纸

首先点击图纸管理工具栏中的"添加图纸"按钮,选择需要导入的图纸文件,比如本工程需要导入"某雨水平面图"和"某雨水纵断面图",选择这两张图纸,如图 7.6 所示,点击"打开"。

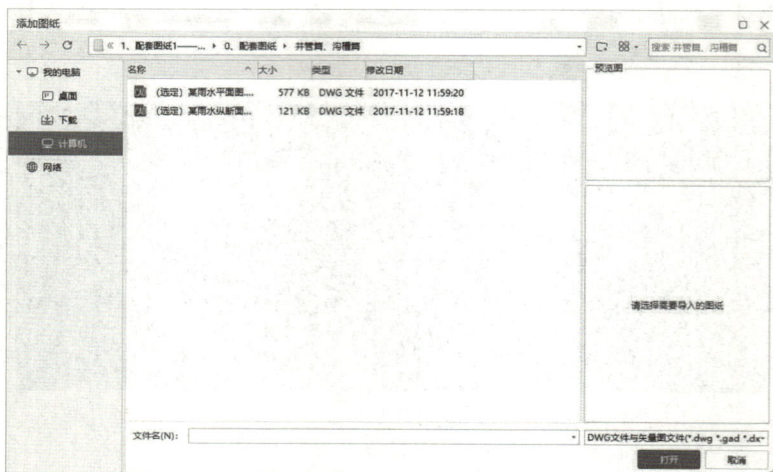

图 7.6　添加 CAD 图纸

2）校核尺寸

添加图纸后,在绘图区域首先要进行图纸尺寸校核,确保 CAD 图纸实际尺寸与标注尺寸相符。

3）识别平面图及纵断面图

（1）切换到雨水平面图

双击绘图区域顶部"某雨水平面图",切换到雨水的平面图,然后点击识别平面图按钮,会弹出窗口,如图 7.7 所示。根据提示选择提取井图例,提取井编号,提取雨水口图例,提取普通管、连管,提取管径管长等。全部完成提取后在识别结果栏会标记,最后点击右键,图中会根据识别结果生成初步模型,完成对雨水平面图纸信息的识别,如图 7.8 所示。

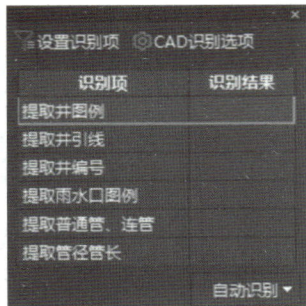

图 7.7 识别平面图对话框

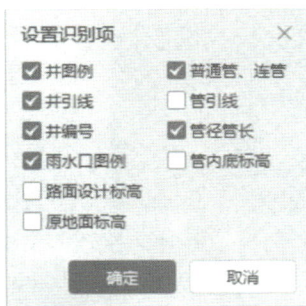

图 7.8 设置识别项

在识别平面图中,可以设置识别选项和 CAD 识别选项,如图 7.9 所示。

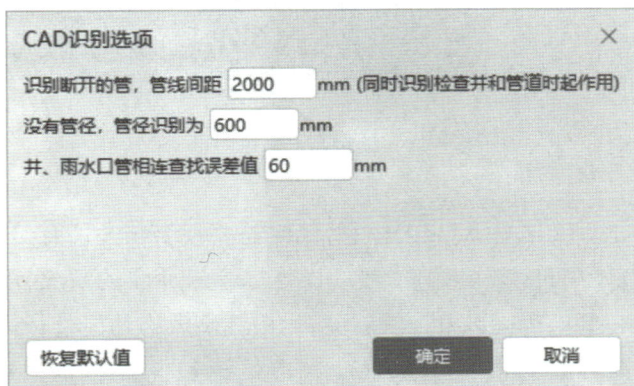

图 7.9 CAD 识别选项

（2）图纸信息录入及校对

根据图纸信息与识别的信息进行校对,根据具体井的图集编号与进水口图集编号,在属性的图集编号菜单中进行设置。

（3）纵断面识别

将图纸切换到纵断面图,然后点击识别菜单中的识别纵断面,在绘图区域框选纵断面图,按右键确认,软件会弹出"识别纵断面"窗口,如图 7.10 所示。按窗口提示要求,分别选择纵断面图中的井编号、路面设计标高、原地面标高、管内底标高、管长等信息。选择完成后点击右键确认。

然后进入原图校对,点击识别菜单中的原图校对,会弹出原图校对对话框,如图 7.11 所示,选择需要校对的信息,根据本图纸识别情况,因为外接管标高软件未能识别,则需要根据图纸实际标注标高要求进行校对,主要校对外接管两端的底标高,其中管网交接口标高应根据主管网上下游接口底标高中较低标高进行设置。

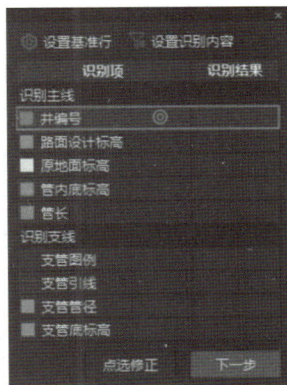

图 7.10 纵断面识别对话框

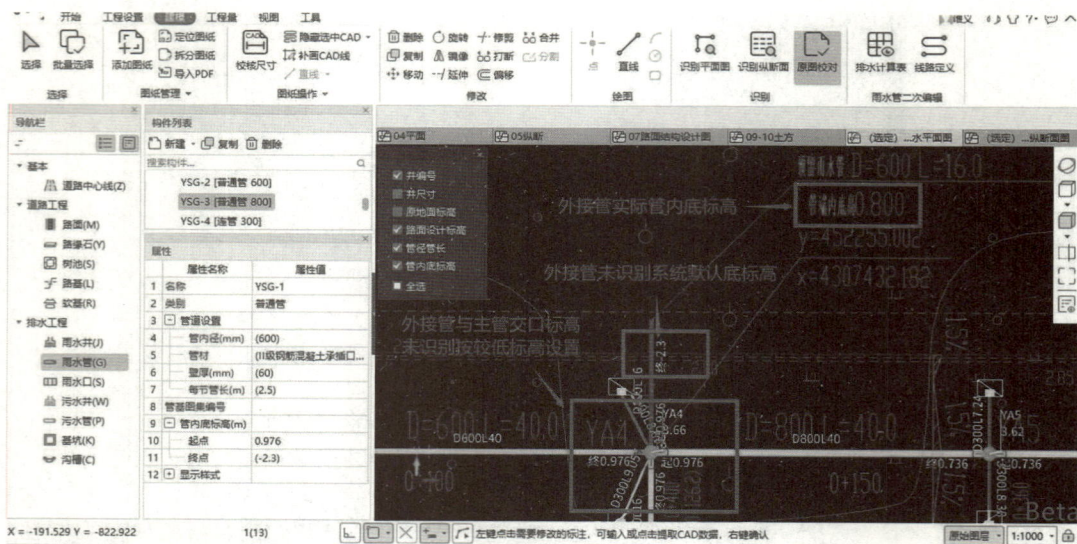

图 7.11　纵断面识别原图校对

（4）排水计算表

在排水计算表（图 7.12）中核对相关信息，同时需要补全相关信息，比如管基础图集、管材等。图纸中进水口与雨水井的连管标高未标注的情况，可以根据纵断面图中实际接口处的标高以及连管坡度，运用标高反推功能进行标高反推（图 7.13），完善连管标高。

校核排水平面图及排水计算表

井编号	井图集	井尺寸	用途	落差(m)	跌差(m)	井深(m)	井顶标高(m)	原地面标高(m)	路面设计标高(m)	路床线标高(m)
1 ⊟ Y22-1 至 YA1										
Y22-1	06MS201-3-14	1250			0	3.084	3.38	2.97	3.38	3.38
YA13	06MS201-3-14	1250			0	3.004	3.34	2.57	3.34	3.34
YA12	06MS201-3-14	1250			0	2.954	3.33	2.74	3.33	3.33
YA11	06MS201-3-14	1250			0	2.934	3.35	2.77	3.35	3.35
YA10	06MS201-3-14	1250			0	2.934	3.39	2.63	3.39	3.39
YA9	06MS201-3-14	1250			0	2.944	3.44	2.9	3.44	3.44
YA8	06MS201-3-14	1250			0	2.944	3.48	2.93	3.48	3.48
YA7	06MS201-3-14	1250			0	2.954	3.53	2.93	3.53	3.53
YA6	06MS201-3-14	1250			0	2.954	3.57	2.9	3.57	3.57
YA5	06MS201-3-14	1250			0	2.964	3.62	2.91	3.62	3.62

图 7.12　排水计算表

图7.13　排水计算表—标高反推

思政小贴士：中国智慧建造助力中国建设

　　新时代中国的建设者们不断把信息化、数值化、智能化与建造领域融合推进智慧建造，智慧建造更加强调城市规划、建设、管理的整体性和系统性，紧紧服务于城市、城乡建设发展，不断推进建筑业的工业化、数字化、智能化升级。由建筑业的智慧建造，到城市整体应用的智慧升级，促进智慧建造与智慧城市融合，实现建筑业整体建造方式转变，推动建筑业向更高阶段发展，助力国家现代化建设。从北京大兴机场到港珠澳大桥，每个高质量建筑精彩亮相的背后，都与建设者们推进智慧建造的努力息息相关。推进智慧建造，我们要树立不甘落后、奋勇争先、追求进步的责任感和使命感，保持坚忍不拔、自强不息、锐意进取的精神状态。

北京大兴机场
历时5年建设

7.2.2　基坑沟槽建模

基坑建模

1）基坑建模

　　基坑建模是对井及进水口进行浇筑或砌筑时所需开挖的基础作业坑。可以点击导航栏中的基坑按钮，在构建列表中点击新建，新建基坑，如图7.14所示，再根据图纸及施工组织计划相关作业要求对基坑属性进行修改。修改信息主要包括形状、作业方式、开挖方式、工作面起点位置、工作面宽、放坡起点位置、放坡系数、挖方土质定义等。

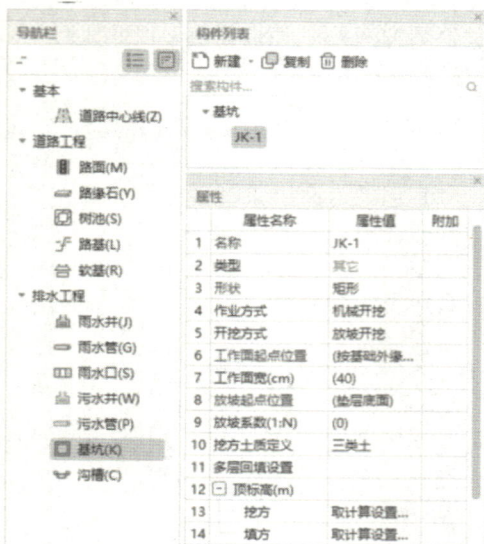

图 7.14　新建基坑

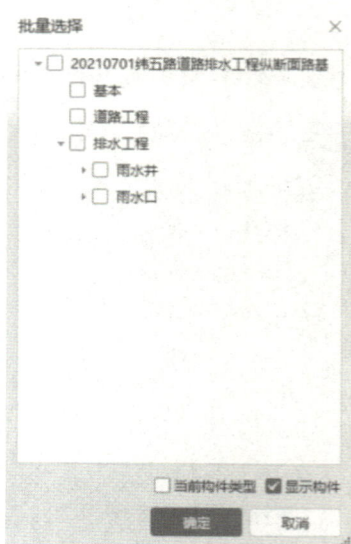

图 7.15　批量选择

属性设置完成后,在布置基坑菜单栏中点击布置基坑按钮进行基坑布置,一般都是根据井和进水口情况进行批量布置,按 F3(有些电脑需同时按 Fn+F3,也可以在工程量菜单中点击批量选择)弹出批量布置选择对话框,如图 7.15 所示,选择需要批量生成基坑的井和进水口,点击确定,即可自动生成。

同时,还可以根据需要查看井室和进水口的截面,点击布置基坑菜单中的查看截面按钮,然后在绘图区域中点击所要查看的构建,即可在绘图区域中进行截面查看,如图 7.16 所示。

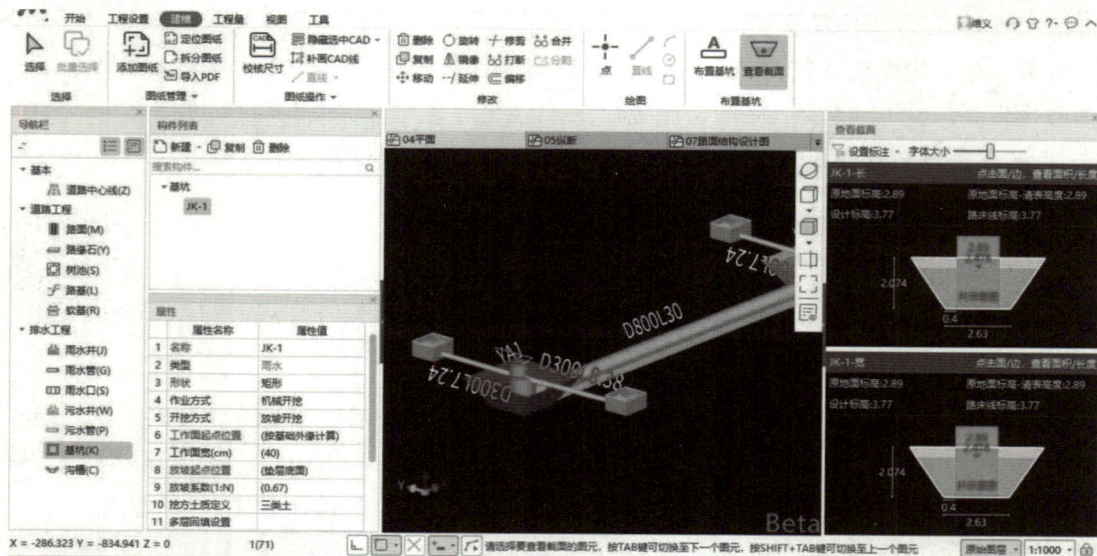

图 7.16　生成基坑及查看截面

2）沟槽建模

沟槽建模

点击导航栏中的沟槽按钮,在构建列表中点击新建,新建沟槽,根据图纸具体情况,确定是新建单级沟槽还是多级沟槽,再根据图纸及施工组织计划相关作业要求对沟槽属性进行修改,如图7.17所示。修改信息主要包括作业方式、左右开挖方式、左右工作面宽、左右放坡系数、挖方土质定义等。

属性设置完成后,在布置沟槽菜单栏中点击按管布置沟槽按钮进行沟槽布置,一般都是根据管道进行批量布置,按F3(有些电脑需同时按Fn+F3,也可以在工程量菜单中点击批量选择)弹出批量布置选择对话框,如图7.18所示,选择需要批量生成的管道,点击确定,然后在绘图区域点击右键即可自动生成沟槽。

图 7.17　新建沟槽

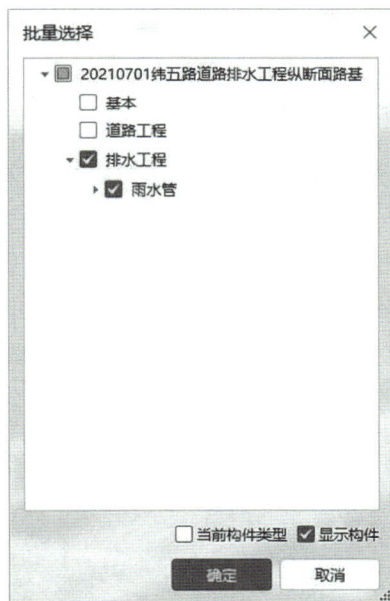

图 7.18　批量选择

同时,还可以根据需要查看沟槽的截面,点击布置基坑菜单中的查看截面按钮,然后在绘图区域中点击所要查看的构建,即可在绘图区域中进行截面查看,如图7.19所示。

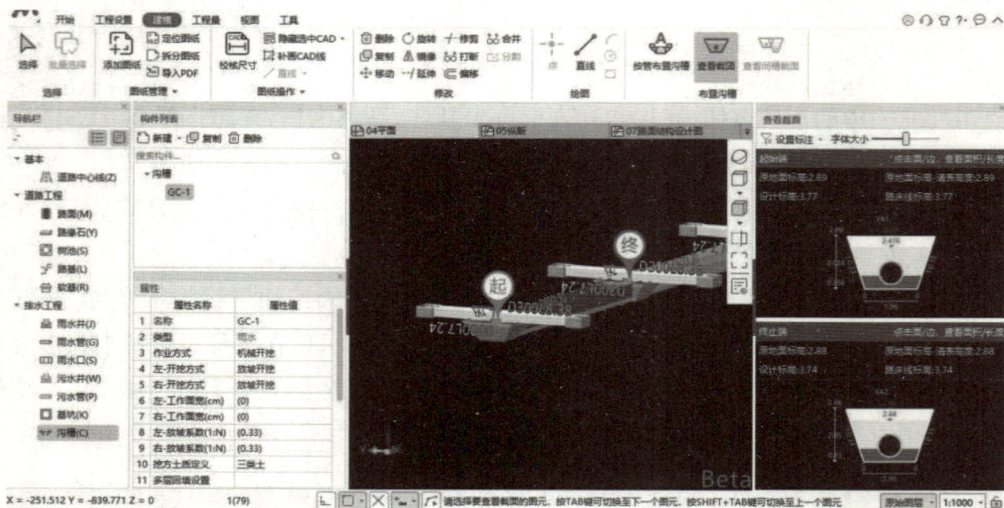

图 7.19　生成沟槽及查看截面

学习单元 7.3　汇总计算

道路和排水工程都完成建模后,点击菜单栏中的工程量菜单,可以查看图元工程量,也可以查看桩号段工程量,根据需要选择相应段在绘图区域下部窗口查看具体工程量。最终,需要对建模工程量进行计算汇总输出。先点击汇总计算,弹出汇总计算对话框,如图 7.20 所示,选择所要计算的构建类型后,点击确定,软件提供了两种构建工程量计算类型,一种是清单工程量,另一种是定额工程量,根据需要进行选择,如图 7.21 所示。软件会自动进行汇总计算,完成后点击查看报表,可以查看所有已建模完成构建工程量,可以直接导出工程量,如图 7.22 所示。

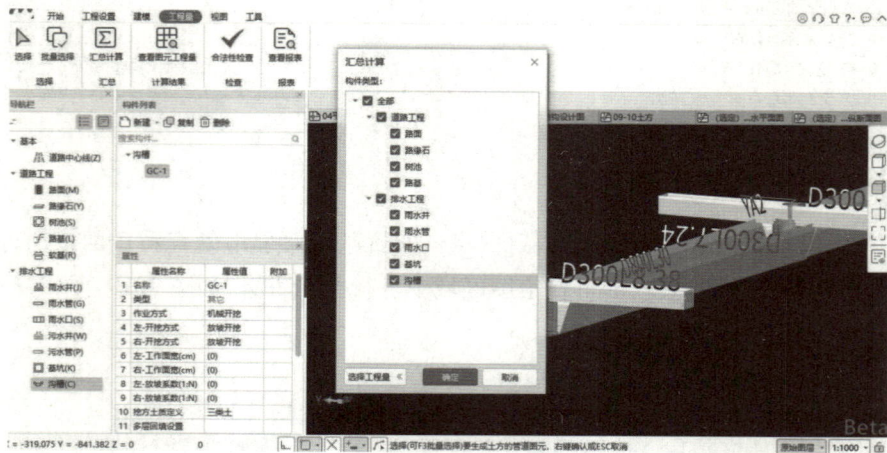

图 7.20　汇总计算

图 7.21　汇总计算清单工程量与定额工程量选择

图 7.22　查看报表

学习单元 7.4　常见问题解答

1）GMA2021 可以添加几种类型的图纸?

答:GMA2021 不但可以识别 CAD 图纸,还可以识别 PDF 图纸。相比较而

汇总计算、查
看工程量、报
表并导出

言,CAD 文件操作较为方便,PDF 文件识别较为麻烦。

2)绘图区域中无法对图纸进行编辑是什么原因?

答:因为图纸被锁定,将绘图区域右下角中的🔒点开即可进行编辑,但修改后需要重新锁上,以免后期建模时改动图纸。

3)内部点识别无法识别想要的指定区域如何处理?

答:内部点无法识别主要原因是识别区域未能封闭,可以通过以下两种方式解决:第一补划 CAD 线,对需要指定识别的区域不封闭的地方补划 CAD 线使其封闭;第二,按 Ctrl 键,弹出缩放窗口,根据实际情况放大或缩小识别误差范围,完成内部点识别。

4)路面结构部分构建新建并识别完成后发现有问题如何修改?

答:在属性对话框中点击结构层菜单后面空白方框后会出现三点按钮,之后点击三点按钮即可完成编辑。

5)路缘石布置绿化带时,出现路缘石位置反了如何解决?

答:针对此种情况,可以通过路缘石二次编辑点击菜单中的截面反向功能予以解决。

6)在路基建模过程中,针对渐变段变化较大的部分如何提高工程量计算的准确性?

答:在渐变段变化较大的部分,可以使用路基二次编辑中的加密路口断面功能,通过加密路口断面方式来提高工程量计算的准确性。

7)为什么建模计算工程量差别太大?

答:可能是因为未进行尺寸校核,在导入图纸后第一步就是要进行图纸尺寸校核,确保工程量计算的正确性。

8)雨水连管标高未知如何解决?

答:首先可以通过图纸去查找,如图纸未告知则通过连接主管的管底标高以及坡度进行推算,可以通过使用雨水管二次编辑→排水计算表→标高反推功能予以解决。

纬五路道路排水工程纵断面路基—定额报表

纬五路道路排水工程纵断面路基—清单报表

参考文献

［1］王婧,刘大鹏.市政工程计价［M］.南京:南京大学出版社,2020.

［2］张淑芬,张守斌.零基础成长为造价员高手——市政工程造价员［M］.北京:机械工业出版社,2018.

［3］中华人民共和国住房和城乡建设部,国家质量监督检验检疫总局.建设工程工程量清单计价规范:GB 50500—2013［S］.北京:中国计划出版社,2013.

［4］江苏省住房和城乡建设厅.江苏省市政工程计价定额(2014)［S］.南京:江苏凤凰科学技术出版社,2013.

［5］江苏省住房和城乡建设厅.江苏省市政工程费用定额(2014)［S］.南京:江苏凤凰科学技术出版社,2013.

［6］陈爱莲.市政工程工程量清单计价编制与典型实例应用图解［M］.北京:中国建筑工业出版社,2014.

［7］郭良娟.市政工程工程计量与计价［M］.北京:北京大学出版社,2017.